“十三五”示范性高职院校建设成果教材

建筑 CAD

主　编　刘晓光

副主编　鲁　毅

参　编　王丽红　朱莉宏　王　芳

北京理工大学出版社

BEIJING INSTITUTE OF TECHNOLOGY PRESS

内 容 提 要

本书通过大量的应用案例，重点介绍了AutoCAD 2013在建筑制图方面的基本操作方法和使用技巧。本书通过六个教学项目完成一套工程图的绘制，构建了以建筑平面图、建筑立面图、建筑剖面图、建筑详图及结构施工图的绘制为载体的真实职业活动场景，其内容以工作过程为导向，以提高学生能力素质为目标，采用“项目导向、任务驱动”的教学模式，按照实际工作过程将理论知识与实践技能进行整合，打破了传统教材操作与应用脱节的弊端，实现了学校学习与就业岗位的“零距离”对接。

本书内容翔实，图文并茂，语言简洁，思路清晰，可作为高职高专院校土建类相关专业的教材，也可作为建筑设计技术人员的参考用书。

图书在版编目(CIP)数据

建筑CAD/刘晓光主编.—北京：北京理工大学出版社，2017.2（2019.12重印）
ISBN 978-7-5682-3577-8

Ⅰ.①建…　Ⅱ.①刘…　Ⅲ.①建筑设计－计算机辅助设计－AutoCAD软件
Ⅳ.①TU201.4

中国版本图书馆CIP数据核字(2017)第010557号

出版发行／北京理工大学出版社有限责任公司
社　　址／北京市海淀区中关村南大街5号
邮　　编／100081
电　　话／(010)68914775(总编室)
　　　　　(010)82562903(教材售后服务热线)
　　　　　(010)68948351(其他图书服务热线)
网　　址／http://www.bitpress.com.cn
经　　销／全国各地新华书店
印　　刷／北京紫瑞利印刷有限公司
开　　本／787毫米×1092毫米　1/16
印　　张／13.5
字　　数／294千字
版　　次／2017年2月第1版　2019年12月第3次印刷
定　　价／39.00元

责任编辑／钟　博
文案编辑／瞿义勇
责任校对／周瑞红
责任印制／边心超

前言

建筑CAD在我国建筑工程设计领域已经占据了主导地位，它的影响力可以说无处不在。建筑CAD课程是建筑类相关专业学生的必修课，是为培养建筑类相关专业学生CAD操作能力而开设的实践技能课。

本书是以职业活动为导向，突出课程的能力目标，以学生为主体，以素质为基础，以项目、任务为主要载体，以实训为手段，将知识传授、能力素质培养有效结合的知识、理论、实践一体化的教材。

本书结合建筑类相关专业的特点，选用建筑施工图作为实例，通过六个教学项目，将计算机绘图与建筑制图的知识点有机地结合起来，为学生学习专业课打好基础。

本书在编写过程中主要突出以下两个特点：

（1）本书以项目、任务为载体，采用“项目导向、任务驱动”的教学方法，具有较强的可操作性。

（2）在案例选取上，选择工程实例，通过绘制一套建筑施工图，使学生掌握绘制实际工程图的方法和技巧。

本书由辽宁建筑职业学院刘晓光担任主编，辽宁建筑职业学院鲁毅担任副主编，辽宁建筑职业学院王丽红、朱莉宏、王芳参加了本书的编写工作。其中，项目二、项目三由刘晓光编写；项目四、项目五由鲁毅编写；项目一由王丽红编写；项目六由朱莉宏、王芳编写。

本书在编写过程中得到了辽宁建筑职业学院领导和老师们的大力支持和帮助，在这里表示衷心的感谢。

由于编者能力有限，时间仓促，书中难免存在疏漏或不妥之处，衷心希望读者给予批评指正。

编　者

目 录

项目一 AutoCAD绘图基础 …… 1

任务一 AutoCAD绘图设置 …… 2

能力训练 …… 8

任务二 辅助绘图工具的应用 …… 8

能力训练 …… 17

任务三 基本建筑图形的绘制 …… 18

能力训练 …… 27

任务四 图形的编辑与修改 …… 28

能力训练 …… 43

项目二 绘制建筑平面图 …… 45

任务一 绘制建筑轴网平面图 …… 45

能力训练 …… 54

任务二 绘制住宅楼平面图 …… 55

能力训练 …… 76

任务三 住宅楼平面图标注 …… 77

能力训练 …… 97

项目三 绘制建筑立面图 …… 98

任务一 绘制住宅楼建筑立面图 …… 98

能力训练 …… 114

任务二 住宅楼建筑立面图标注 …… 114

能力训练 …… 130

项目四　绘制建筑剖面图…… 131

任务一　绘制建筑剖面图 …… 131

能力训练 …… 163

任务二　住宅楼建筑剖面图标注 …… 163

能力训练 …… 170

项目五　绘制楼梯详图…… 171

任务一　绘制楼梯平面详图 …… 171

能力训练 …… 181

任务二　绘制楼梯剖面详图 …… 182

能力训练 …… 194

项目六　绘制结构施工图…… 196

任务一　绘制基础平面图 …… 196

能力训练 …… 203

任务二　绘制基础剖面详图 …… 204

能力训练 …… 209

参考文献…… 210

项目一　AutoCAD 绘图基础

教学目标

知识目标

1. 了解 AutoCAD 软件的基本功能及特点。

2. 熟悉 AutoCAD 工作界面组成、图形文件的管理方法。

3. 掌握 AutoCAD 精确绘图的方法。

4. 掌握直线、矩形、圆和圆弧等绘图命令的操作方法。

5. 掌握图形的编辑方法和各种绘图技巧。

能力目标

1. 能熟练设置 AutoCAD 软件绘图环境，并进行图形文件管理操作。

2. 能熟练使用 AutoCAD 绘图和编辑命令绘制各种建筑模型和家具模型。

素质目标

1. 具有良好的职业道德和职业操守。

2. 具有高度的社会责任感、严谨的工作作风、爱岗敬业的工作态度和自主学习的良好习惯。

3. 具有团队意识、创新意识、动手能力、分析解决问题的能力和收集处理信息的能力。

教学重点

1. AutoCAD 精确绘图的方法。

2. 直线、矩形、圆和圆弧等绘图命令的操作方法。

3. 图形的编辑方法和各种绘图技巧。

教学建议

本项目的学习建议教师借助多媒体课件，采用项目教学法，选择一些简单的建筑图例和家具模型，讲解 AutoCAD 的绘图与编辑命令及一些绘图技巧，锻炼学生绘制图形的能力。

任务一　AutoCAD 绘图设置

任务描述

建立一个图幅为 A2(59 400×42 000)的 AutoCAD 绘图模板并保存。

任务分析

本任务学习掌握 AutoCAD 图形界限的设置和基本操作方法。

相关知识

一、AutoCAD 概述

AutoCAD 是美国欧特克(Autodesk)公司在 20 世纪 80 年代初开发的交互式绘图软件。CAD 是 Computer Aided Design 的缩写，含义是计算机辅助设计，可以绘制二维和三维图形，特别适合绘制工程平面图，使用起来非常方便。

同手工绘图相比，CAD 绘图具有快捷、高效、直观、实用的特点，在建筑行业得到广泛应用，AutoCAD 是设计人员、施工人员、工程监理人员等所依赖的重要绘图工具。

二、AutoCAD 的工作界面

软件安装后，用鼠标双击桌面快捷方式图标或在 Windows“开始”程序中找到 AutoCAD 2013，启动后的 AutoCAD 2013 工作界面如图 1-1 所示。

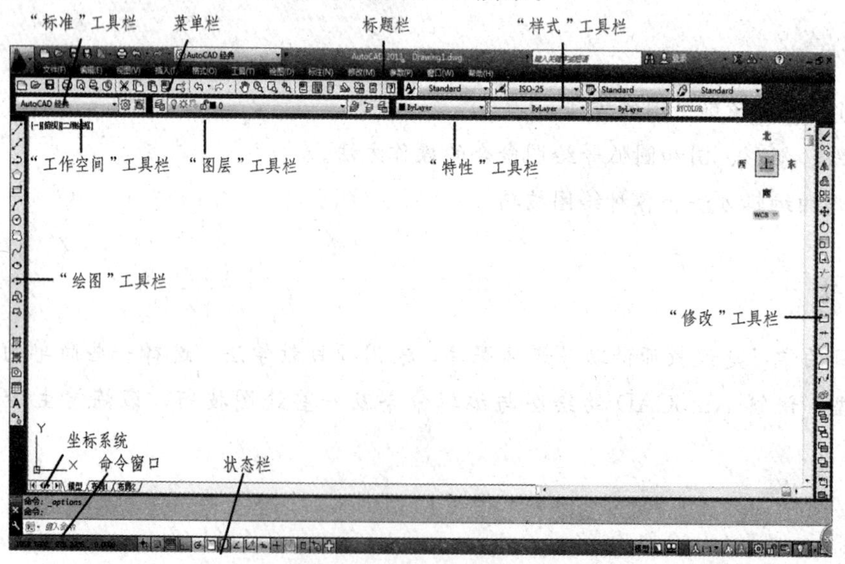

图 1-1　AutoCAD 2013 工作界面

1. 标题栏

标题栏在工作界面的最上方，显示软件的名称(AutoCAD 2013)和当前打开的图形文件的名称，右侧为 Windows 程序组窗口标准控制按钮(最小化、最大化、关闭)。

2. 菜单栏

标题栏下的菜单栏共有 12 个主菜单，分别为文件、编辑、视图、插入、格式、工具、绘图、标注、修改、参数、窗口和帮助。用鼠标或键盘可以选择各主菜单及各主菜单下的命令，完成各种操作。

3. 工具栏

AutoCAD 提供的工具栏很多，各工具栏以各种直观的图标代表相应的命令，用鼠标单击后即可调用相应的命令。

4. 绘图区

绘图区是位于屏幕中央的区域，也称绘图窗口，是绘制和编辑图形的工作区域，AutoCAD 的绘图区域无限大，用户在此区域按 1∶1 的比例绘图。

5. 命令窗口

命令窗口是用户与 AutoCAD 进行对话的窗口。用户在提示符“命令:”后直接输入命令进行绘图操作，对输入命令按 Enter 键(或按空格键)确认后，会出现与此命令相关的提示信息，根据提示可进行下一步操作。

6. 状态栏

状态栏用来显示和控制 CAD 绘图环境。

7. 坐标系统

坐标原点在屏幕左下方，X 轴正向水平向右，Y 轴正向垂直向上，Z 轴正向垂直平面指向用户。

三、图形文件管理

1. 创建新图形文件

启动创建新图形文件的步骤如下：

(1)菜单“文件”→“新建”。

(2)“标准”工具栏。

(3)命令行“new”。

执行命令后，系统弹出“选择样板”对话框，如图 1-2 所示，单击“acadiso”，建立一张不带任何设置的公制图形文件。

2. 打开图形文件

打开一张已经保存的图形文件。启动“打开图形文件”命令的方式如下：

(1)菜单“文件”→“打开”。

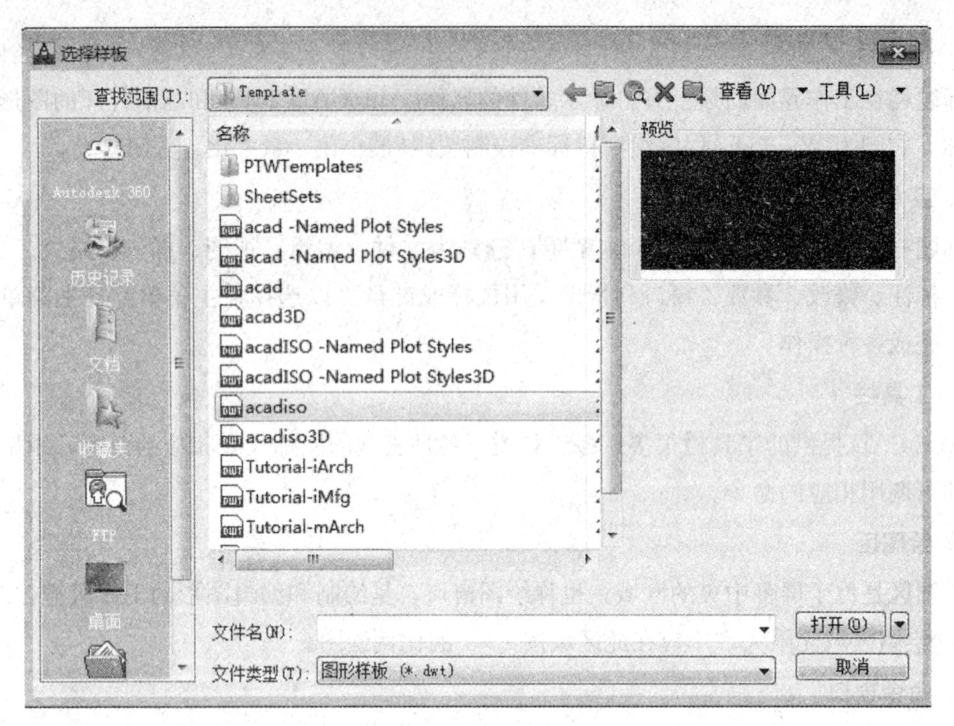

图 1-2 “选择样板”对话框

(2)“标准”工具栏。

(3)命令行“open”。

执行命令后，系统弹出“选择文件”对话框，选择需要打开的图形文件，单击“打开”按钮，如图 1-3 所示。

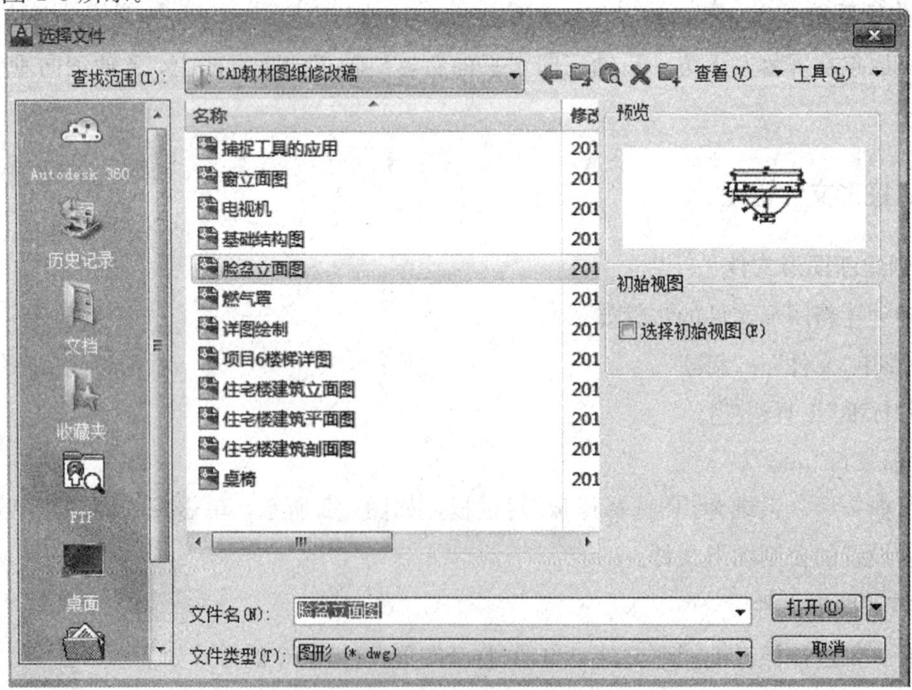

图 1-3 “选择文件”对话框

说明：在“选择文件”对话框中，单击“打开”旁边的箭头，可以选择“局部打开”或“以只读模式打开”。

3. 保存图形文件

将已经绘制好的图形文件存盘。启动“保存图形文件”命令的方式如下：

(1)菜单“文件”→“保存”。

(2)“标准”工具栏。

(3)命令行“save”。

如果之前保存并命名了图形文件，则所作的任何更改都将进行重新保存。如果是第一次保存图形文件，则显示“图形另存为”对话框，选择保存图形文件的目录，修改文件名，单击“保存”按钮，完成图形文件的保存，如图 1-4 所示。

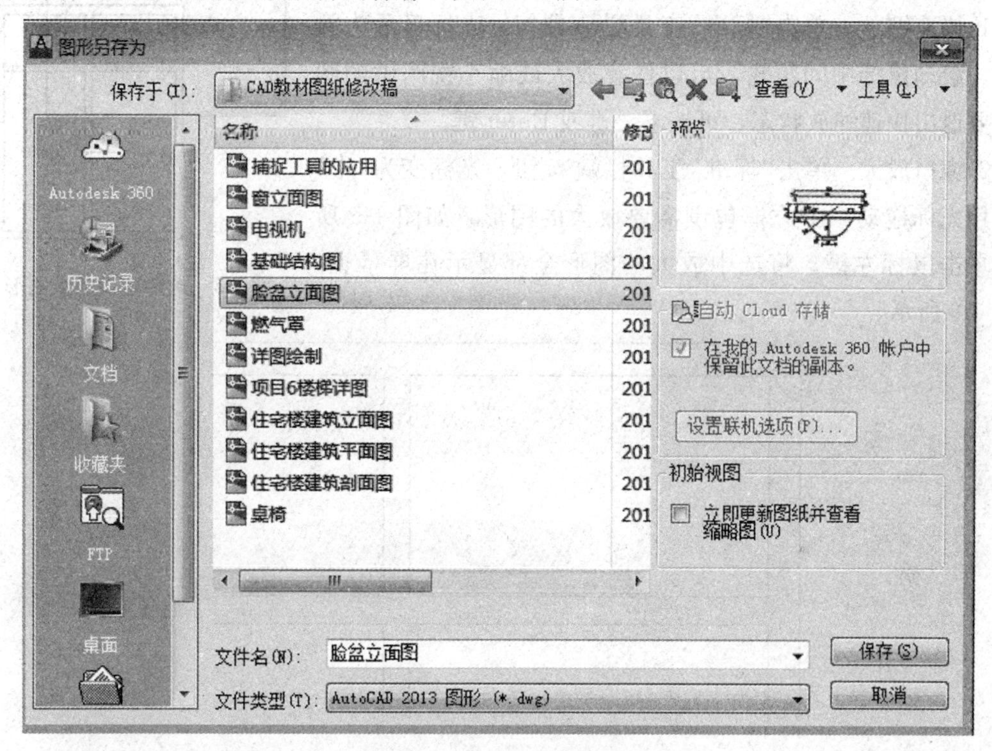

图 1-4 图形文件的保存

四、AutoCAD 的基本操作

1. 设定图形界限

在绘图之前设置图形界限，相当于手工绘图时选择图纸的边幅，结合“图形界限”和“缩放”命令，可以使初始绘图显示在设想的范围内。

启动“设置图形界限”命令的方式有以下两种：

(1)菜单“格式”→“图形界限”。

(2)命令行“limits”。

【例 1-1】 设置一张 A2(594×420)图纸的图形界限。

```
命令: '_limits
重新设置模型空间界限:
指定左下角点或[开(ON)/关(OFF)]<0.0000, 0.0000>:      //直接按 Enter 键，接受默认值
指定右上角点<420.0000, 297.0000>: 594, 420            //设置图形界限右上角点，按 Enter 键
```

2. 缩放、平移视图

AutoCAD 是按 1∶1 的比例绘图，即按实际尺寸绘图。当实际绘制或打开某一图形时，图样显示的大小及所在位置往往不能满足观察者的要求，这时需要对显示内容进行适当的缩放或平移。

(1)绘图区域的缩放。

1)快速缩放。单击“标准”工具栏按钮，光标显示为放大镜，滚动鼠标中间滚轮，可以任意放大或缩小视图中的图形。要退出快速缩放状态，可按 Esc 键或 Enter 键。

2)窗口放大。单击“标准”工具栏按钮，光标变为“十”字，用光标拖动一个方框包围需要放大的图形，如图 1-5 所示。单击鼠标左键，将选中放大的图形全部显示在屏幕上，如图 1-6 所示。

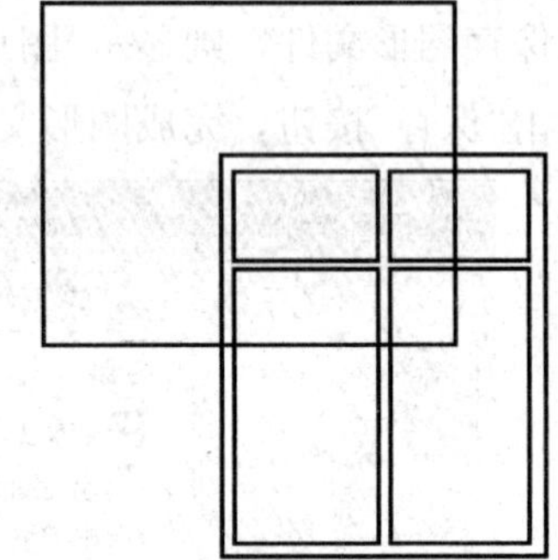

图 1-5 选择窗口放大图形

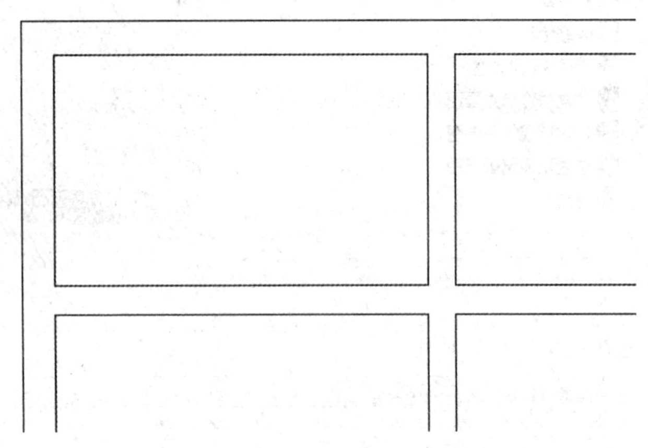

图 1-6 窗口放大后的图形显示

3)显示全部图样。当在一个图形文件上绘制的图样较多时，有的图样显示在屏幕上，有的图样没有显示在屏幕上，如果需要在这个图形文件上绘制所有的图样，需要显示全部图样。

用鼠标按住“标准”工具栏按钮右下角符号，选择，或者选择菜单“视图”→“缩放”→“全部”，所有已经绘制的图样就全部显示在屏幕上了。

说明：图形缩放改变的是图样的视觉尺寸，图样的真实尺寸并没有改变。

(2)视图平移。使用 AutoCAD 绘图时，通过使用视图平移，可在不改变图样尺寸和缩放比例的前提下，移动当前视窗中显示的图样。

单击“标准”工具栏，“十”字光标变成手的形状，按住鼠标左键拖动，将当前视窗中

的图样移动到合适位置。要退出视图平移状态，可按 Esc 键或 Enter 键，也可以按住鼠标滚动轮不放，拖动鼠标实现图样的移动。

任务实施

创建 A2 绘图模板

一、新建图形文件

单击“标准”工具栏按钮，打开“选择样板”对话框，如图 1-7 所示。选择系统默认设置的公制单位样板“acadiso. dwt”，单击“打开”按钮，完成新建图形文件的操作。

图 1-7 “选择样板”对话框

二、设置图形界限

1. 设置图形界限

命令：'_limits //启动“设置图形界限”命令

重新设置模型空间界限：

指定左下角点或[开(ON)/关(OFF)]<0.0000, 0.0000>： //按 Enter 键确认默认值

指定右上角点<420.0000, 297.0000>：594, 420 //设置图形界限右上角点坐标，按 Enter 键，完成图形界限的设置

2. 将设定的图形界限设为显示器的工作界面

命令：zoom

指定窗口的角点，输入比例因子 (nX 或 nXP)，或者

[全部(A)/中心(C)/动态(D)/范围(E)/上一个(P)/比例(S)/窗口(W)/对象(O)]<实时>：a

//输入字母“a”后按 Enter 键完成全部缩放

三、保存图形文件

输入命令“save”并按 Enter 键，执行“保存图形文件”命令，弹出图 1-8 所示的“图形另存为”对话框，在“保存于”选项卡下拉菜单列表中找到保存的文件夹，在“文件名”选项卡中输入文件名“A2 图纸.dwg”，单击“保存”按钮，完成图形文件的保存。

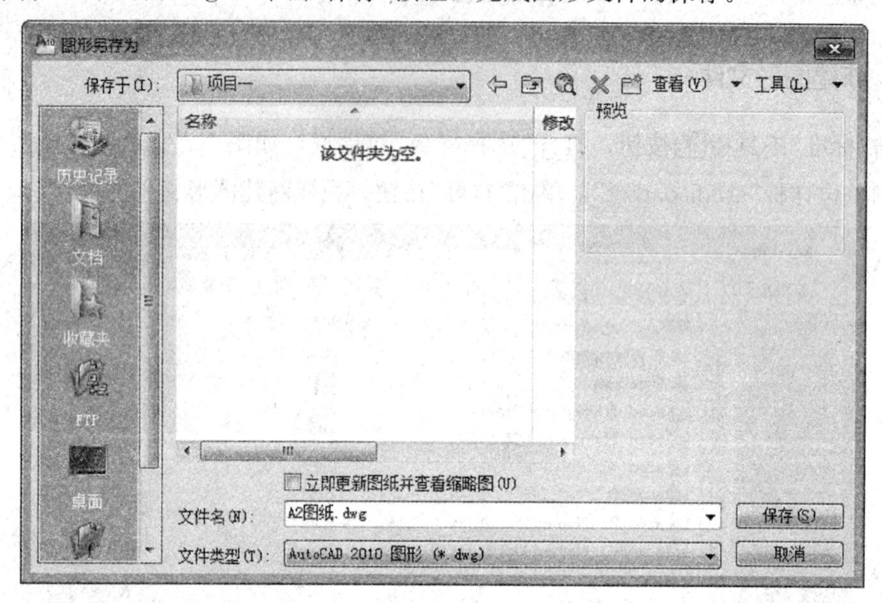

图 1-8 “图形另存为”对话框

能力训练

建立一个图幅为 A3(420×297)的 AutoCAD 绘图模板并保存。

任务二　辅助绘图工具的应用

任务描述

利用 AutoCAD 绘制工程图时要根据实物大小进行精确绘制，为了绘图方便，AutoCAD 软件提供了精确绘图功能。

任务分析

本任务学习利用正交模式、对象捕捉、对象追踪、极轴追踪、捕捉自和动态输入精确绘制各种图形。

相关知识

一、使用坐标

1. 坐标系统

(1)世界坐标系(WCS)。AutoCAD 默认的坐标系统是世界坐标系，它是模型空间中唯一的、固定的坐标系，坐标原点和坐标轴方向不允许改变。通常在二维视图中，水平方向的坐标轴为 X 轴，以向右为正方向；垂直方向的坐标轴为 Y 轴，以向上为正方向。

(2)用户坐标系(UCS)。用户坐标系是用户自定义的坐标系，其坐标原点和坐标轴方向可以随意改变。

2. 使用坐标的方法

精确绘图输入坐标的方法有绝对直角坐标、相对直角坐标、绝对极坐标、相对极坐标四种。

(1)绝对直角坐标。以当前坐标系原点为输入坐标的基点，用户通过输入相对于坐标原点的坐标值(X，Y)来确定点的位置。键盘输入格式为(X，Y)。

说明：绘制平面图形时，可以不用输入 Z 轴坐标，默认 Z 坐标为 0。

(2)相对直角坐标。以前一个点为坐标的基点，用户通过输入相对于前一个输入点的增量值(ΔX，ΔY)来确定点的位置。键盘输入格式为(@ΔX，ΔY)，其中，@表示输入一个相对坐标值。

(3)绝对极坐标。以当前坐标原点为输入点的基点，用户通过输入相对于原点的距离和角度来确定点的位置。键盘输入格式为(L<α)，L 表示点到坐标原点的距离，α 表示极轴方向与 X 轴之间的夹角，逆时针为正，顺时针为负。

(4)相对极坐标。以前一个点为输入点坐标的参考点，用户通过输入相对于参考点的距离和角度来确定点的位置。键盘输入格式为(@L<α)。

二、辅助绘图功能

AutoCAD 辅助绘图功能按钮在状态栏上，如图 1-9 所示。

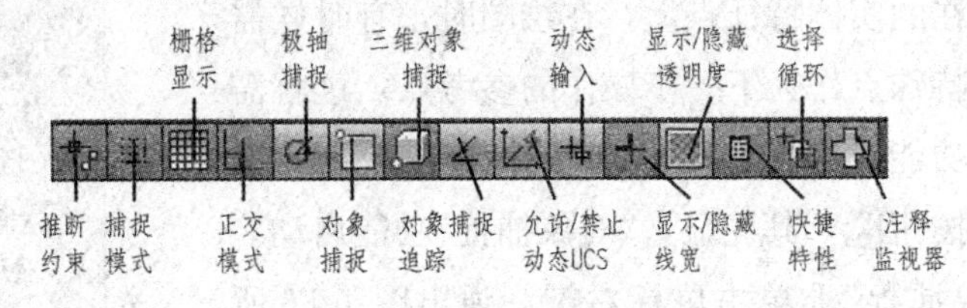

图 1-9 辅助绘图功能按钮

1. 正交模式

启动“正交模式”功能可以将光标限制在水平或垂直方向上移动，以便精确地创建和修改对象。用快捷键 F8 或鼠标左键单击状态栏上的“正交”按钮，其亮显，“正交模式”功能启动。

2. 动态输入

单击状态栏上的“动态输入”按钮，其亮显，“动态输入”功能启动。在“动态输入”上单击鼠标右键，然后单击“设置”按钮，出现“草图设置”对话框中的“动态输入”设置页面，如图 1-10 所示。

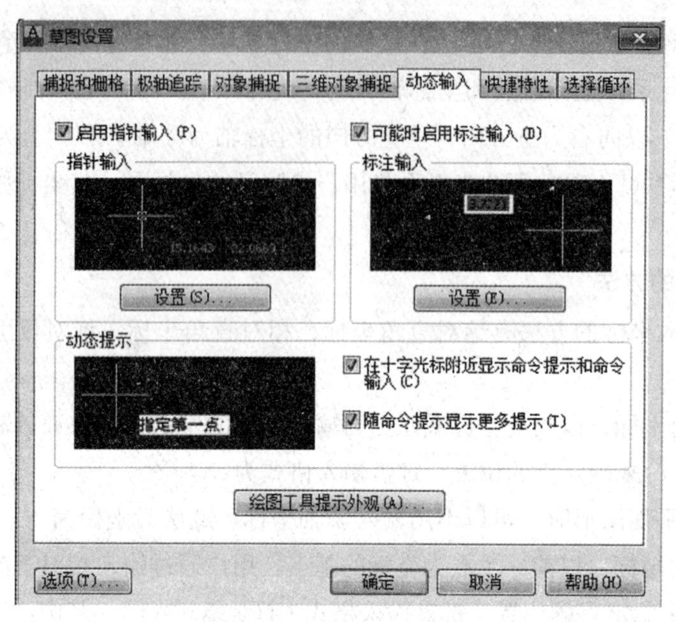

图 1-10 “草图设置”对话框中的“动态输入”设置页面

“动态输入”功能有三项内容：

(1)指针输入：动态显示坐标、等待输入坐标；默认确定第一点后，显示或等待输入相对坐标。

(2)标注输入：显示标注的距离和角度。

(3)动态提示：提示相关命令选项。

3.“对象捕捉”功能

“对象捕捉”功能用于捕捉特殊点，将“十”字光标强制性准确定位在已经存在的实体特征点上。在绘图时，有时候需要取某个对象上的特殊点作为下一步操作的参考点，这就需要利用“对象捕捉”功能。用快捷键 F3 或鼠标左键单击状态栏上的“对象捕捉”按钮，其亮显，“对象捕捉”功能启动。

在状态栏“对象捕捉”上单击鼠标右键，弹出图 1-11 所示快捷菜单，单击“设置”按钮，出现图 1-12 所示“草图设置”对话框，勾选要使用的对象捕捉点，单击“确定”按钮，完成捕捉点的设置。

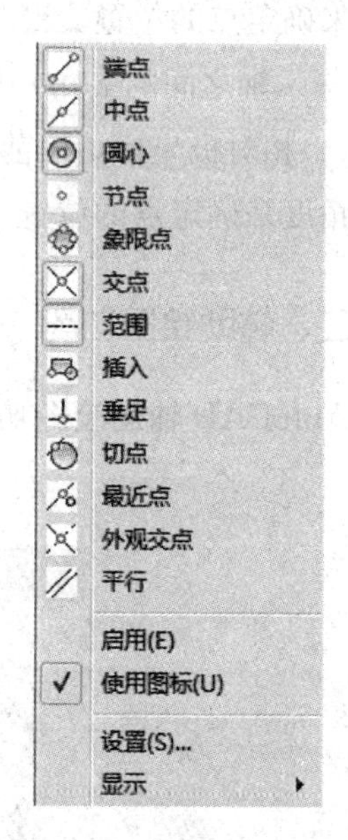

图 1-11 “对象捕捉”快捷菜单

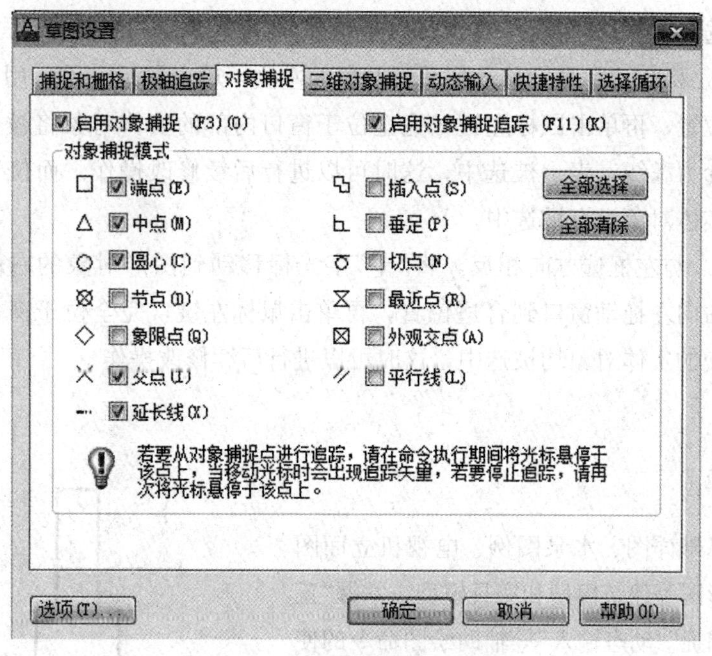

图 1-12　对象捕捉点的设置

三、捕捉自和对象追踪

1. 捕捉自

“捕捉自”命令是指在绘制图形时获取某个点相对于参照点的偏移坐标。当需要输入一点时，利用“捕捉自”命令，用户可以给定一个点作为基准点，然后输入相对于该基准点的偏移位置的相对坐标，来确定输入点的位置。

2. 对象追踪

对象追踪一般称为对象捕捉追踪，必须与对象捕捉一起使用，与对象捕捉相同，对象捕捉追踪在调用后自动运行。

四、选择对象常用方式

在绘图过程中会大量地使用编辑操作。使用编辑命令时，首先要明确选择被编辑的对象，然后才能正确地修改和编辑图形。当启动编辑命令后，“十”字光标变成“□”或者命令行提示“选择对象”时，即可开始选择对象。

AutoCAD 常用的选择方式有点选方式和框选对象两种。

1. 点选方式

点选方式是最简单，也是最常用的一种选择方式。当需要选择某个对象时，用“十”字光标在绘图区中直接单击该对象即可，连续单击不同的对象即可同时选择多个对象，被选中的对象由原来的实线变为虚线。对象被选中后，可以进行后续的修改操作。

2. 框选对象

框选对象，即按住鼠标左键不放进行对象的选择，需要注意的是，AutoCAD 中的框选方式分为左框选和右框选两种。

(1)左框选。将“十”字光标移动到图形对象的左侧，单击鼠标左键，用鼠标由左向右拖动窗口到合适位置，再单击鼠标左键，完全位于窗口内部的实体对象将被选中，图形实体由原来的实线变为虚线，表示被选中，这时可以进行后续修改操作。而位于窗口外部以及与窗口相交的实体对象没有被选中。

(2)右框选。与左框选方向相反，将“十”字光标移动到图形对象的右侧，单击鼠标左键，用鼠标由右向左拖动窗口到合适位置，再单击鼠标左键，完全位于窗口内部的实体对象和与窗口相交的实体对象均被选中，这时可以进行后续修改操作。

任务实施

通过绘制基础详图、水泵图例、电视机立面图和采暖管道投影图等建筑模型和家具模型，掌握“正交模式”“对象捕捉”“动态输入”等辅助绘图命令的使用，以及各种绘图技巧。

一、外墙条形基础剖面轮廓

利用正交模式、输入长度和镜像的方法，画出图 1-13 所示的外墙条形基础剖面轮廓图。

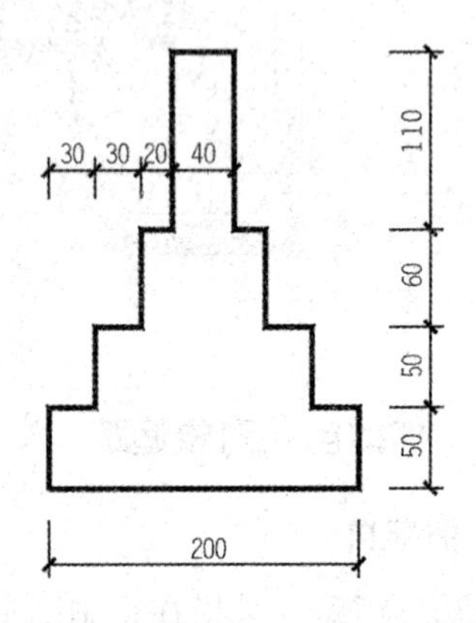

图 1-13　外墙条形基础剖面轮廓图

绘图步骤如下：

(1)单击屏幕下方状态栏上的“正交”按钮，执行正交命令。

(2)单击“直线”按钮，命令行提示如下：

```
命令：line 指定第一个点：                        //在屏幕的适当位置单击，确定 A 点
指定下一个点或[放弃(U)]：100                     //水平向左移动光标，输入 AB 长度
指定下一个点或[放弃(U)]：50                      //垂直向上移动光标，输入 BC 长度
指定下一个点或[闭合(C)/放弃(U)]：30              //水平向右移动光标，输入 CD 长度
指定下一个点或[闭合(C)/放弃(U)]：50              //垂直向上移动光标，输入 DE 长度
指定下一个点或[闭合(C)/放弃(U)]：30              //水平向右移动光标，输入 EF 长度
指定下一个点或[闭合(C)/放弃(U)]：60              //垂直向上移动光标，输入 FG 长度
指定下一个点或[闭合(C)/放弃(U)]：20              //水平向右移动光标，输入 GH 长度
指定下一个点或[闭合(C)/放弃(U)]：110             //垂直向上移动光标，输入 HK 长度
指定下一个点或[闭合(C)/放弃(U)]：20              //水平向右移动光标，输入 KJ 长度
指定下一个点或[闭合(C)/放弃(U)]：                //按 Enter 键，画出的图形如图 1-14 所示
```

(3)单击“修改”工具栏中的“镜像”按钮，选择 J、A 两点为镜像线上的两点进行镜像，其效果如图 1-15 所示。

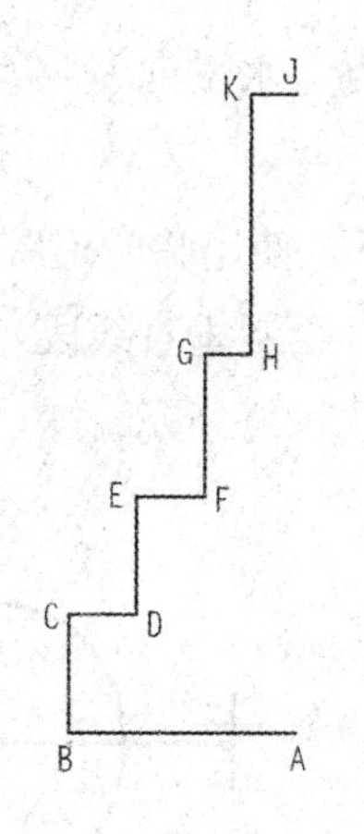

图 1-14　图形形态

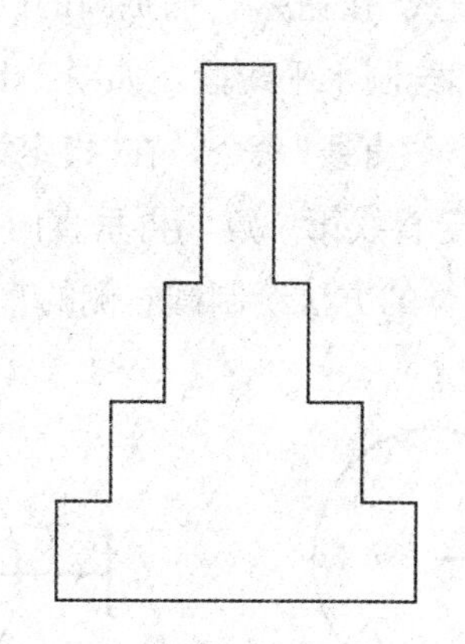

图 1-15　镜像后的图形

二、水泵图例

利用“对象捕捉”功能，绘出图 1-16 所示的水泵图例。

绘图步骤如下：

(1)单击“圆”按钮，在屏幕的任意位置绘制半径为 80 的圆。

(2)在状态栏“对象捕捉”上单击鼠标右键，弹出快捷菜单，然后单击“设置”按钮，打开“草图设置”对话框，勾选“对象捕捉”选项卡中的“端点”“圆心”“象限点”选项，如图 1-17 所示。

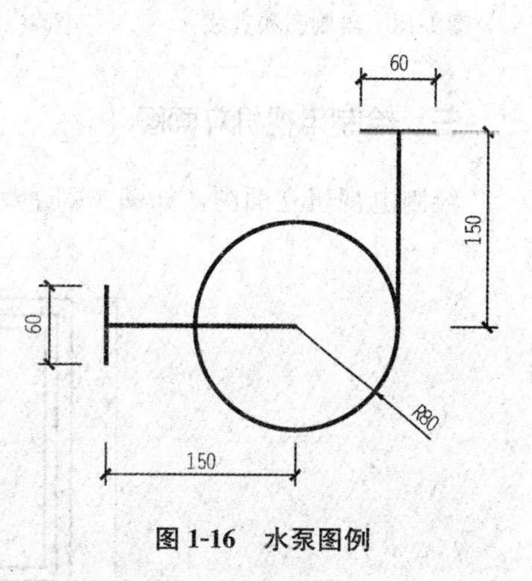

图 1-16　水泵图例

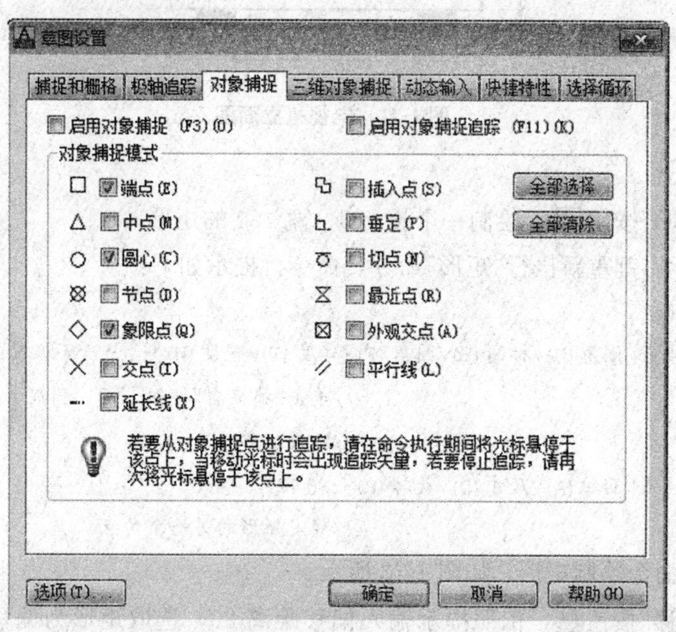

图 1-17　“草图设置”对话框中的“对象捕捉”选项卡

(3)单击“直线”按钮，捕捉圆的圆心作为直线的起点，水平向左移动光标，输入150后，按Enter键绘制水平线段，如图1-18所示。

(4)再次执行“直线”命令，在“指定第一个点”的状态下，使用临时追踪命令，从A点向上追踪30，确定直线第一点，再垂直向下移动光标输入60绘制垂直线段，如图1-19所示。

(5)使用同样的方法绘制圆右侧的直线，绘制结果如图1-20所示。

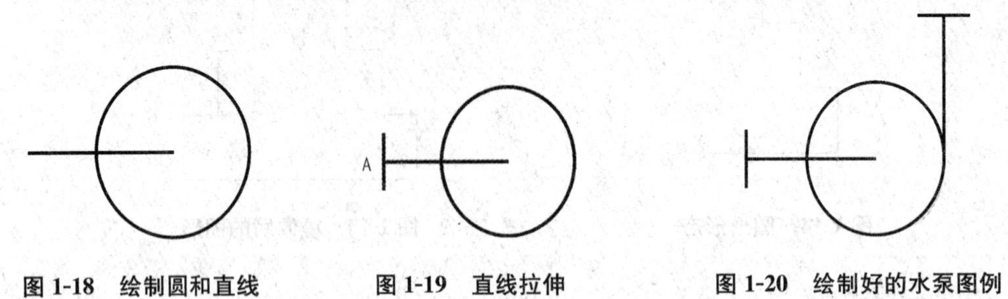

图1-18　绘制圆和直线　　**图1-19　直线拉伸**　　**图1-20　绘制好的水泵图例**

三、绘制电视机立面图

绘制电视机立面图，如图1-21所示。

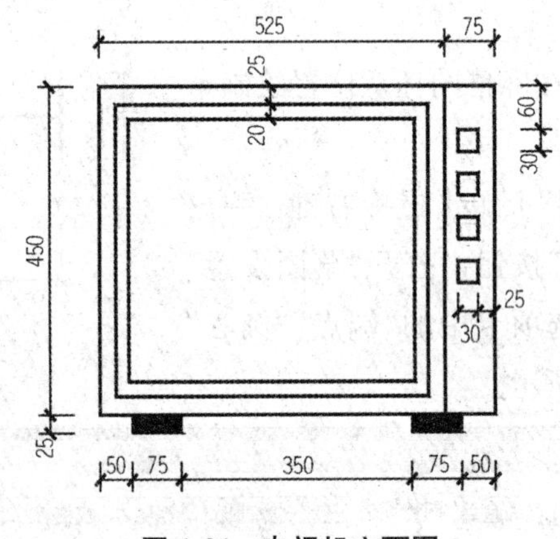

图1-21　电视机立面图

绘图步骤如下：

(1)单击“矩形”按钮，绘制一个长600、宽450的矩形。

(2)单击鼠标右键重新执行“矩形”命令，命令行提示如下：

命令：_rectang

指定第一个角点或[倒角(C)/标高(E)/圆角(F)/厚度(T)/宽度(W)]：_from基点：<偏移>：

　　　　　　　　　　　　　　　　//单击“捕捉自”按钮后，捕捉A点作为偏移基点

@25，-2　　　　　　　　　　　　　//输入偏移距离

指定另一个角点或[面积(A)/尺寸(D)/旋转(R)]：@475，-400

　　　　　　　　　　　　　　　　//确定矩形的另一个角点

利用捕捉自命令绘制矩形，如图1-22所示。

(3)单击“偏移”按钮，依照提示输入偏移距离20，选取矩形为偏移对象，在矩形内部单击给出偏移方向，按Enter键结束“偏移”命令，其偏移结果如图1-23所示。

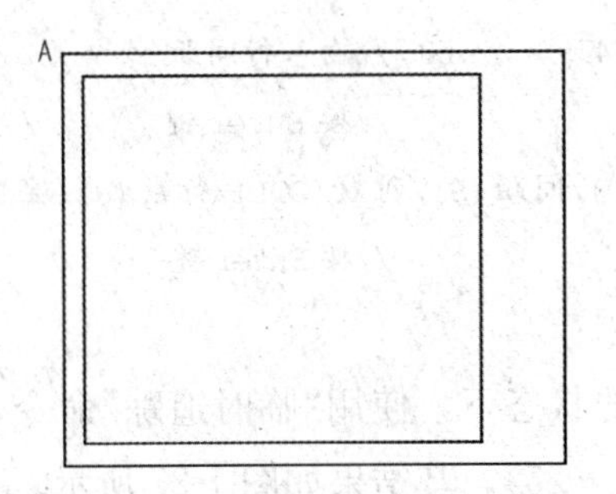

图 1-22　利用“捕捉自”命令绘制矩形

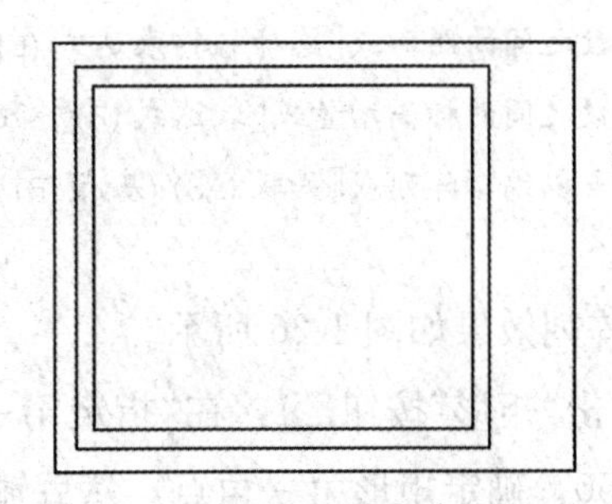
图 1-23　使用“偏移”命令绘制矩形

(4)单击“直线”按钮，在“指定第一个点”的状态下，使用“临时追踪”命令，从B点向左追踪75，确定直线第一点，然后垂直向下移动光标，在其与矩形相交点处单击鼠标左键，其结果如图1-24所示。

(5)单击“矩形”按钮，命令行提示如下：

命令：_rectang

指定第一个角点或[倒角(C)/标高(E)/圆角(F)/厚度(T)/宽度(W)]：_from 基点：<偏移>：

//单击“捕捉自”按钮后，捕捉B点作为偏移基点

@-25，-60　　//输入偏移距离

指定另一个角点或[面积(A)/尺寸(D)/旋转(R)]：@-30，-30

//确定矩形的另一个角点

绘制小矩形，如图1-25所示。

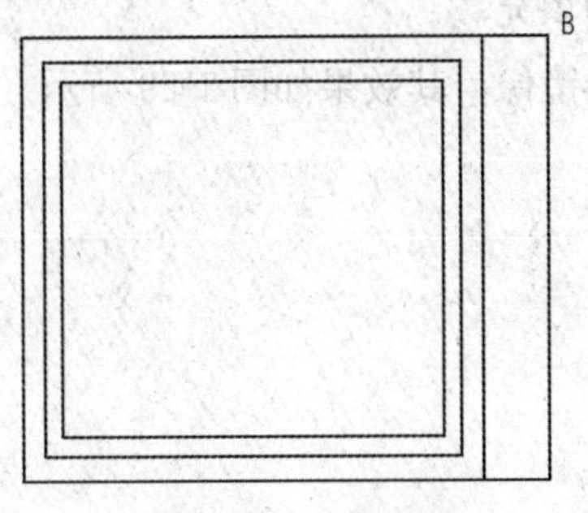

图 1-24　绘制直线

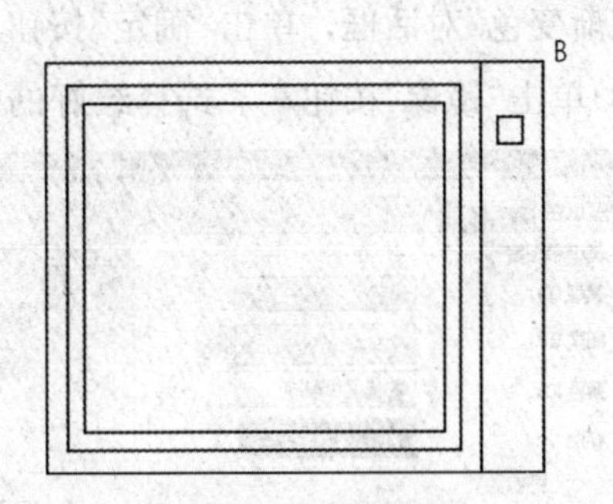

图 1-25　绘制小矩形

(6)单击“阵列”按钮，执行“矩形阵列”命令。

选择对象：　　// 选择绘制好的矩形

选择夹点以编辑阵列或[关联(AS)/基点(B)/计数(COU)/间距(S)/列数(COL)/行数(R)/层数(L)/退出(X)]<退出>：COL　　//选择列数

输入列数或[表达式(E)]<4>：1　　//输入列数1

指定列数之间的距离或[总计(T)/表达式(E)]<1099.8949>：　　//直接按Enter键

选择夹点以编辑阵列或[关联(AS)/基点(B)/计数(COU)/间距(S)/列数(COL)/行数(R)/层数(L)/退出(X)]<退出>：R　　//选择行数

输入行数或[表达式(E)]<3>：4　　//输入行数4

指定行数之间的距离或[总计(T)/表达式(E)]<628.7479>：-60 //输入行间距

指定行数之间的标高增量或[表达式(E)]<0>： //按 Enter 键

选择夹点以编辑阵列或[关联(AS)/基点(B)/计数(COU)/间距(S)/列数(COL)/行数(R)/层数(L)/退出(X)]<退出>： //按 Enter 键

矩形阵列效果如图 1-26 所示。

(7)单击“矩形”按钮，在“指定第一角点”的状态下，使用“临时追踪”命令，从 C 点向右追踪 50，确定矩形第一角点，然后输入(75，-25)，其结果如图 1-27 所示。

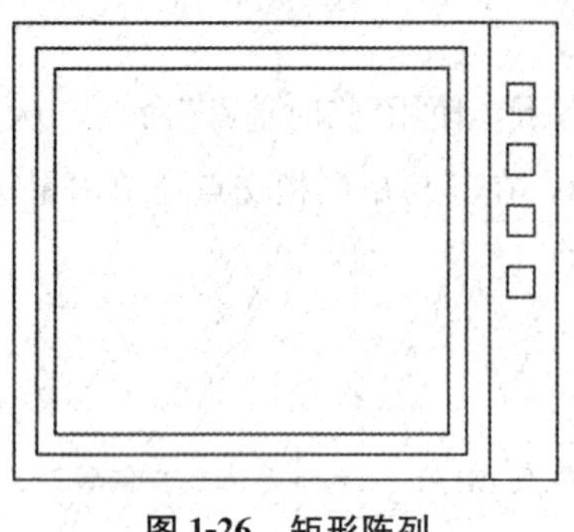

图 1-26 矩形阵列

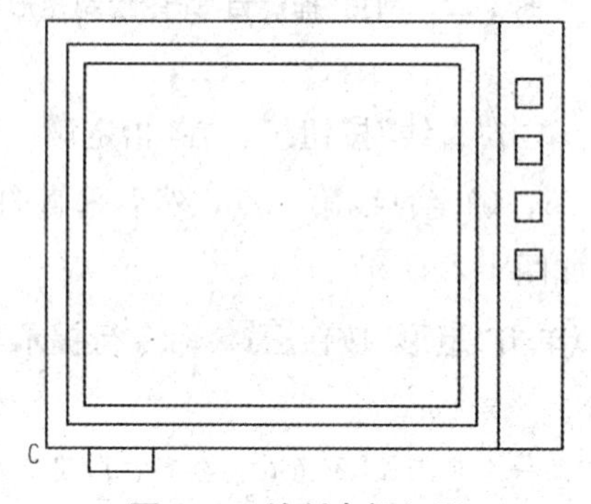

图 1-27 绘制电视机腿

(8)单击“图案填充”按钮，打开“图案填充和渐变色”对话框，如图 1-28 所示。在“类型和图案”选项区中，选择“预定义”类型，选择“SOLID”图案，单击“拾取点”按钮，切换到绘图窗口，在绘图区内单击矩形区域拾取填充边界，拾取完成后，单击鼠标右键返回“图案填充和渐变色”对话框，单击“确定”按钮，完成图案的填充。

(9)单击“镜像”按钮，选择绘好的电视机腿进行镜像，其效果如图 1-29 所示。

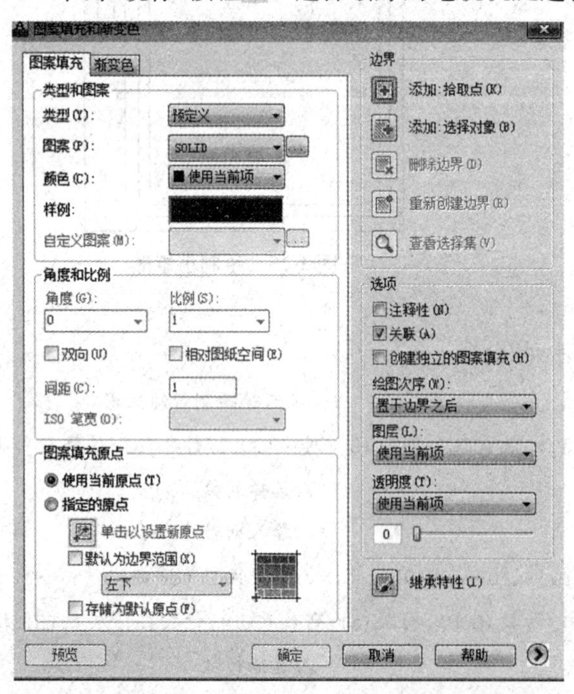

图 1-28 “图案填充和渐变色”对话框

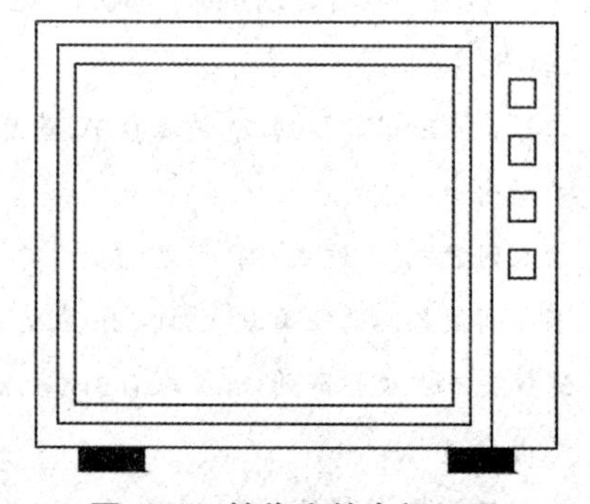

图 1-29 镜像完的电视机腿

能力训练

1. 利用“直线”和“正交模式”命令绘制图 1-30 所示的钢筋混凝土梁剖面轮廓。

2. 利用“矩形”和“捕捉自”命令、“临时追踪”命令绘制图 1-31 所示的写字台立面图。

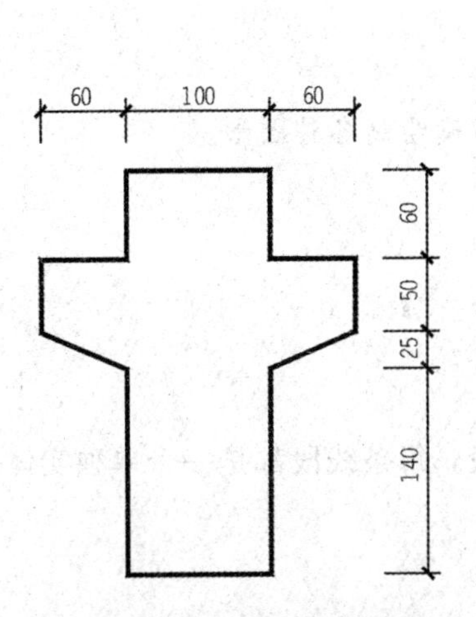

图 1-30　钢筋混凝土梁剖面轮廓

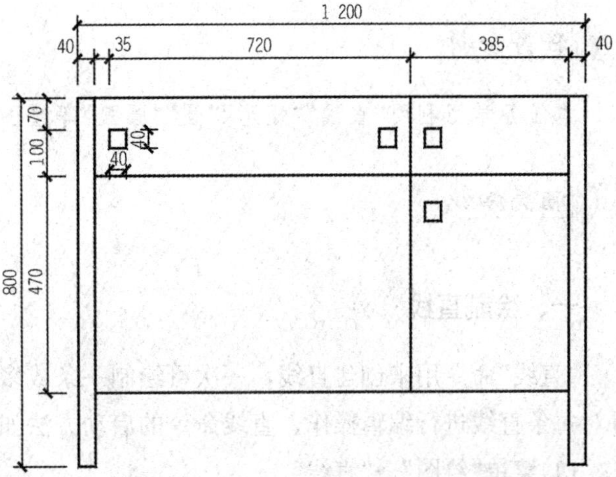

图 1-31　写字台立面图

3. 利用“矩形”“椭圆”和“捕捉自”命令及“临时追踪”命令绘制图 1-32 所示的门立面图。

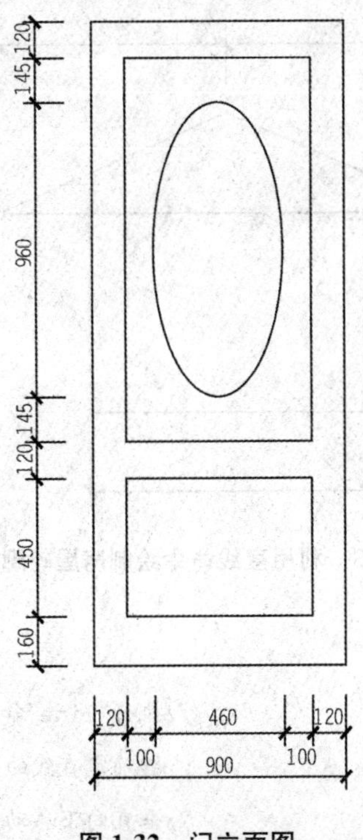

图 1-32　门立面图

任务三　基本建筑图形的绘制

任务描述

使用各种绘图命令绘制简单建筑图形。

任务分析

本任务学习利用“直线”“矩形”“圆”“圆弧”等绘图命令精确绘制各种图形。

相关知识

一、绘制直线

“直线”命令用来创建直线，一次可绘制一条或多条线段。每条线段都是一个单独实体，可对每条直线进行编辑操作。直线命令的启动方法如下：

(1)菜单“绘图”→“直线”。

(2)“绘图”工具栏 。

(3)命令行“line”或快捷键 L。

【例 1-1】 绘制图 1-33 所示的房屋轮廓图形。

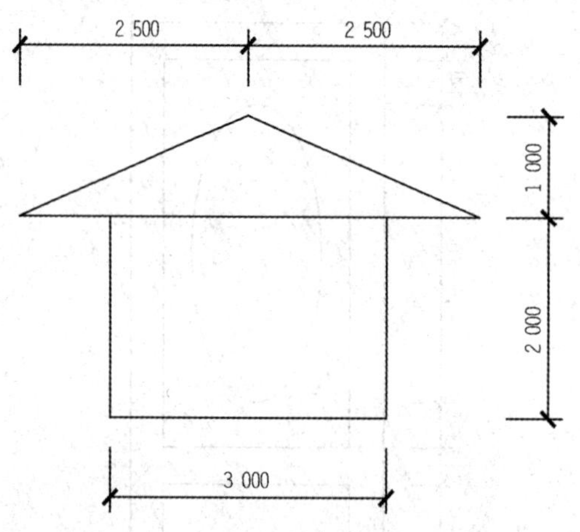

图 1-33　利用直线命令绘制房屋轮廓图形

绘图步骤如下：

命令：_line 指定第一个点：　//执行“line”命令，在绘图区的任意区域单击鼠标左键确定直线的第一点

指定下一个点或[放弃(U)]：2000　//垂直向下移动光标，输入 2 000

指定下一个点或[放弃(U)]：3000　//水平向右移动光标，输入 3 000

```
指定下一个点或[闭合(C)/放弃(U)]: 2000        //垂直向上移动光标，输入2 000
指定下一个点或[闭合(C)/放弃(U)]:             //按Enter键，结束直线绘制
命令: _line 指定第一个点: 1000              //单击鼠标右键，选择"重复直线"，把光标放在第一
                                              段直线上部端点处，向左作临时追踪，输入1 000
                                              后按Enter键
指定下一个点或[放弃(U)]: 5000                //水平向右移动光标，输入5 000
指定下一个点或[放弃(U)]: @-2500, 1000        //输入相对于上一点的坐标(@ 2 500, 1 000)
指定下一个点或[闭合(C)/放弃(U)]: c           //输入选项"C"，得到闭合的三角形
```

二、绘制矩形

矩形是一种特殊的多边形，在建筑绘图中，常用于绘制图框、建筑结构和建筑组件等。AutoCAD可以绘制直角矩形，还可以直接绘制圆角矩形、倒角矩形、有宽度的矩形等，如图1-34所示。

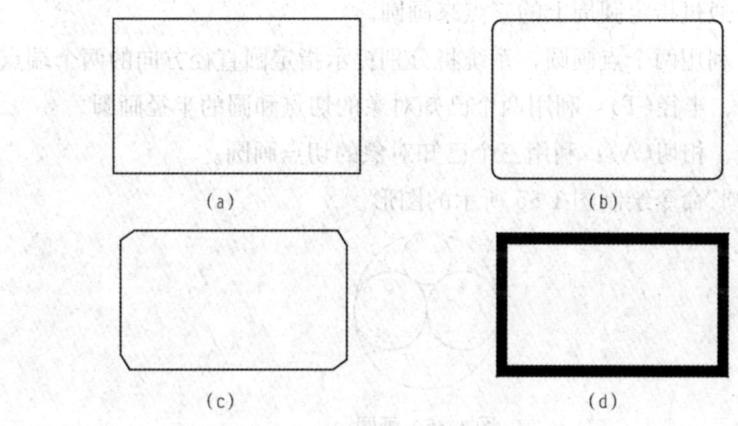

图1-34　矩形样式

(a)直角矩形；(b)圆角矩形；(c)倒角矩形；(d)宽度矩形

"矩形"命令的启动方法如下：

(1)菜单"绘图"→"矩形"。

(2)"绘图"工具栏 □。

(3)命令行"rectang"或快捷键REC。

执行命令后，命令行提示信息如下：

```
指定第一角点或[倒角(C)/标高(E)/圆角(F)/厚度(T)/宽度(W)]:
指定另一个角点或[面积(A)/尺寸(D)/旋转(R)]:
```

(1)缺省选项：该选项将按所给两对角及当前线宽绘制一个矩形。

(2)倒角(C)：用于指定的倒角距离，画出一个四角为倒斜角的矩形。

(3)标高(E)：用于设置矩形在三维空间中的基面高度，用于三维图形对象的绘制。

(4)倒角(F)：设置矩形圆角半径，画出一个四角为相同半径的圆角矩形。

(5)厚度(T)：设置矩形的厚度及三维空间Z轴方向的高度，选择该选项可用于绘制三

维图形对象。

(6)宽度(W)：用于设置矩形线条宽度。

三、绘制圆

在建筑绘图中，“圆”命令主要用来绘制规则的建筑组件。

“圆”命令的启动方法如下：

(1)菜单“绘图”→“圆”。

(2)“绘图”工具栏 。

(3)命令行“circle”或快捷键 C。

执行命令后，命令行提示信息如下：

指定圆的圆心或[三点(3P)/两点(2P)/切点、切点、半径(T)]：

(1)缺省选项：指定圆的圆心、半径(或直径)画圆。

(2)三点(3P)：通过指定圆周上的三点来画圆。

(3)两点(2P)：利用两个点画圆，系统将分别提示指定圆直径方向的两个端点。

(4)相切、相切、半径(T)：利用两个已知对象的切点和圆的半径画圆。

(5)相切、相切、相切(A)：利用三个已知对象的切点画圆。

【例 1-2】 用“圆”命令绘制图 1-35 所示的图形。

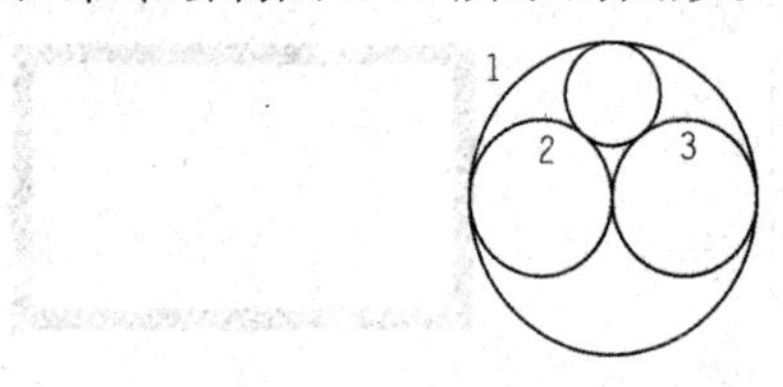

图 1-35 画圆

绘图步骤如下：

命令：_circle 指定圆的圆心或[三点(3P)/两点(2P)/切点、切点、半径(T)]：

指定圆的半径或[直径(D)]：500

命令：_circle 指定圆的圆心或[三点(3P)/两点(2P)/切点、切点、半径(T)]：2P

指定圆直径的第一个端点： //大圆 1 的左象限点

指定圆直径的第二个端点： //大圆 1 的圆心

命令_circle 指定圆的圆心或[三点(3P)/两点(2P)/切点、切点、半径(T)]：t

指定对象与圆的第一个切点： //小圆 2 半圆上任意一点

指定对象与圆的第二个切点： //大圆 1 半圆上任意一点

指定圆的半径＜250.0000＞：250

单击菜单“绘图”→“圆”→“相切、相切、相切”

_circle 指定圆的圆心或[三点(3P)/两点(2P)/切点、切点、半径(T)]：_3P 指定圆上的第一个点：_tan 到 //大圆 1 半圆上任意一点

指定圆上的第二个点：_tan 到 //小圆 2 半圆上任意一点

指定圆上的第三个点：_tan 到　　　　　　　　　　　　　　　　//小圆 3 半圆上任意一点

四、绘制圆弧

“圆弧”命令在建筑图形中常用于绘制门平面图。

“圆弧”命令的启动方法如下：

(1)菜单“绘图”→“圆弧”。

(2)“绘图”工具栏 。

(3)命令行“arc”或快捷键 A。

AutoCAD 提供了 11 种画圆弧的方法，用户可以根据不同的情况选择不同的方法。

(1)三点(P)。

(2)起点、圆心、端点(S)。

(3)起点、圆心、角度(T)。

(4)起点、圆心、长度(A)。

(5)起点、端点、角度(N)。

(6)起点、端点、方向(D)。

(7)起点、端点、半径(R)。

(8)圆心、起点、端点(C)。

(9)圆心、起点、角度(E)。

(10)圆心、起点、长度(L)。

(11)继续(O)。

【例 1-3】 用“矩形”和“圆弧”命令绘制图 1-36 所示的门平面图。

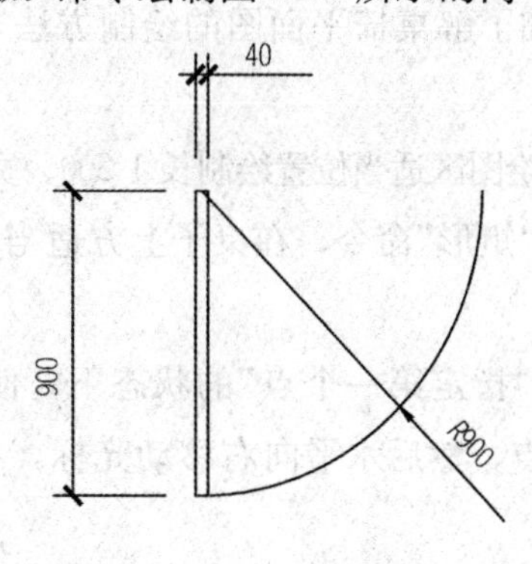

图 1-36　门平面图

绘图步骤如下：

命令：_rectang

指定第一个角点或[倒角(C)/标高(E)/圆角(F)/厚度(T)/宽度(W)]：　//在绘图区任意位置单击鼠标左键确定矩形的第一个角点

指定另一个角点或[面积(A)/尺寸(D)/旋转(R)]：@40，-900　　//确定矩形的第二个角点

命令：_arc 指定圆弧的起点或[圆心(C)]：　　　　　　　　//指定矩形上边中点

指定圆弧的第二个点或[圆心(C)/端点(E)]：c

指定圆弧的圆心：　　　　　　　　　　　　　　　　　　　//指定矩形下边中点

指定圆弧的端点或[角度(A)/弦长(L)]：a

指定包含角：90

任务实施

一、绘制桌椅

桌椅平面图如图 1-37 所示。

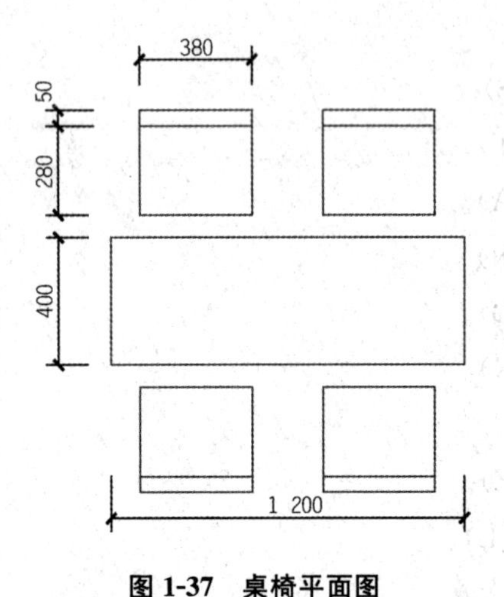

图 1-37　桌椅平面图

通过绘制桌椅平面图，详细了解桌椅平面图的绘制方法与技巧。实例用到的命令主要有“矩形”“直线”“镜像”等。

(1)单击“矩形”按钮，在绘图区适当位置绘制长 1 200、宽 400 的矩形，如图 1-38 所示。

(2)单击鼠标右键重复执行“矩形”命令，在桌子上方适当位置再绘制一个矩形，尺寸为(380，330)。

(3)单击“直线”按钮，在“指定第一个点”的状态下，使用“临时追踪”命令，从 A 点向下追踪 50，确定直线第一个点，然后水平向右移动光标，在与矩形相交点处单击鼠标左键，其绘制结果如图 1-39 所示。

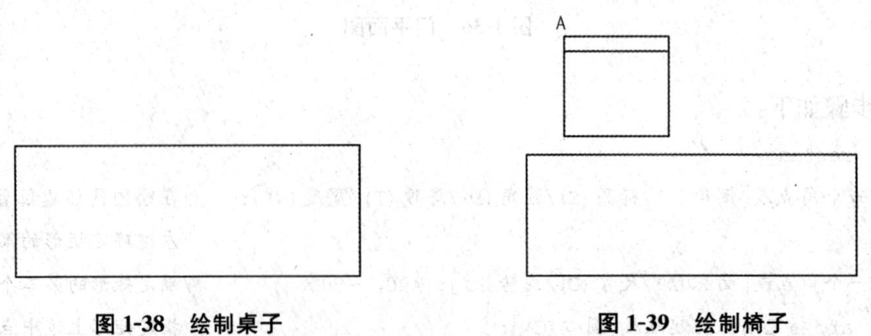

图 1-38　绘制桌子　　　　**图 1-39　绘制椅子**

(4)单击“镜像”按钮，选择桌子上、下两条边线的中点作为镜像线上的两点进行镜像，绘制结果如图 1-40 所示。

(5)单击鼠标右键重复执行“镜像”命令，以桌子左、右两条边线的中点作为镜像线上的两点进行镜像，绘制结果如图 1-41 所示。

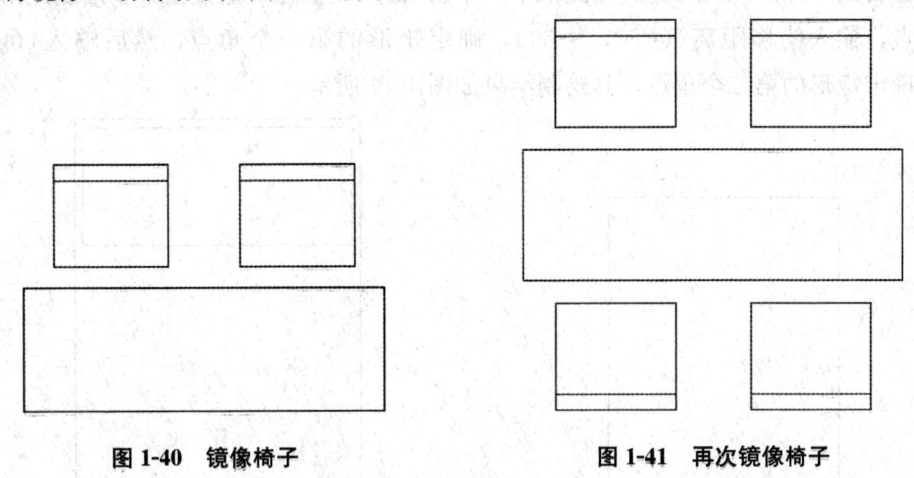

图 1-40　镜像椅子　　　　**图 1-41　再次镜像椅子**

二、绘制窗立面

窗立面图如图 1-42 所示。

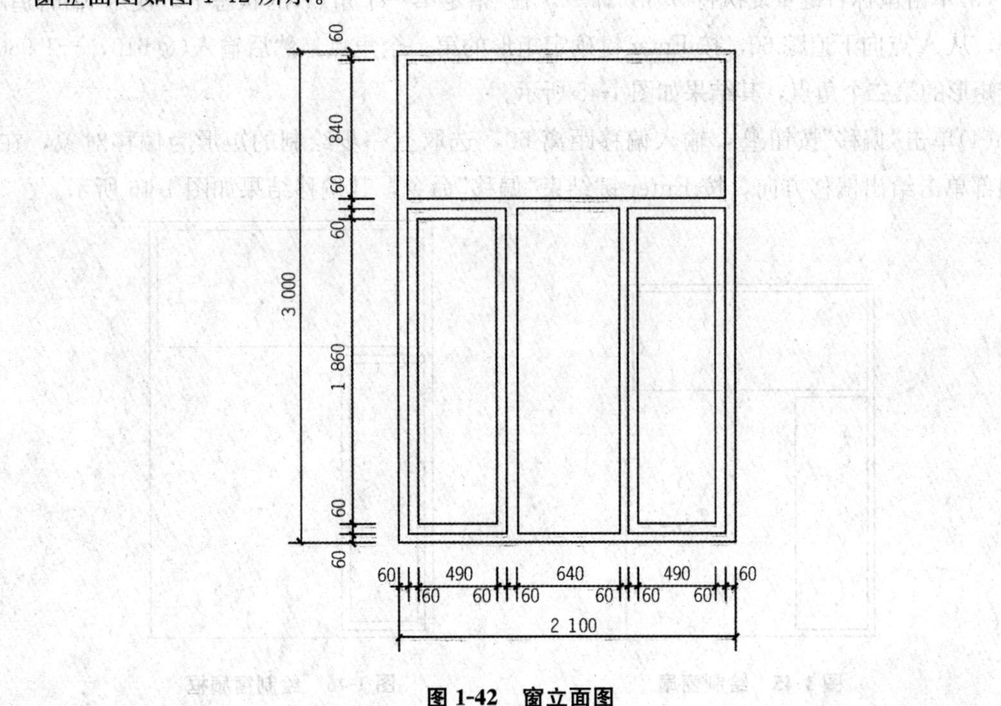

图 1-42　窗立面图

通过绘制窗立面图，详细了解窗立面图的绘制方法与技巧。实例用到的命令主要有“矩形”“偏移”“镜像”等。

（1）单击“矩形”按钮，绘制一个长 2 100、宽 3 000 的矩形作为窗框外轮廓线，如图 1-43 所示。

（2）单击鼠标右键重复执行“矩形”命令，在“指定第一角点”的状态下，同时按住 Shift 键和鼠标右键，弹出“对象捕捉”快捷菜单，单击“自(F)”按钮，捕捉上一步绘制矩形左上角点为基点，输入偏移距离(@60，－60)，确定矩形的第一个角点，然后输入(@1 980，－840)确定矩形的第二个角点，其绘制结果如图 1-44 所示。

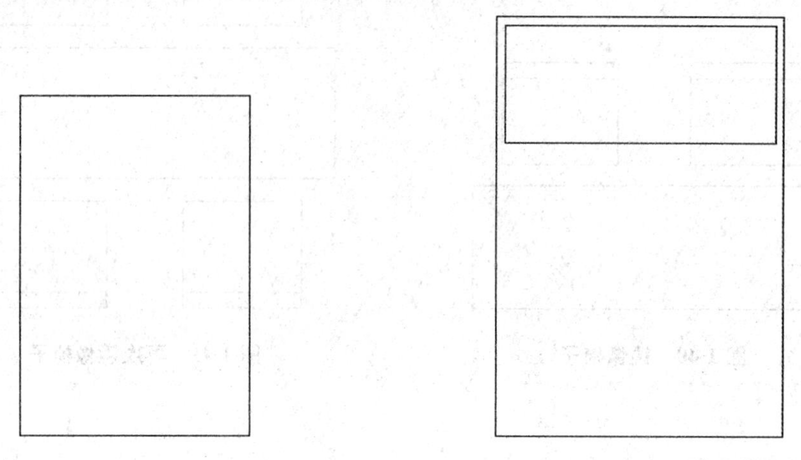

图 1-43　绘制窗框外轮廓线　　　**图 1-44　绘制内轮廓线**

（3）单击鼠标右键重复执行“矩形”命令，在“指定第一个角点”的状态下，使用“临时追踪”命令，从 A 点向下追踪 60，按 Enter 键确定矩形的第一个角点，然后输入(@610，－1 980)，确定矩形的第二个角点，其结果如图 1-45 所示。

（4）单击“偏移”按钮，输入偏移距离 60，选取上一步绘制的矩形为偏移对象，在矩形内部单击给出偏移方向，按 Enter 键结束“偏移”命令，其偏移结果如图 1-46 所示。

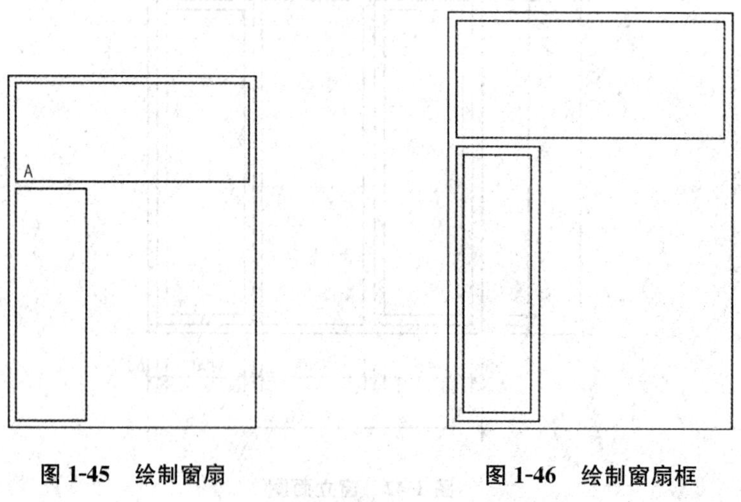

图 1-45　绘制窗扇　　　**图 1-46　绘制窗扇框**

（5）再次执行矩形命令，在“指定第一个角点”的状态下，使用“临时追踪”命令，从 A 点向右追踪 60，确定矩形的第一个角点，然后输入(@640，1 980)确定矩形的第二个角点，其结果如图 1-47 所示。

(6)单击“镜像”按钮，选择左侧两个矩形，选取任意水平直线中点作为镜像线上的点，保留原有对象，完成矩形的镜像，绘制结果如图 1-48 所示。

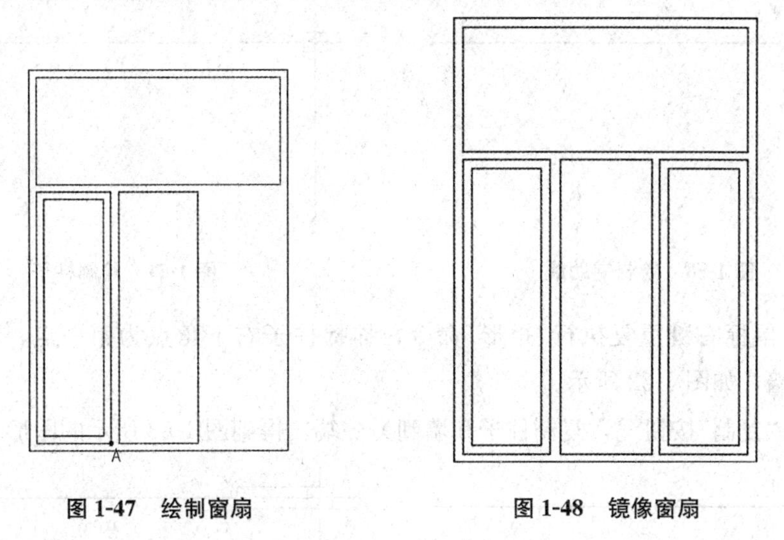

图 1-47 绘制窗扇

图 1-48 镜像窗扇

三、绘制阳台

阳台平面图如图 1-49 所示。

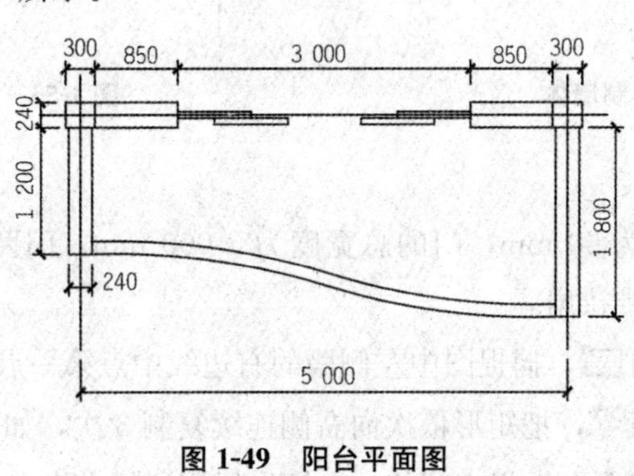

图 1-49 阳台平面图

通过绘制阳台平面图，详细了解阳台平面图的绘制方法与技巧。实例用到的命令主要有“矩形”“直线”“圆弧”“复制”“移动”“镜像”“偏移”等。

1. 绘制辅助线

(1)单击“直线”按钮，在绘图区的适当位置绘制一条适当长度的垂直辅助线。

(2)单击“偏移”按钮，依照提示输入偏移距离 5 000，选取上一步绘制的垂直辅助线为偏移对象，在右侧单击给出偏移方向，按 Enter 键结束“偏移”命令。

(3)再次执行“直线”命令，绘制一条水平的辅助线，结果如图 1-50 所示。

2. 绘制柱子和墙体

(1)单击“矩形”按钮，在“指定第一个角点”的状态下，同时按住 Shift 键和鼠标右键，弹出“对象捕捉”快捷菜单，单击“自(F)”按钮，捕捉辅助轴线的交点为基点，输入偏移距离(@−150，−120)，确定矩形的第一个角点，然后输入(@300，240)，确定矩形的第二个角点，其绘制结果如图 1-51 所示。

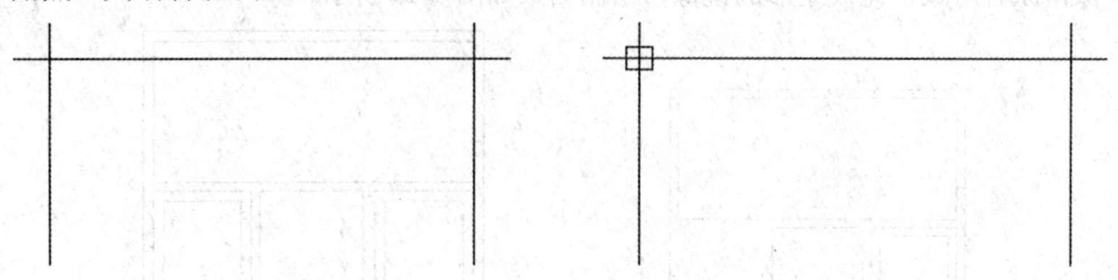

图 1-50　绘制辅助线　　　　图 1-51　绘制柱子

(2)单击鼠标右键重复执行“矩形”命令，捕捉柱子右下角点为第一点，输入(@850，240)，绘制墙，如图 1-52 所示。

(3)单击“复制”按钮，复制柱子和墙到另一端，得到图 1-53 所示的图形。

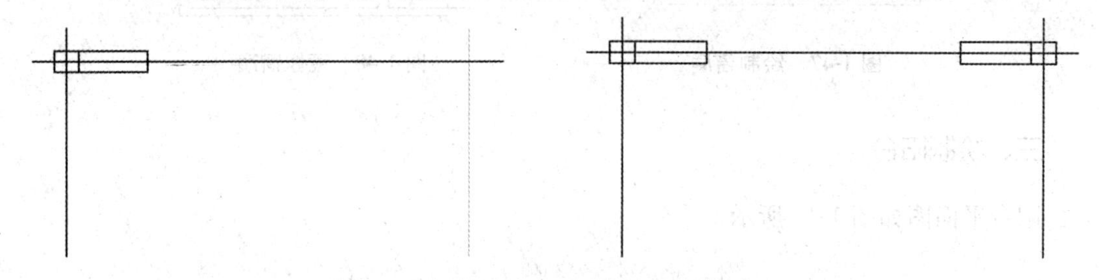

图 1-52　绘制墙体　　　　图 1-53　复制柱子和墙体

3. 绘制门

现已知门框的宽度为 60 mm，门的总宽度为 3 000 mm，门两边为 750 mm 的固定扇，中间为两扇 750 mm 的推拉扇。

(1)单击“矩形”按钮，捕捉图中左侧墙的右边线中点第一点，输入(@750，−60)。

(2)单击“复制”按钮，把矩形依次向右侧连续复制 3 次，如图 1-54 所示。

(3)单击“移动”按钮，选择中间的一个矩形后用鼠标右键单击结束选择，然后单击选中矩形的左上角点作为移动的基点，移动光标到左侧矩形下边中点，单击鼠标左键，结束移动。

(4)用同样的方法把中间的另一个矩形向右下方移动。

(5)再次执行“移动”命令，把画好的 4 个门向上移动 30，其结果如图 1-55 所示。

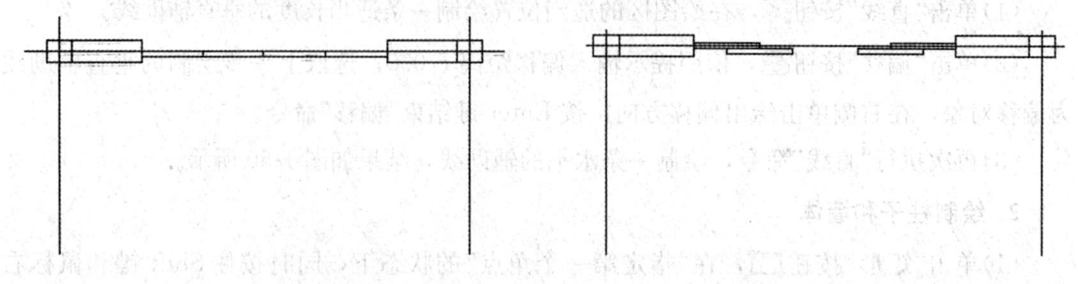

图 1-54　绘制门并复制　　　　图 1-55　移动门

4. 绘制阳台墙体

(1)单击“矩形”按钮，在“指定第一个角点”的状态下，使用“临时追踪”命令，从柱子与辅助线的交点向左追踪 120，确定矩形的第一个角点，然后输入(@240，－850)，确定矩形的第二个角点，绘制出左侧的墙体。

(2)使用同样的方法绘制出右侧的墙体，右侧墙体尺寸为 240×1 800，其结果如图 1-56 所示。

(3)单击“直线”按钮，通过阳台两端墙的角点绘制一条直线。

(4)单击菜单“绘图”→“圆弧”→“起点、端点、方向”，绘制出阳台栏板弧线，如图 1-57 所示。

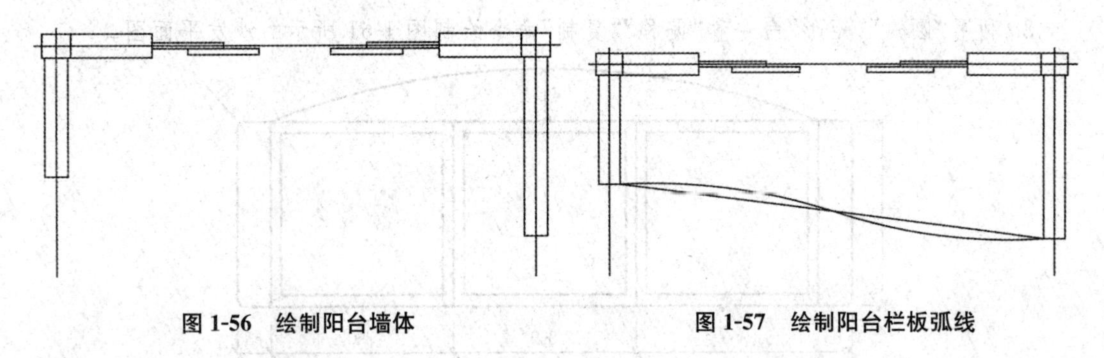

图 1-56　绘制阳台墙体　　　　图 1-57　绘制阳台栏板弧线

(5)单击“偏移”按钮，把上一步绘制的阳台栏板弧线向内偏移 120，删除辅助直线，得到图 1-58 所示的图形。

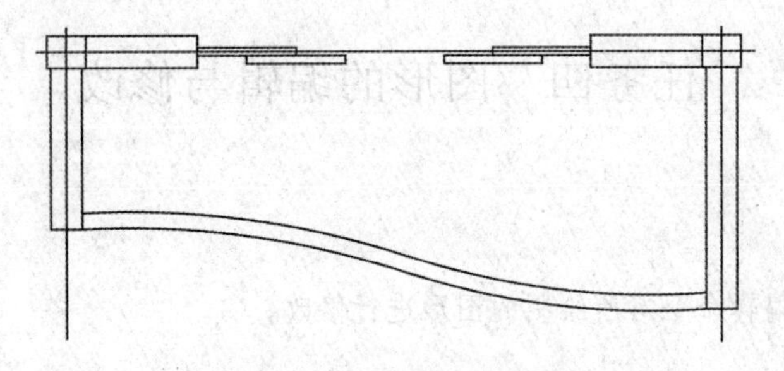

图 1-58　偏移阳台栏板弧线

能力训练

1. 利用“多边形”“圆弧”命令和“偏移”“环形阵列”命令绘制图 1-59 所示的八角凉亭平面图。

2. 利用“圆”“多边形”“直线命令”和“环形阵列”“修剪命令”绘制图 1-60 所示的五角星。

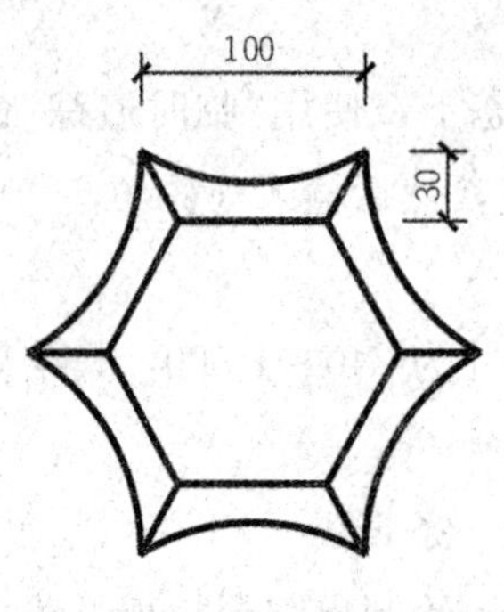

图 1-59　八角凉亭平面图

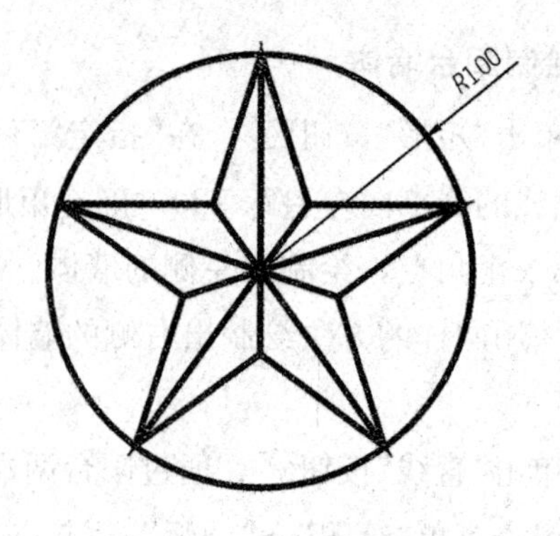

图 1-60　五角星

3. 利用“圆弧”“矩形”命令和“偏移”“复制”命令绘制图 1-61 所示的沙发平面图。

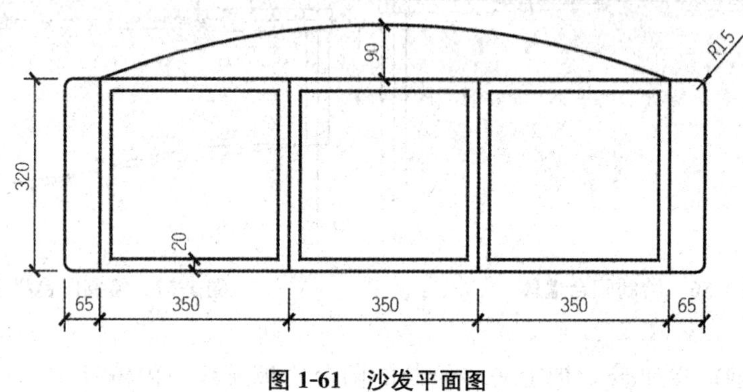

图 1-61　沙发平面图

任务四　图形的编辑与修改

任务描述

使用各种图形编辑命令对所绘制的图形进行修改。

任务分析

本任务学习利用“删除”“偏移”“镜像”“阵列”“修剪”“拉伸”“延伸”“倒圆角”等编辑命令对所绘制的图形进行修改。

相关知识

一、删除

在绘图过程中，常常会需要删除一些不需要的图形或画错的图形。“删除”命令是用来删除这些图形对象的。

“删除”命令的启动方法如下：

(1)菜单“修改”→“删除”。

(2)“修改”工具栏 。

(3)命令行“erase”或快捷键 E。

绘制步骤如下：

(1)执行删除命令。

(2)依次选择需要删除的对象，再按 Enter 键，即可删除所选的对象。

说明：在删除对象时可以先选择再执行“删除”命令，也可以先执行“删除”命令再根据提示选择要删除的对象。另外，按 Delete 键也可以删除选择的对象，但该方法只能在选择对象后使用。

二、偏移

使用“偏移”命令可以将已有对象进行平行(如线段)或同心(如圆)复制。

“偏移”命令的启动方法如下：

(1)菜单“修改”→“偏移”。

(2)“修改”工具栏 。

(3)命令行“offset”或快捷键 O。

绘制步骤如下：

(1)执行偏移命令。

(2)执行命令后，命令行提示信息如下：

当前设置：删除源=否　图层=源　OFFSETGAPTYPE=0

指定偏移距离或[通过(T)/删除(E)/图层(L)]＜60.0000＞：　//可以直接输入一个数值或通过两点的距离来确定偏移量

选择要偏移的对象，或[退出(E)/放弃(U)]＜退出＞：　//选取偏移量

指定要偏移的那一侧上的点，或[退出(E)/多个(M)/放弃(U)]＜退出＞：//确定偏移后的对象位于原对象的哪一侧(用鼠标左键单击即可)

说明：“偏移”命令与其他编辑命令有所不同，只能用直接拾取的方式一次选择一个对象进行偏移，不能偏移点、图块、属性和文本。如果偏移的对象是直线，则偏移后的直线长度不变；如果偏移的对象是圆或矩形等，则偏移后的对象将被放大或缩小。

三、镜像

“镜像”命令可以在复制建筑图形的同时将其沿指定的镜像线进行翻转处理。因此，对于对称的图形，只需要绘制其中一侧，另一侧通过镜像命令获得，可节省时间。

“镜像”命令的启动方法如下：

(1)菜单“修改”→“镜像”。

(2)“修改”工具栏 。

(3)命令行“mirror”或快捷键 MI。

【例 1-4】 利用“镜像”命令，补全椅子，如图 1-62 所示。

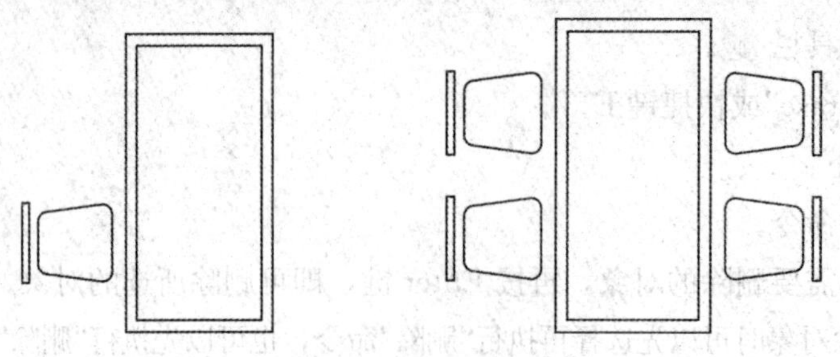

图 1-62 镜像图形

绘图步骤如下：

(1)执行“镜像”命令。

(2)执行命令后，命令行提示信息如下：

命令：_mirror

选择对象：指定对角点：找到 2 个 //选取椅子，作为镜像对象

选择对象：//单击鼠标右键确认选取

指定镜像线的第一个点：指定镜像线的第二个点： //以桌子长边中点，作为镜像线

要删除源对象吗？[是(Y)/否(N)]<N>： //单击鼠标右键确认，完成第一次镜像

命令：_mirror

选择对象：指定对角点：找到 4 个 //选取左侧两个椅子，作为镜像对象

选择对象： //单击鼠标右键确认选取

指定镜像线的第一个点：指定镜像线的第二个点： //以桌子短边中点，作为镜像线

要删除源对象吗？[是(Y)/否(N)]<N>： //单击鼠标右键确认，完成第二次镜像

四、阵列

“阵列”命令用于对已经绘制好的图形进行规则分布复制。“阵列”命令包括矩形阵列、路径阵列和环形阵列。

“阵列”命令的启动方法如下：

(1)菜单“修改”→“阵列”→“矩形阵列”/“路径阵列”/“环形阵列”。

(2)“修改”工具栏 / / 。

(3)命令行“array”或快捷键 AR。

【例 1-5】 使用“矩形阵列”命令将图 1-63 所示的图形阵列成二行三列，如图 1-64 所示。

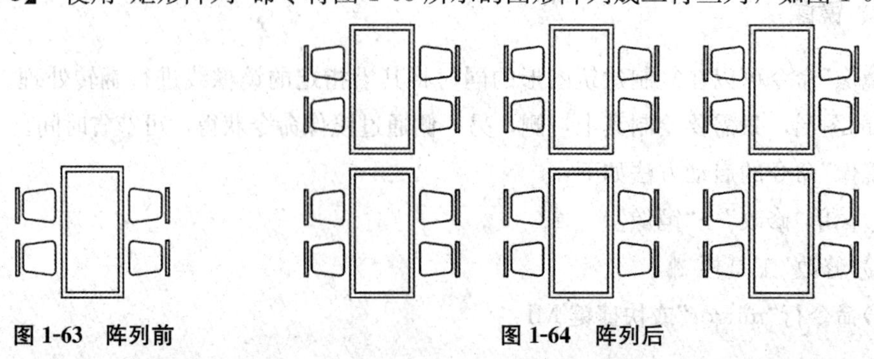

图 1-63 阵列前

图 1-64 阵列后

操作步骤如下：

(1)执行“矩形阵列”命令。

(2)执行命令后，命令行提示信息如下：

选择对象：　　　　　　　　　　　　　　　　　　　　　　　　　　//选择绘制好的桌椅

选择夹点以编辑阵列或[关联(AS)/基点(B)/计数(COU)/间距(S)/列数(COL)/行数(R)/层数(L)/退出(X)]＜退出＞：COL　　　　　　　　　　　　　　　　　　　　　　//选择列数

输入列数或[表达式(E)]＜4＞：4　　　　　　　　　　　　　　　　　//输入列数 4

指定列数之间的距离或[总计(T)/表达式(E)]＜1099.8949＞：1000　　　　//输入列间距 1 000

选择夹点以编辑阵列或[关联(AS)/基点(B)/计数(COU)/间距(S)/列数(COL)/行数(R)/层数(L)/退出(X)]＜退出＞：R　　　　　　　　　　　　　　　　　　　　　　//选择行数

输入行数或[表达式(E)]＜3＞：2　　　　　　　　　　　　　　　　　//输入行数 2

指定行数之间的距离或[总计(T)/表达式(E)]＜628.7479＞：900　　　　　//输入行间距 900

指定行数之间的标高增量或[表达式(E)]＜0＞：　　　　　　　　　　　//按 Enter 键

选择夹点以编辑阵列或[关联(AS)/基点(B)/计数(COU)/间距(S)/列数(COL)/行数(R)/层数(L)/退出(X)]＜退出＞：　　　　　　　　　　　　　　　　　　　　　　　//按 Enter 键

阵列结果如图 1-64 所示。

【例 1-6】 用“环形阵列”命令将图 1-65 中圆内图形阵列成 5 个，如图 1-66 所示。

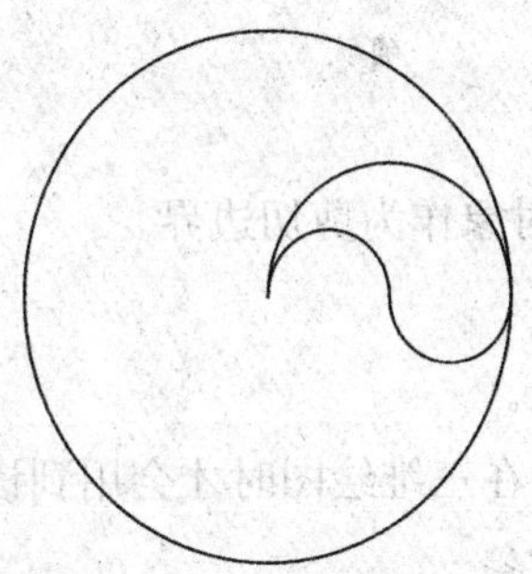

图 1-65　阵列前

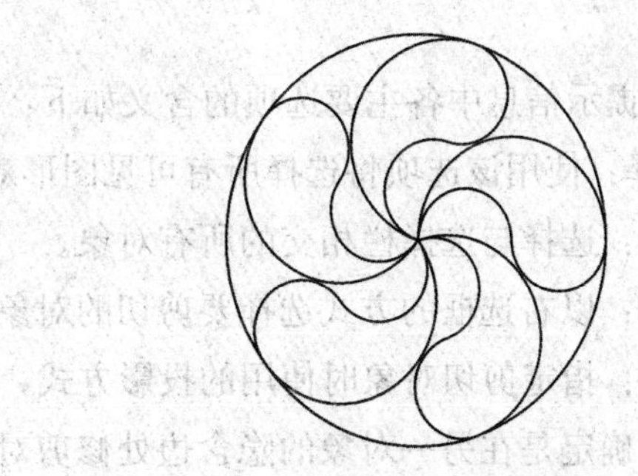

图 1-66　阵列后

操作步骤如下：

(1)执行“环形阵列”命令。

(2)执行命令后，命令行提示信息如下：

选择对象：　　　　　　　　　　　　　　　　　　　//选择要阵列的图形

指定阵列的中心点或[基点(B)/旋转轴(A)]：　　　　　//指定大圆圆心为阵列中心点

选择夹点以编辑阵列或[关联(AS)/基点(B)/项目(I)/项目间角度(A)/填充角度(F)/行(ROW)/层(L)/旋转项目(ROT)/退出(X)]＜退出＞：I　　　　　　　　　//选择项目

输入阵列中的项目数或[表达式(E)]＜6＞：5　　　　　//输入项目数 5

选择夹点以编辑阵列或[关联(AS)/基点(B)/项目(I)/项目间角度(A)/填充角度(F)/行(ROW)/层(L)/旋转项目(ROT)/退出(X)]＜退出＞：　　　　　　　　　//按 Enter 键

阵列结果如图 1-66 所示。

五、修剪

通过“修剪”命令可以将指定边界外的对象修剪掉。“修剪”命令的启动方法如下：

(1)菜单“修改”→“修剪”。

(2)“修改”工具栏 。

(3)命令行“trim”或快捷键 TR。

操作步骤如下：

(1)启动“修剪”命令。

(2)执行命令后，命令行提示信息如下：

```
当前设置：投影=UCS，边=延伸
选择剪切边...
选择对象或＜全部选择＞:                                   // 选择指定的边界作为剪切边
选择对象:                                                 //单击右键结束边界选择
  选择要修剪的对象，或按住 Shift 键选择要延伸的对象，或[栏选(F)/窗交(C)/投影(P)/边(E)/删除
(R)/放弃(U)]:                                             //选择要修剪的对象
  选择要修剪的对象，或按住 Shift 键选择要延伸的对象，或[栏选(F)/窗交(C)/投影(P)/边(E)/删除
(R)/放弃(U)]:                                             //继续选择要修剪的对象或单击鼠标右键
                                                            确认
```

(3)命令行提示信息中各主要选项的含义如下：

1)全部选择：使用该选项将选择所有可见图形对象作为剪切边界。

2)栏选(F)：选择与选择栏相交的所有对象。

3)窗交(C)：以右选框的方式选择要剪切的对象。

4)投影(P)：指定剪切对象时使用的投影方式，在三维绘图时才会用到该选项。

5)边(E)：确定是在另一对象的隐含边处修剪对象。

6)删除(R)：从已选择的对象中删除某个对象。此选项提供了一种用来删除不需要的对象的简便方式，而无须退出修剪命令。

【例 1-7】 用“修剪”命令修剪图 1-67 所示的窗，修剪后如图 1-68 所示。

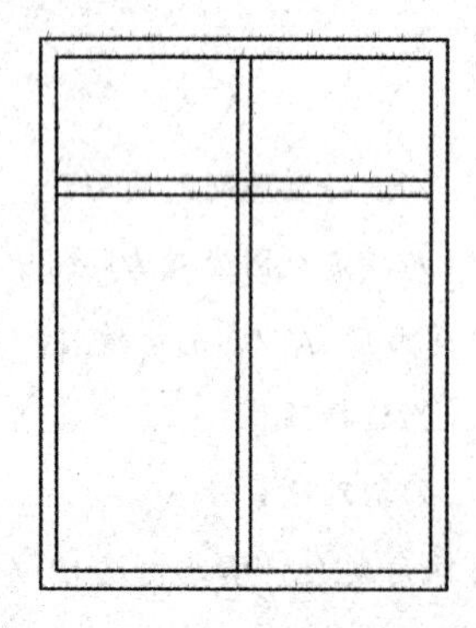

图 1-67　修剪前

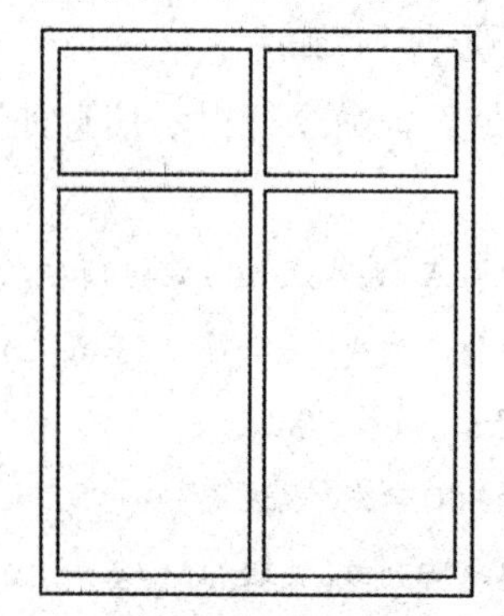

图 1-68　修剪后

操作步骤如下：

(1)执行“修剪”命令。

(2)执行命令后，命令行提示信息如下：

选择边界的边：　　　　//按 Enter 键，可以快速全部选择

选择边界的边：　　　　//选取要修剪的对象

完成操作，结果如图 1-68 所示。

六、拉伸

利用“拉伸”命令可以将图形按指定的方向和角度进行拉长或缩短。在选择拉伸对象时，必须用交叉窗口方式或交叉多边形来选择需要拉长或缩短的对象。

“拉伸”命令的启动方法如下：

(1)菜单“修改”→“拉伸”。

(2)“修改”工具栏 。

(3)命令行“stretch”或快捷键 S。

【例 1-8】 用“拉伸”命令将图 1-69 所示的图形中宽为 3 300 mm 的房间向右拉伸 1 500 mm。

操作步骤如下：

(1)执行“拉伸”命令，如图 1-70 所示。

(2)执行命令后，命令行提示信息如下：

(1)选择对象：　　　　//以交叉窗口选择对象

(2)指定基点或[位移(D)]<位移>：　　　　//指定 A 点

(3)指定第二个点或 <使用第一个点作为位移>：　　　　//输入拉伸长度(1 500)后按 Enter 键

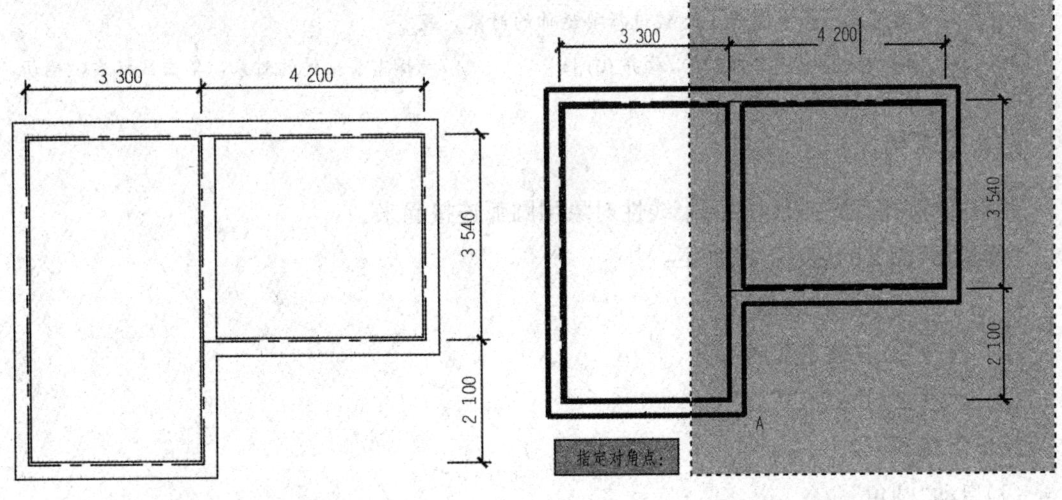

图 1-69　拉伸前的房间　　　　图 1-70　执行“拉伸”命令

绘制结果如图 1-71 所示。

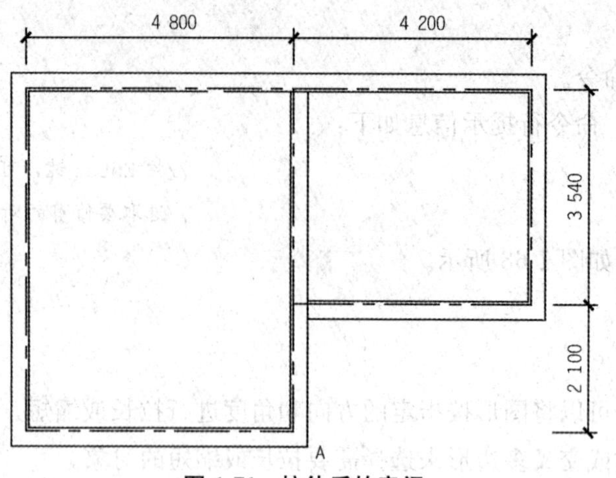

图 1-71 拉伸后的房间

七、延伸

“延伸”命令可以将直线、圆弧和多段线等对象延伸到指定边界。

“延伸”命令的启动方法如下：

(1)菜单“修改”→“延伸”。

(2)“修改”工具栏--/。

(3)命令行“extend”或快捷键 EX。

执行命令后，命令行提示信息如下：

当前设置：投影=UCS，边=无

选择边界的边...

选择对象或 <全部选择>： //选择延伸边界，单击鼠标右键确认

选择对象：

选择要延伸的对象，或按住 Shift 键选择要延伸的对象，或

[栏选(F)/窗交(C)/投影(P)/边(E)/放弃(U)]： //选择需要延伸的对象，单击鼠标右键确认

八、倒圆角

利用“倒圆角”命令可以将两个线性对象用圆弧连接起来。

“倒圆角”命令的启动方法如下：

(1)菜单“修改”→“圆角”。

(2)“修改”工具栏 。

(3)命令行“fillet”或快捷键 F。

操作步骤如下：

(1)启动“圆角”命令。

(2)执行命令后，命令行提示信息如下：

命令：_fillet

当前设置：模式=修剪，半径=50.0000

选择第一个对象或[放弃(U)/多段线(P)/半径(R)/修剪(T)/多个(M)]: r

指定圆角半径 <50.0000>: 100

选择第一个对象或[放弃(U)/多段线(P)/半径(R)/修剪(T)/多个(M)]:

选择第二个对象，或按住 Shift 键选择要应用角点的对象:

任务实施

一、绘制电视机立面图

绘制电视机立面图，如图 1-72 所示。

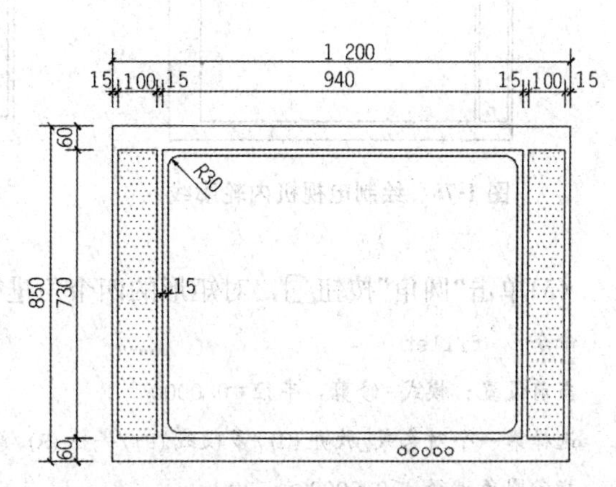

图 1-72　电视机立面图

通过绘制电视机立面图，详细了解电视机立面图的绘制方法与技巧。实例用到的命令主要有"矩形""直线""圆""圆角""复制""镜像""图案填充"等。

(1)单击"矩形"按钮，在绘图区的适当位置绘制长 1 200、宽 850 的矩形作为电视机外轮廓线，如图 1-73 所示。

(2)单击鼠标右键重复"矩形"命令，命令行提示信息如下:

命令: _rectang

指定第一个角点或[倒角(C)/标高(E)/圆角(F)/厚度(T)/宽度(W)]: _from 基点: <偏移>:

//单击"捕捉自"按钮后，捕捉 A 点作为偏移基点

@15, 60　　// 输入偏移距离

指定另一个角点或[面积(A)/尺寸(D)/旋转(R)]: @100, 730

//确定矩形的另一个角点

绘制结果如图 1-74 所示。

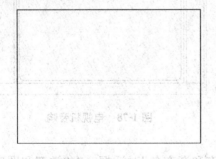

图 1-73　绘制电视机外轮廓线

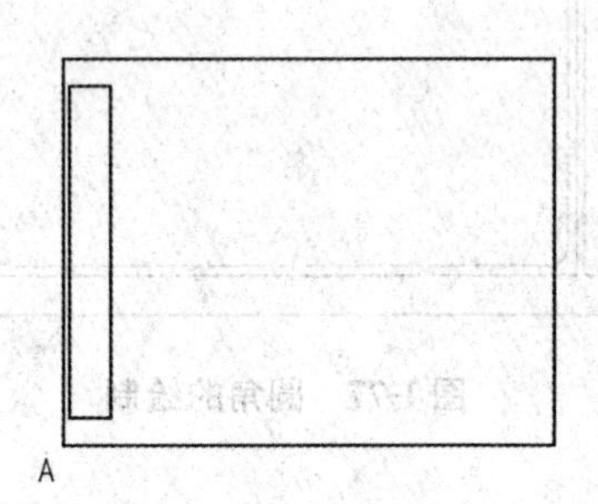

图 1-74　绘制电视机音响

(3)再次执行"矩形"命令，在"指定第一个角点"的状态下，使用"临时追踪"命令，从 B 点向右追踪 15，确定矩形的第一个角点，然后输入(@940, 730)确定矩形的第二个角点，其结果如图 1-75 所示。

(4)单击“偏移”按钮，依照提示输入偏移距离 15，选取矩形作为偏移对象，在矩形内部单击给出偏移方向，按 Enter 键结束“偏移”命令，其偏移结果如图 1-76 所示。

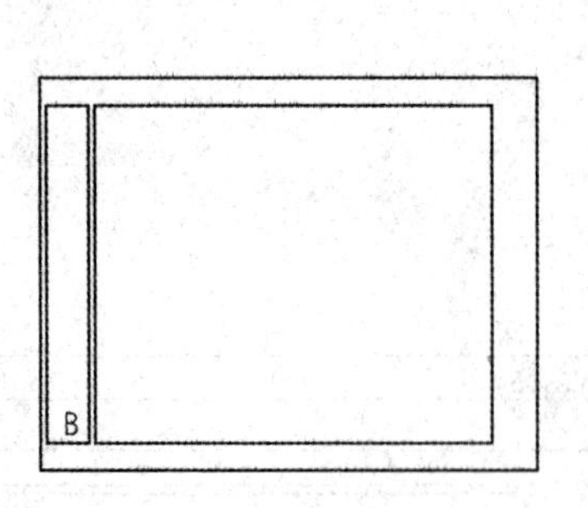

图 1-75　绘制电视机内轮廓线

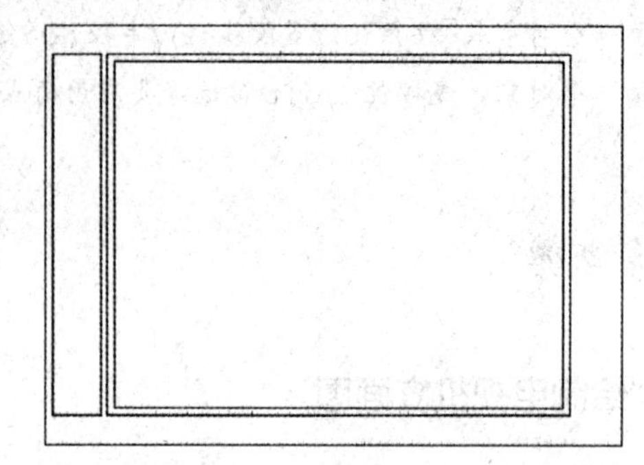

图 1-76　偏移电视机内轮廓线

(5)单击“圆角”按钮，对矩形的四个角进行倒圆角，命令操作如下：

```
命令：_fillet
当前设置：模式=修剪，半径=0.0000
选择第一个对象或[放弃(U)/多段线(P)/半径(R)/修剪(T)/多个(M)]：r   //将圆角模式设置为半径
指定圆角半径<0.0000>：30                                          //设置倒角半径为 30
选择第一个对象或[放弃(U)/多段线(P)/半径(R)/修剪(T)/多个(M)]：p   //选择“多段线(P)”选项
选择二维多段线：                                                  //选中要倒圆角的矩形
```

四条直线已被倒圆角，其绘制结果如图 1-77 所示。

(6)单击“镜像”按钮，选择左侧矩形，选取任意水平直线中点作为镜像的第一个点，然后向上或向下移动光标，找到另一条水平线中点，单击鼠标左键确定镜像的第二个点，保留原有中点对象，完成矩形的镜像，如图 1-78 所示。

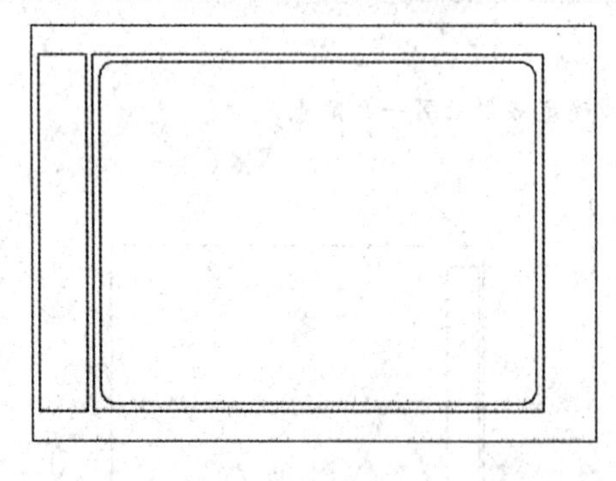

图 1-77　圆角的绘制

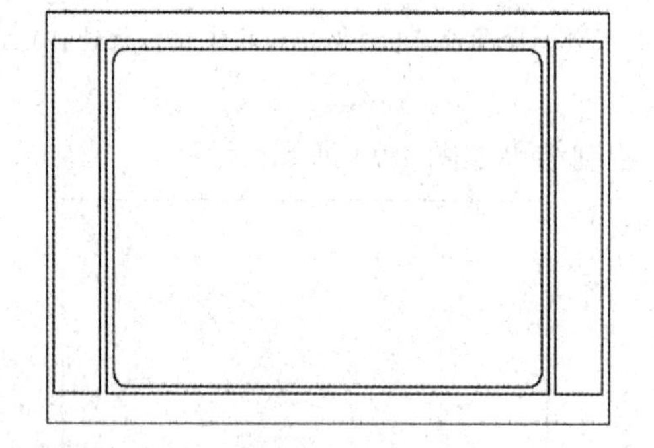

图 1-78　电视机音响

(7)单击“图案填充”按钮，打开“图案填充和渐变色”对话框，在“类型和图案”选项区，选择“预定义”类型，选择“DOTS”图案，将比例改成 10，完成图案填充的设置。单击“拾取点”按钮，切换到绘图窗口，在绘图区域内单击矩形音响区域拾取填充边界，拾取完成后，单击鼠标右键返回“图案填充和渐变色”对话框，单击“确定”按钮，完成图案的填充。操作过程如图 1-79 所示，填充后的效果如图 1-80 所示。

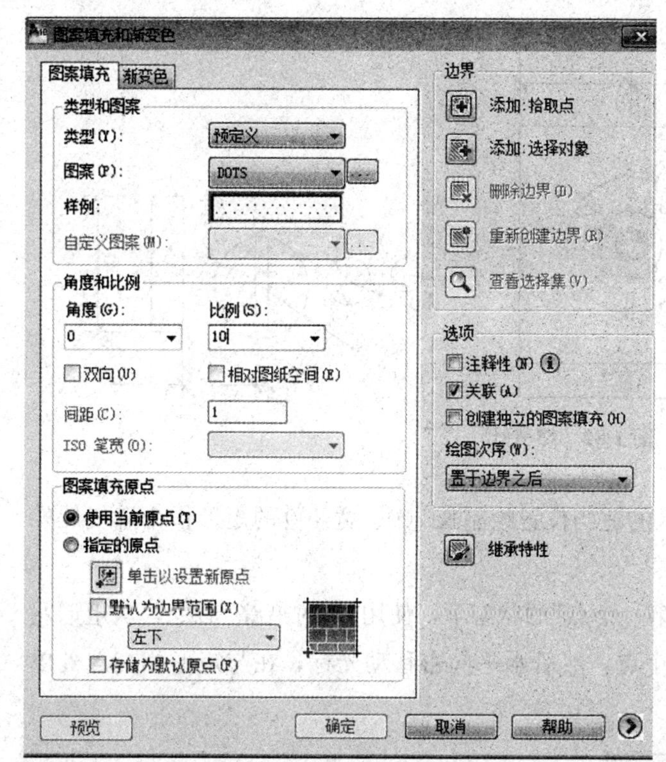

图 1-79 “图案填充和渐变色”对话框

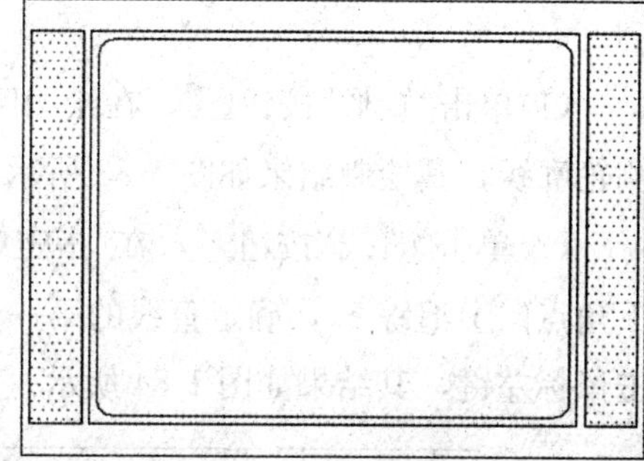

图 1-80 图案填充效果

(8)单击“圆”按钮，在绘图区域空白位置单击鼠标左键确定圆心，输入半径 10，完成圆的绘制。

(9)单击“复制”按钮，选择上一步绘制的圆为复制对象，以圆心为基点，以电视机下侧内外轮廓之间的适当位置为第二个点，完成复制的最后效果如图 1-81 所示。

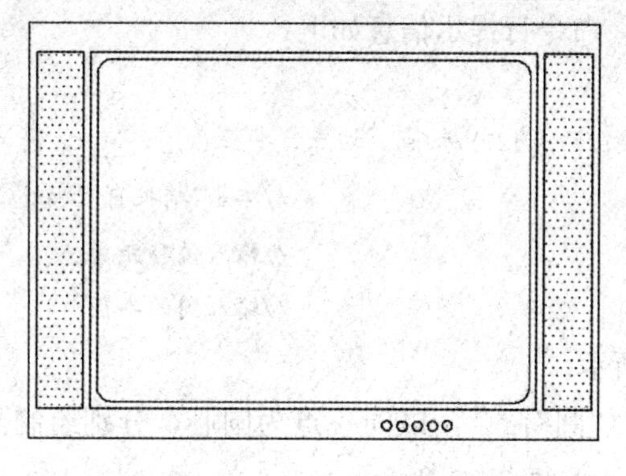

图 1-81 电视机绘制完成

二、绘制燃气灶

通过绘制燃气灶(图 1-82)，详细了解燃气灶的绘制方法与技巧。实例中用到的命令主要有“矩形”“直线”“修剪”“偏移”“阵列”“镜像”等。

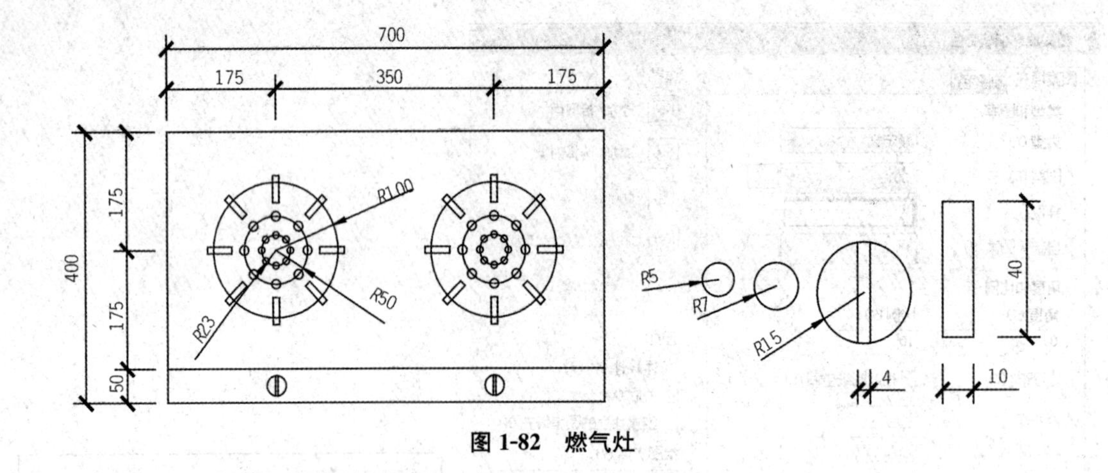

图 1-82　燃气灶

(1)单击“矩形”按钮，在绘图区的适当位置绘制长 700、宽 400 的矩形作为燃气灶外侧轮廓线，其绘制结果如图 1-83 所示。

(2)单击“直线”按钮，在“指定第一个点”的状态下，使用“临时追踪”命令，从矩形左下角点向上追踪 50，确定直线的第一个点，然后水平向右移动光标，在与矩形相交点处单击鼠标左键，其结果如图 1-84 所示。

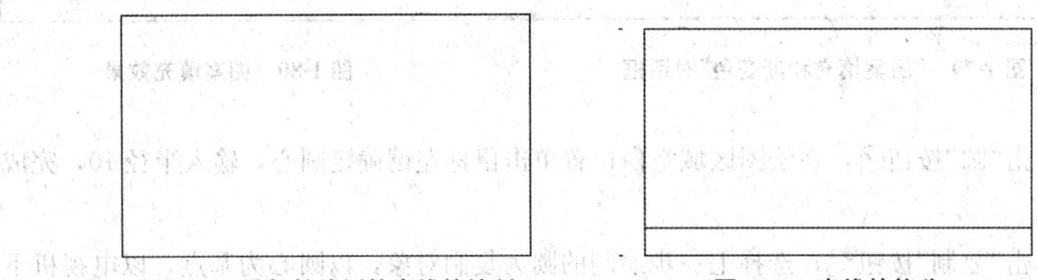

图 1-83　燃气灶外侧轮廓线的绘制　　　　图 1-84　直线的偏移

(3)单击“圆”按钮，命令行提示信息如下：

```
命令：_circle
指定圆的圆心或[三点(3P)/两点(2P)/切点、切点、半径(T)]：_from 基点：<偏移>：
                                    //单击“捕捉自”按钮后，捕捉 A 点作为偏移基点
@175，-175                          //输入偏移距离
指定圆的半径或[直径(D)]：100         //输入圆的半径
```

绘制结果如图 1-85 所示。

(4)单击鼠标右键重复“圆”命令，以同一点为圆心，分别绘制半径为 55、23 的圆作为火眼的定位圆，其绘制结果如图 1-86 所示。

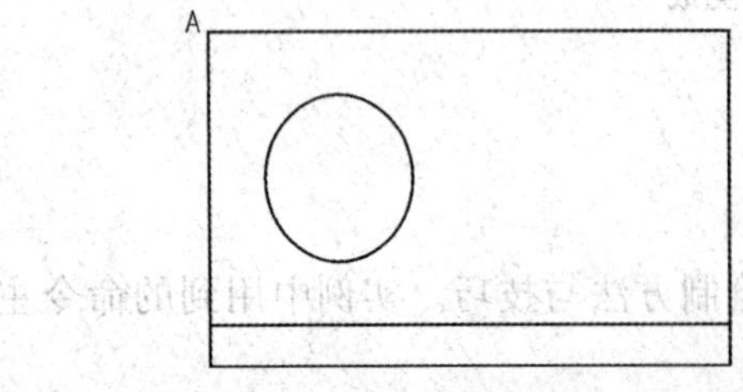

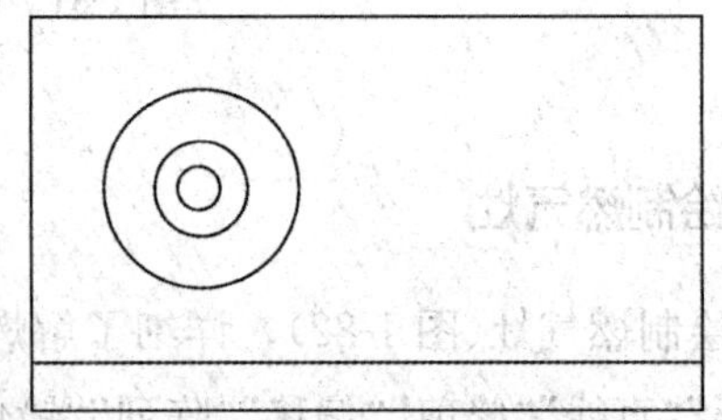

图 1-85　绘制圆　　　　图 1-86　绘制同心圆

(5)单击“矩形”按钮▭，在外侧圆的左边象限点处绘制长 40、宽 10 的矩形，其绘制结果如图 1-87 所示。

(6)执行“圆”命令，捕捉半径为 55 的圆的左侧象限点为圆心，输入半径 7，完成外侧火眼的绘制。

(7)使用相同的方法，捕捉半径为 23 的圆的左侧象限点为圆心，输入半径 5，完成内侧火眼的绘制，其绘制结果如图 1-88 所示。

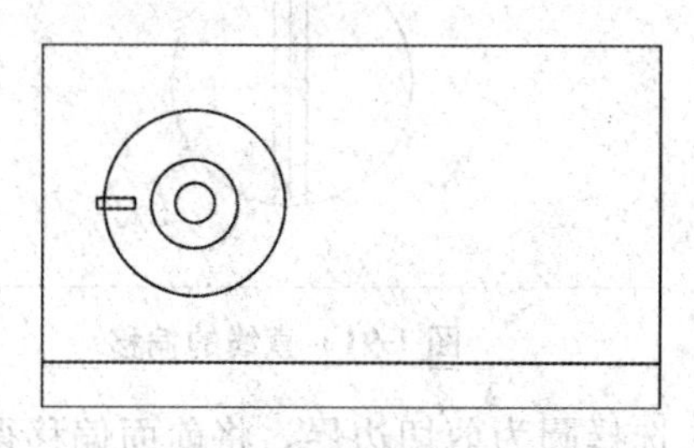

图 1-87　支撑骨架的绘制

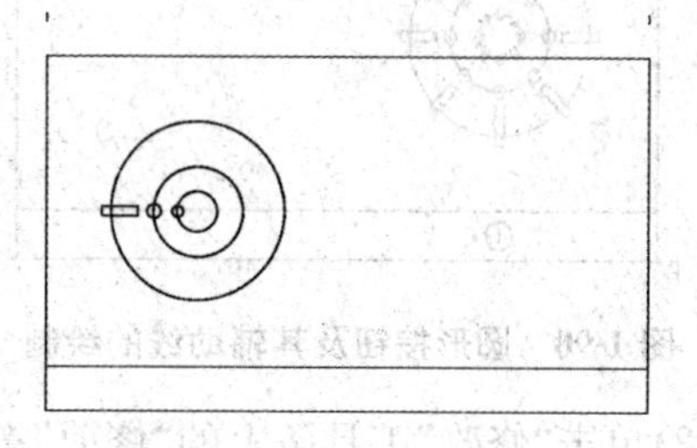

图 1-88　火眼的绘制

(8)单击“阵列”按钮，命令行提示信息如下：

```
命令：_arraypolar
选择对象：找到 3 个                                        //选择矩形和圆
指定阵列的中心点或[基点(B)/旋转轴(A)]：                     //选取圆心
选择夹点以编辑阵列或[关联(AS)/基点(B)/项目(I)/项目间角度(A)/填充角度(F)/行(ROW)/层(L)/
旋转项目(ROT)/退出(X)]<退出>：I
输入阵列中的项目数或[表达式(E)]<6>：8                       //修改项目数
选择夹点以编辑阵列或[关联(AS)/基点(B)/项目(I)/项目间角度(A)/填充角度(F)/行(ROW)/层(L)/
旋转项目(ROT)/退出(X)]<退出>：                              //按 Enter 键，结束阵列
```

阵列结果如图 1-89 所示。

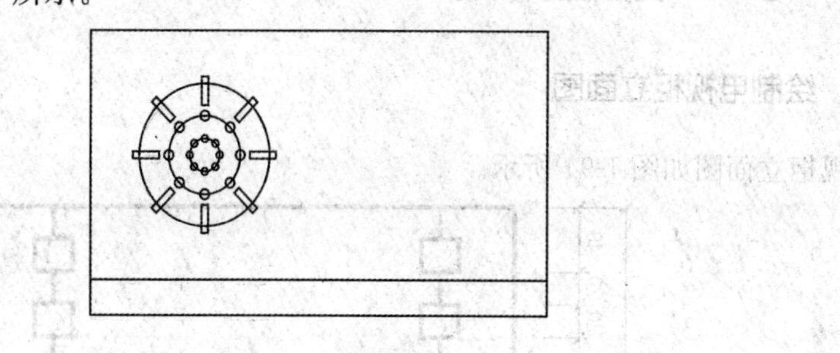

图 1-89　阵列结果

(9)单击“圆”按钮，命令行提示信息如下：

```
命令：_circle
指定圆的圆心或[三点(3P)/两点(2P)/切点、切点、半径(T)]：_from 基点：<偏移>：
                                    //单击“捕捉自”按钮后，捕捉 B 点作为偏移基点
@175，25                            //输入偏移距离
指定圆的半径或[直径(D)]：15          //输入圆的半径
```

(10)执行“直线”命令，依次捕捉绘制圆的上侧象限点为起点，下侧象限点为终点绘制辅助直线，其绘制结果如图 1-90 所示。

(11)执行“偏移”命令，将前面绘制的直线分别向左、向右各偏移 2，其绘制结果如图 1-91 所示。

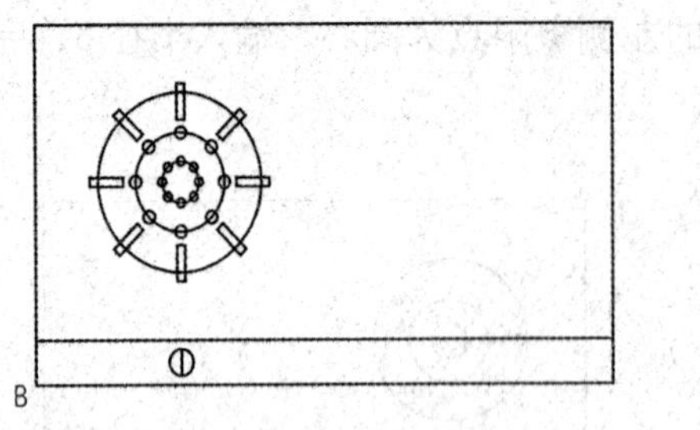

图 1-90　圆形按钮及其辅助线的绘制

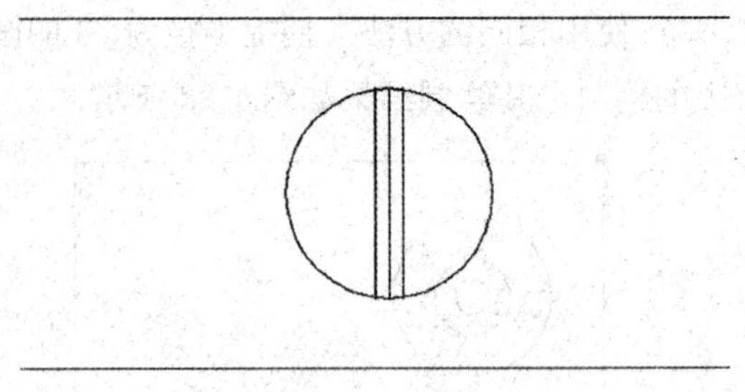

图 1-91　直线的偏移

(12)单击“修改”工具条上的“修剪”按钮-/--，选择圆为剪切边界，将前面偏移得到的直线超过剪切边界的部分修剪掉。删除中间辅助线，其绘制结果如图 1-92 所示。

(13)单击“镜像”按钮，选择整个灶眼和按钮为镜像对象，选取图中上、下两直线中点作为镜像线的两点，保留原有对象，完成镜像操作，其绘制效果如图 1-93 所示。

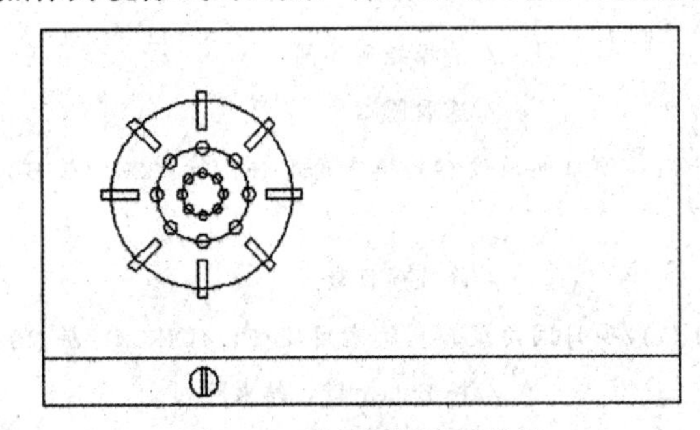

图 1-92　修剪及删除辅助线

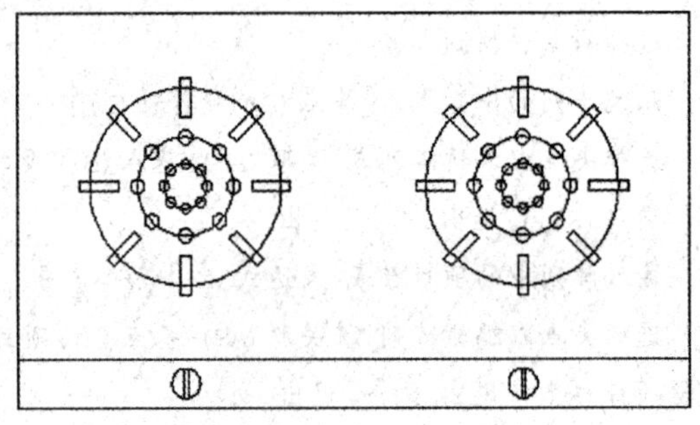

图 1-93　燃气灶最后绘制效果

三、绘制电视柜立面图

电视柜立面图如图 1-94 所示。

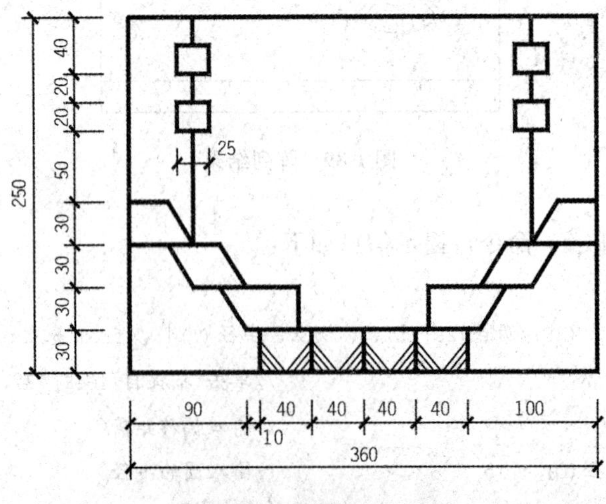

图 1-94　电视柜立面图

本实例通过绘制电视柜立面图，讲述“拉伸”“拉长”与“延伸”等命令的使用方法。

(1)单击“矩形”按钮，绘制一个长360、宽250的矩形。

(2)单击“直线”按钮，捕捉矩形中的点A，垂直向上画长为30的线段AB。

(3)单击“偏移”按钮，设置偏移值为40，将直线段AB向左偏移两次，然后再捕捉B点，向左画一根长为90的水平直线段BC，如图1-95所示。

(4)单击“矩形”按钮，捕捉端点C绘制一个长为40、宽为30的矩形D，再将矩形D复制出一个矩形E，其位置如图1-96所示。

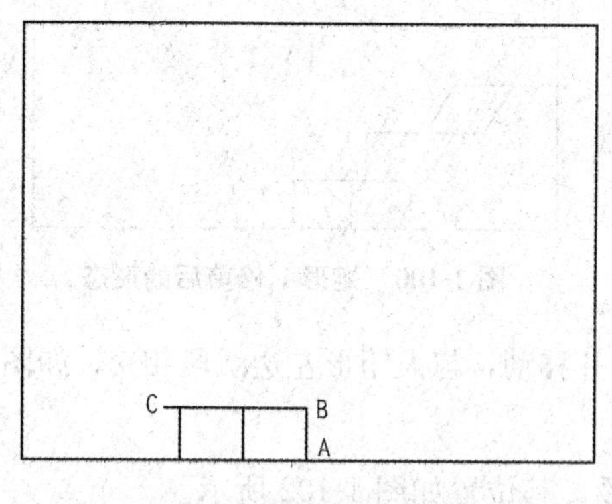

图1-95 直线段偏移后的形态

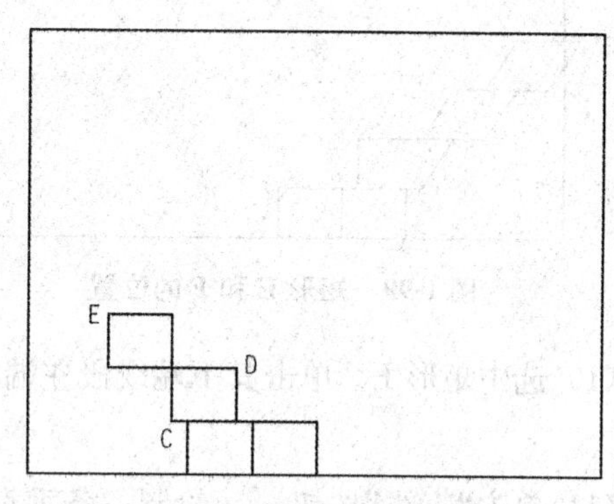

图1-96 各矩形的位置

(5)选择矩形D，单击其左上角的夹点，将其移动至矩形E的底部中点处，如图1-97所示。

(6)单击“拉伸”按钮，命令行提示信息如下：

```
命令：_stretch
以交叉窗口或交叉多边形选择要拉伸的对象...
选择对象：指定对角点：找到1个                          //从右向左框选矩形E的上半部
选择对象：                                            //单击鼠标右键
指定基点或[位移(D)]<位移>:                            //捕捉矩形E的右角点
指定第二个点或<使用第一个点作为位移>:                  //捕捉矩形E的中点
```

绘制效果如图1-98所示。

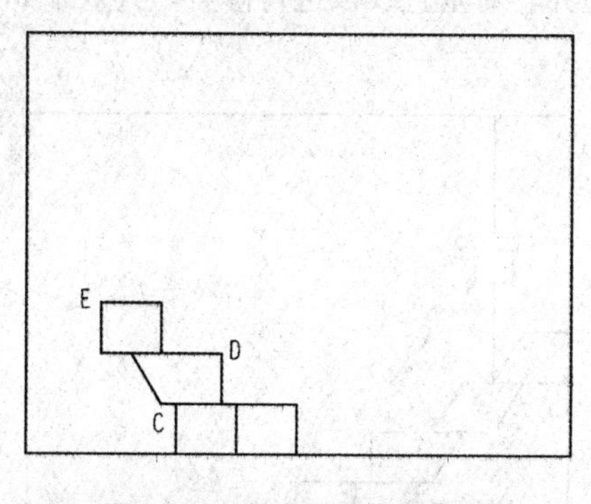

图1-97 移动矩形夹点位置

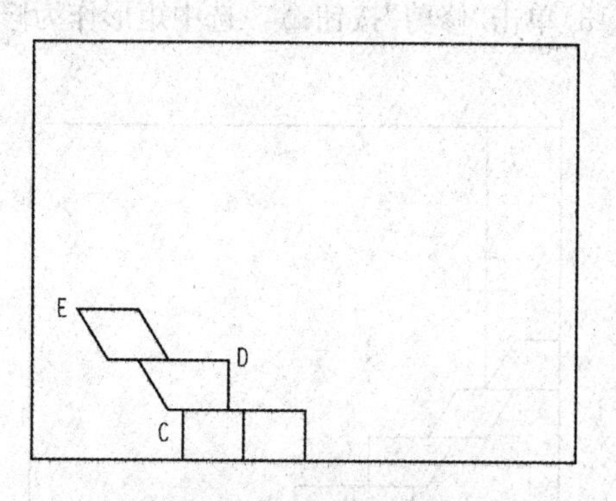

图1-98 拉伸矩形E

说明：如果用户不使用交叉多边形或交叉窗口方式进行选择，AutoCAD将不会拉伸任何对象。

(7)将拉伸后的矩形 E 再复制出一个矩形 F，如图 1-99 所示。

(8)单击“分解”按钮，然后选择矩形 F，将其炸开。

(9)删除矩形 F 左侧线段，单击“修剪”按钮，将矩形 F 修剪成图 1-100 所示的形态。

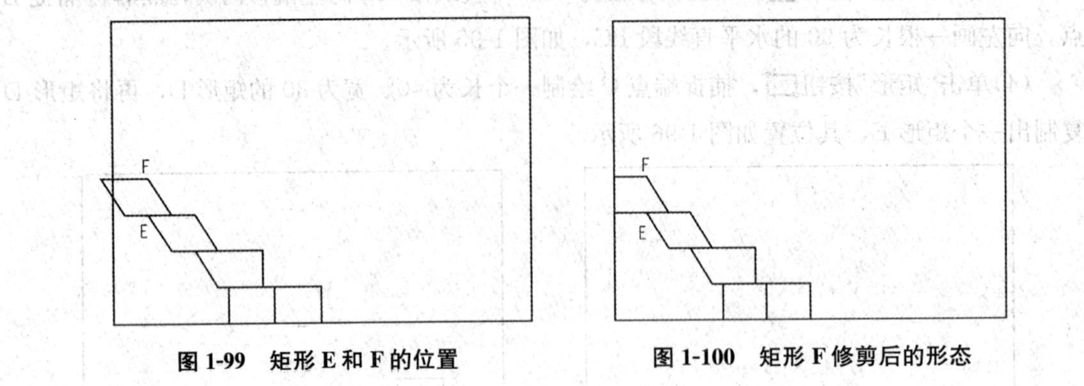

图 1-99　矩形 E 和 F 的位置　　　　图 1-100　矩形 F 修剪后的形态

(10)选中矩形 F，单击其下端线段左端夹点并移动，与大矩形左边线段相交，如图 1-101 所示。

(11)单击“直线”按钮，绘制一条垂直线段，其位置如图 1-102 所示。

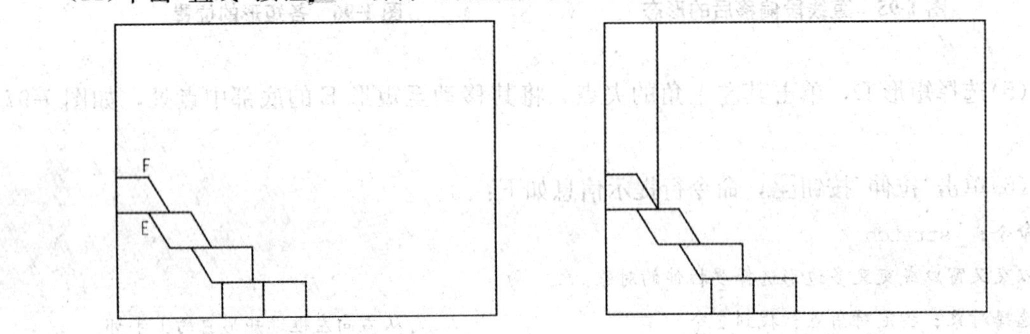
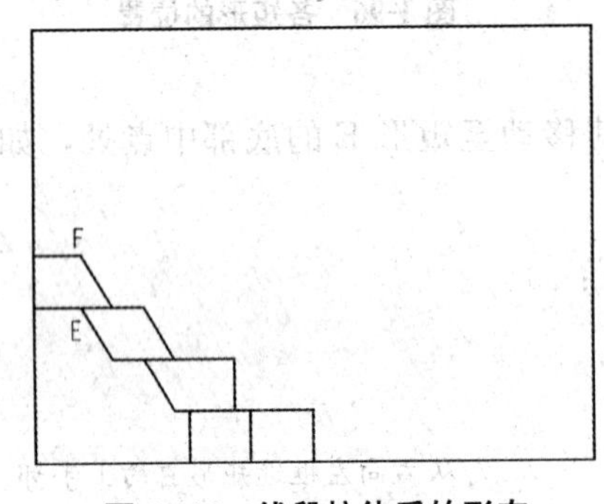

图 1-101　线段拉伸后的形态　　　　图 1-102　垂直线段的位置

(12)在屏幕的适当位置画一个长 25、宽 20 的矩形，捕捉小矩形顶部中点，将其移动到垂直线段中点上，如图 1-103 所示。

(13)单击“修剪”按钮，选中矩形作为修剪边界，对垂直线段进行修剪，其效果如图 1-104 所示。

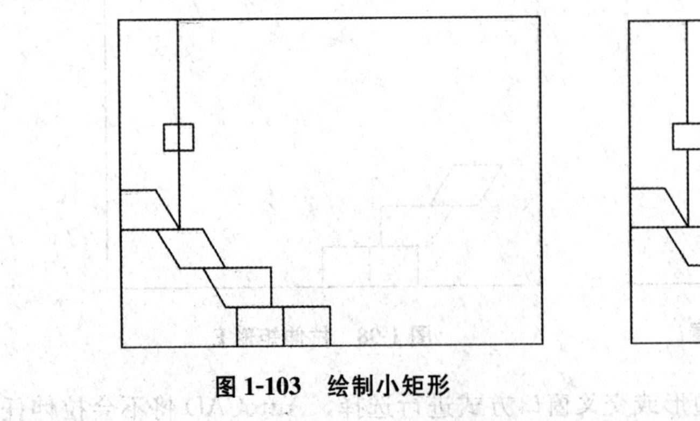
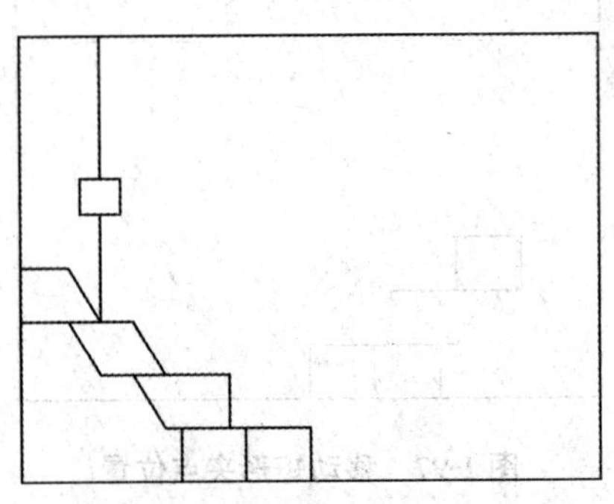

图 1-103　绘制小矩形　　　　图 1-104　修剪垂直线段

(14)捕捉小矩形的顶部中点，将其复制到垂直线段 GH 的中点处，然后再利用“修剪”命令对齐进行修剪，其结果如图 1-105 所示。

(15)利用“偏移”和“延伸”命令绘制电视柜装饰线，尺寸如图 1-106 所示。

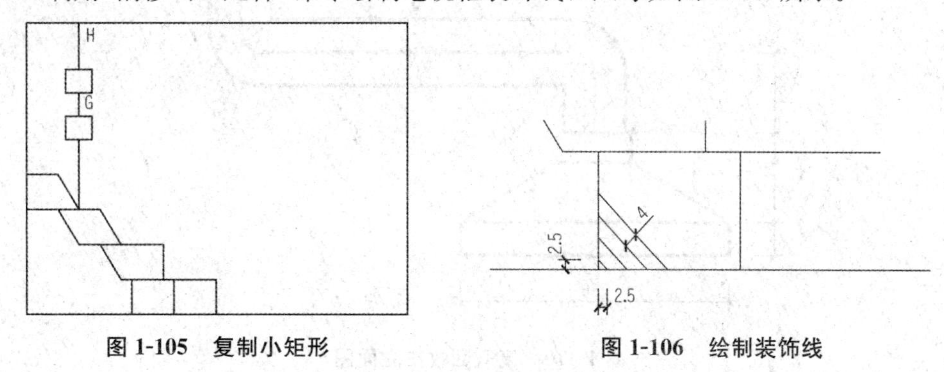

图 1-105　复制小矩形　　　　图 1-106　绘制装饰线

(16)执行“镜像”和“复制”命令将装饰线修改成图 1-107 所示的形态。

(17)再次执行“镜像”命令，选择大矩形内的图形，将图形向右镜像，其最后结果如图 1-108 所示。

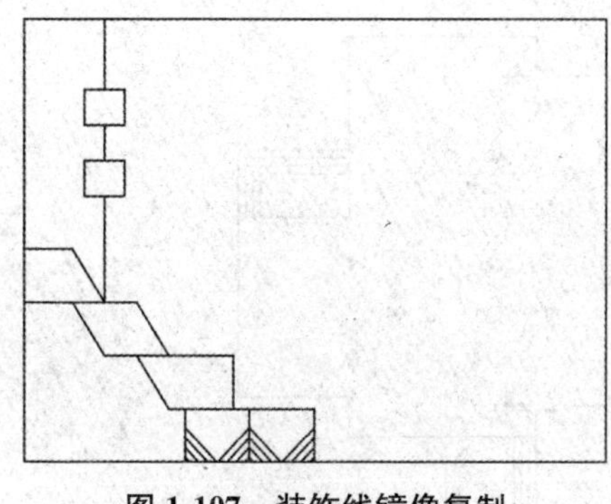

图 1-107　装饰线镜像复制

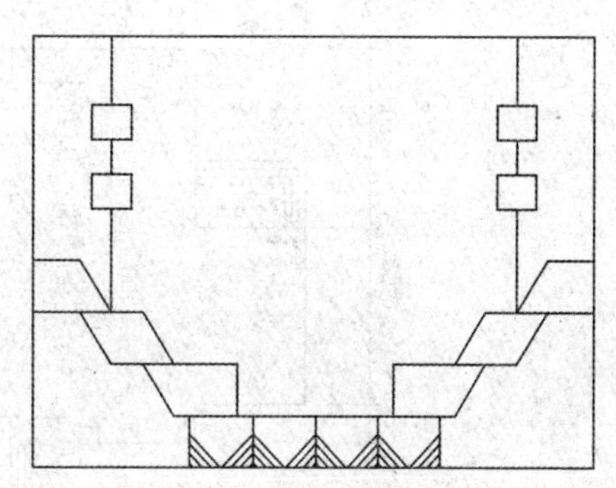

图 1-108　镜像大矩形内图形

能力训练

1. 利用“直线”“矩形”“镜像”“拉伸”等命令，画出图 1-109 所示的橱柜立面图。

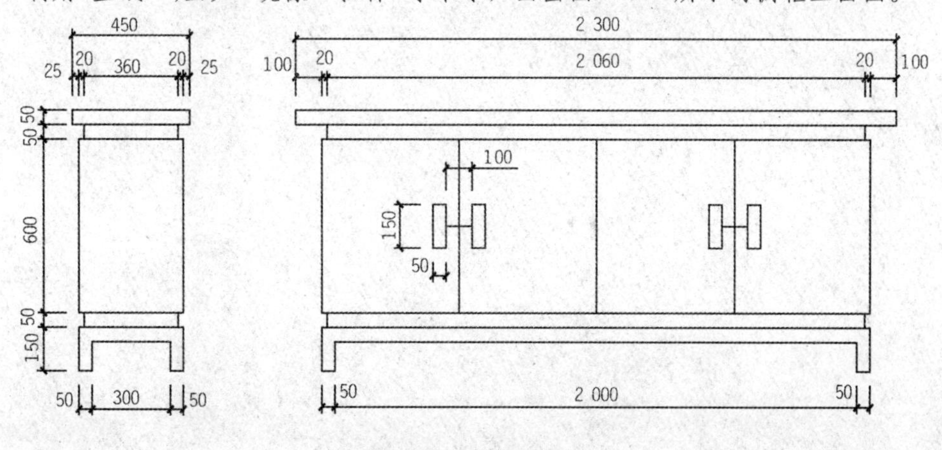

图 1-109　橱柜立面图

2. 利用“直线”“矩形”“偏移”“倒圆角”等命令，画出图 1-110 所示的废气回收罩立面图。

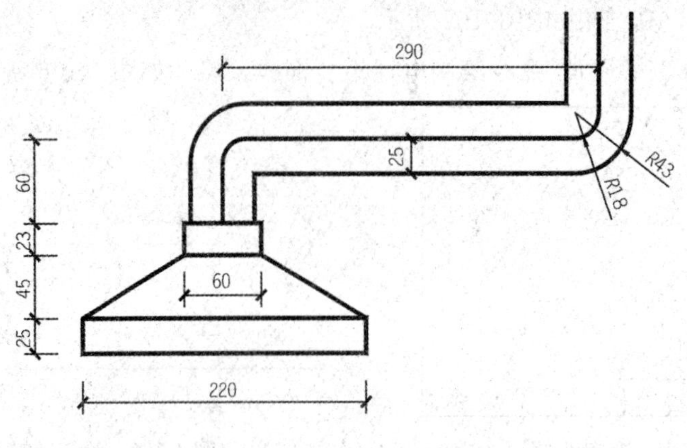

图 1-110　废气回收罩立面图

3. 利用“直线”“偏移”“镜像”等命令绘制出招待所楼示意图，如图 1-111 所示。

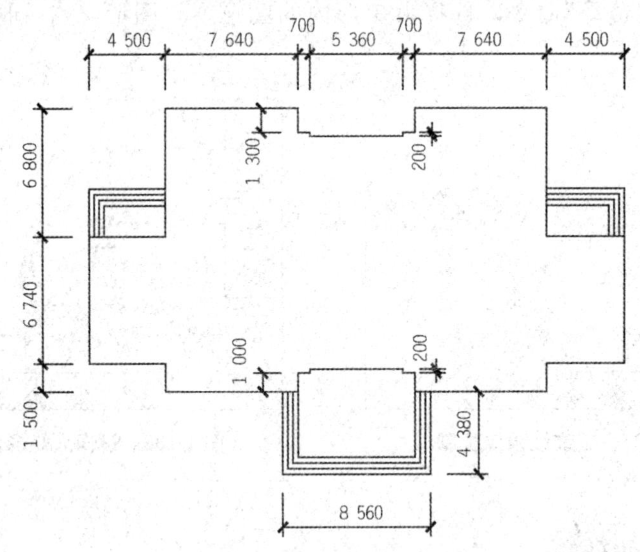

图 1-111　招待所楼示意图

项目二　绘制建筑平面图

教学目标

知识目标

1. 掌握建筑平面图的绘制步骤与绘图技巧。

2. 掌握各种绘图命令的使用。

3. 理解图层的含义，掌握图层的建立、修改、控制及管理方法。

4. 掌握文字标注、尺寸标注的建立、标注方法与修改方法。

能力目标

具有熟练使用AutoCAD绘制建筑平面图的操作能力。

素质目标

1. 具有良好的职业道德和职业操守。

2. 具有高度的社会责任感、严谨的工作作风、爱岗敬业的工作态度和自主学习的良好习惯。

3. 具有团队意识、创新意识、动手能力、分析解决问题的能力及收集处理信息的能力。

教学重点

1. 建筑平面图的绘制步骤。

2. 图层的建立和修改。

3. 各种绘图命令。

4. 文字标注、尺寸标注的建立与标注方法。

教学建议

本项目的学习建议教师借助多媒体课件，采用项目教学法，使用一张现有的平面图，讲解平面图的组成、绘制步骤、绘制方法和绘图技巧，锻炼学生绘制施工图的能力。

任务一　绘制建筑轴网平面图

任务描述

图2-1所示为住宅楼标准层平面图，本任务是在设置好的图幅为A2(59 400×42 000)的图纸上绘制住宅楼轴网平面图，其绘制结果如图2-2所示。要求绘图比例为1∶100。

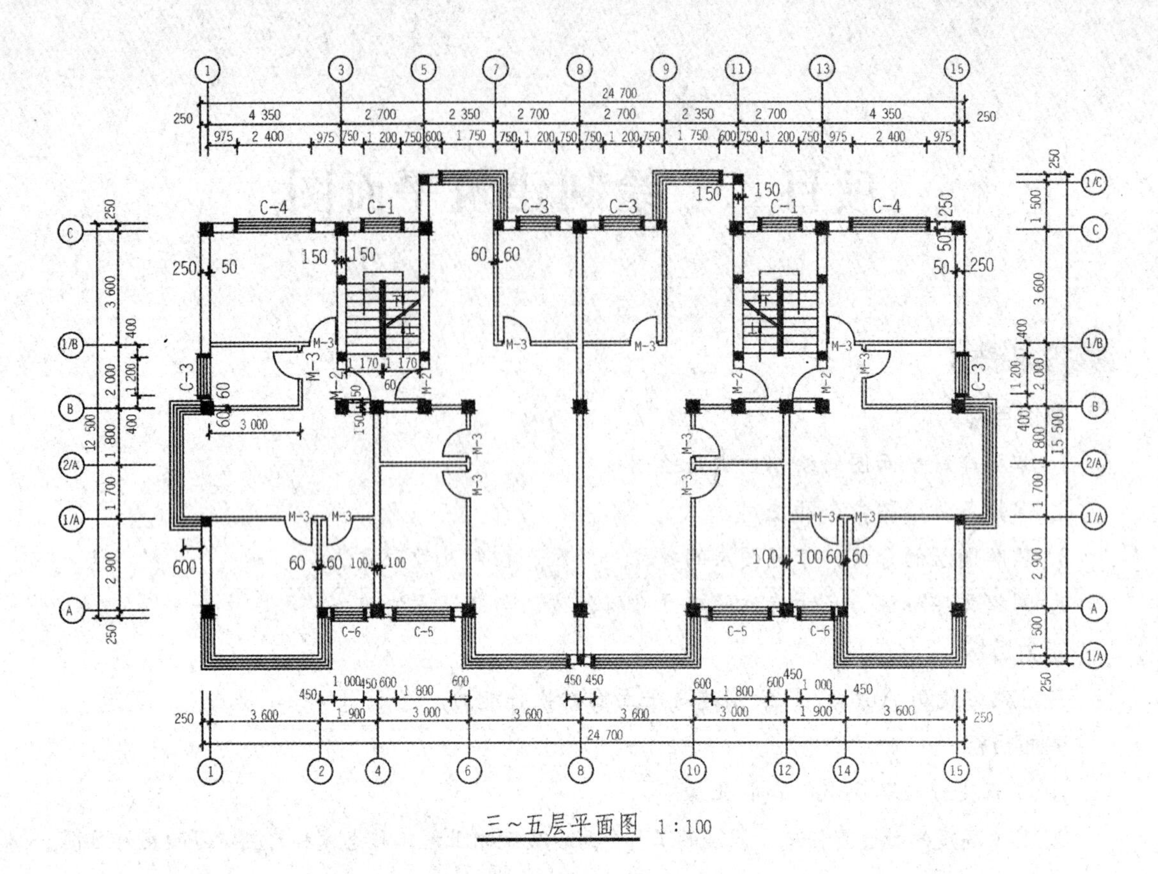

图 2-1　住宅楼标准层平面图

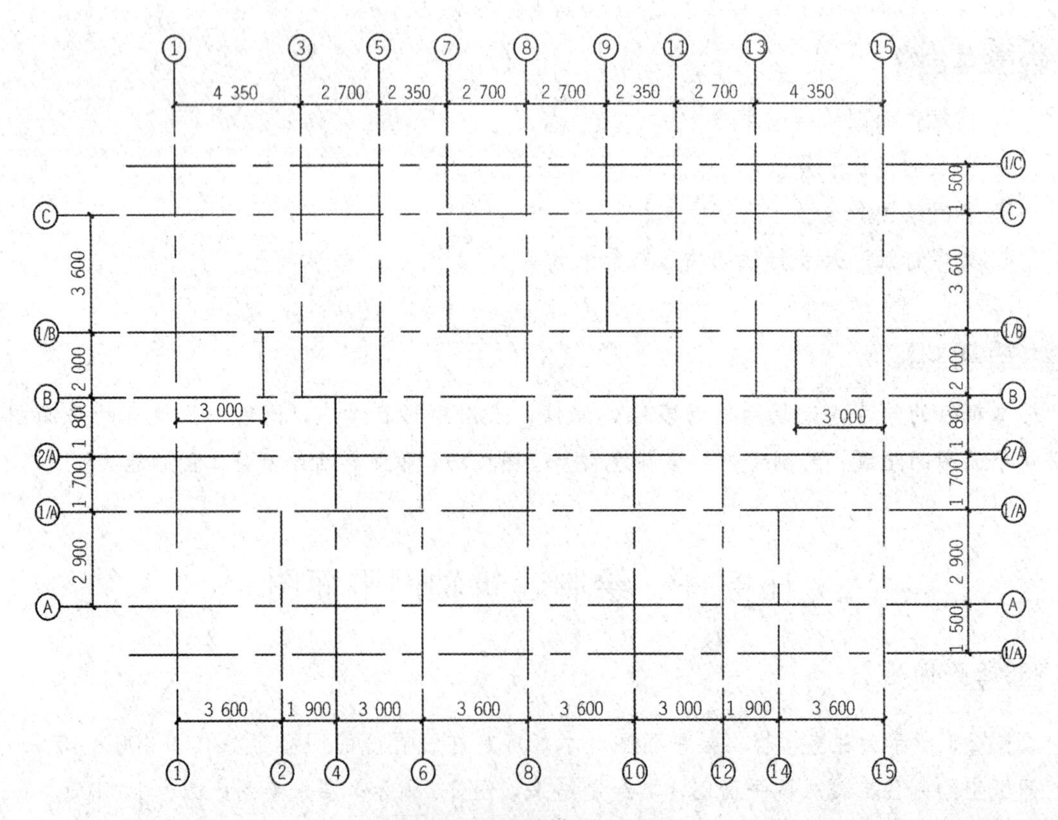

图 2-2　住宅楼轴网平面图

任务分析

本任务学习建筑轴网平面图的绘制过程及相关绘图与编辑命令的使用。

相关知识

一、建筑平面图概述

1. 建筑平面图的内容

在一张完整的平面图中，有些内容是必不可少的，主要为以下基本内容：

(1)建筑平面图图名和比例。

(2)纵、横定位轴线及其编号，墙、柱的断面形状及尺寸，内外门窗布置及编号。

(3)电梯、楼梯、消防梯的位置，楼梯梯段走向及主要尺寸。

(4)室外花台、台阶顶面及室内楼、地面的标高，斜坡的坡度及下坡方向。

(5)其他构件，如阳台、雨篷、踏步、斜坡、通气道、管线竖井、烟囱、雨水管、散水、排水沟、花池的位置、形状及尺寸，厕所、盥洗室、厨房等固定设施的布置及相关尺寸。

(6)底层平面图中的剖切符号及其编号，建筑物朝向的指北针。

(7)屋顶平面图中建筑物的屋顶形状、屋面排水方向及坡度，以及其他构配件，如天窗、上人孔等。

(8)有关部位上节点详图的索引符号。

2. 建筑平面图的绘制要求

(1)比例：绘制平面图时，通常采用1∶100的比例，也可以选择1∶50或1∶200。

(2)定位轴线：在平面图中一般要画出所有定位轴线及其编号。

(3)图线：被剖切到的墙、柱断面用粗实线画出；没有被剖切到的可见轮廓线，如窗台、台阶、明沟、花台、梯段等用中实线画出；尺寸线、尺寸界线、图例线、标高符号、定位轴线的圆圈等用细实线画出。

(4)图例：平面图中的门窗一般采用国家有关标准规定的图例来绘制，在门、窗图例旁应注明它们的代号(门的代号是M，窗的代号是C)。在1∶100的平面图中，剖切到的砖墙的材料图例不必画出，剖切到的钢筋混凝土构件的断面，其材料图例用涂黑表示。

(5)尺寸标注：建筑平面图所有的外墙应标注三道尺寸，通常布置在图形的下方和左方，当平面图形不对称时，图形四周均应标注尺寸。

3. 建筑平面图的绘制步骤

(1)绘制定位轴线。

(2)绘制内、外墙体。

(3)绘制门窗洞口及门窗图例线。

(4)绘制楼梯。

(5)绘制其他细部构件。

(6)进行尺寸标注，画出定位轴线编号、索引符号、文字说明等。

二、图层

图层是用来组织和管理图形实体的一种方式。工程图中包含大量信息，将其进行分组，每一组就是一个图层。用户通过控制图层，就可以达到快速、准确地绘制工程图的目的。

图层相当于一张透明的玻璃纸，在一个图层上绘制与编辑对象，不会影响其他图层上的对象。一般情况下，一张完整的图样是由多个图层叠加在一起组成的，相当于将绘制在玻璃纸上的图样一张张叠加起来，合成效果图就是需要的工程图。

1. 创建图层

在绘制工程图的过程中，用户可以根据需要创建图层。AutoCAD 提供了以下三种命令方式进入图层特性管理器创建图层：

(1)菜单“格式”→“图层”。

(2)“图层”工具栏。

(3)命令行“layer”。

打开的“图层特性管理器”对话框，如图 2-3 所示。

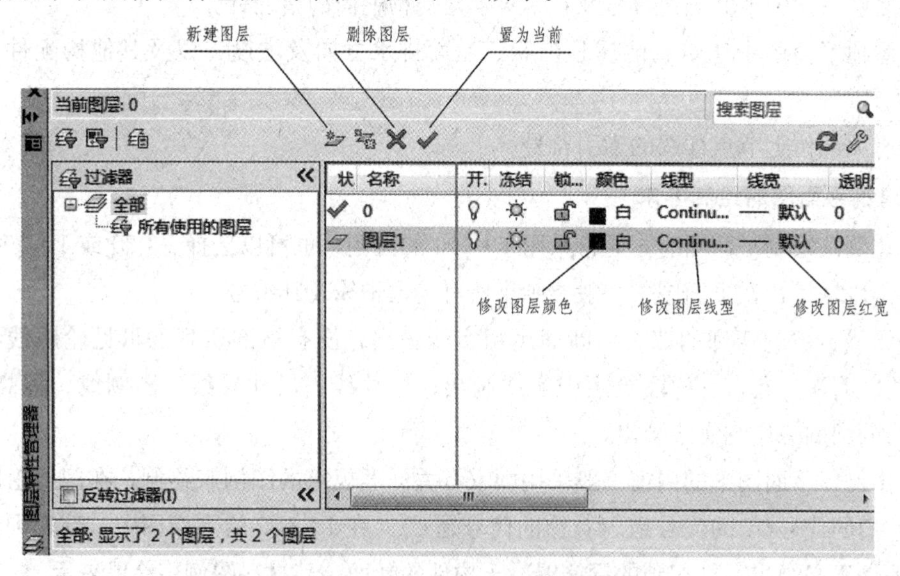

图 2-3 “图层特性管理器”对话框

(1)新建图层。创建新图层列表中将显示名为“图层 1”的图层改为需要的图层名，例如，用于绘制定位轴线的图层，名称修改为“建筑轴线”。新图层将继承图层列表中当前选定图层的特性(颜色、线型、线宽等)。

(2)修改图层颜色。用户可以为每一个图层设置不同的颜色。单击所选图层的“颜色”栏处，弹出图 2-4 所示的“选择颜色”对话框，选中需要的颜色，单击“确定”按钮，图层颜色就变成选定的颜色。

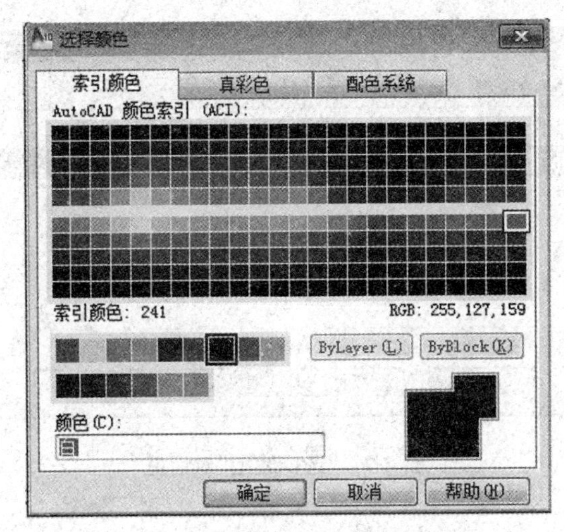

图 2-4 “选择颜色”对话框

(3)修改图层线型。新创建图层默认线型为“Continuous”(连续线)，用户可根据需要改变图层线型。例如，新建的“建筑轴线”层需要的线型是点划线。单击该图层的“线型”栏处，打开图 2-5 所示的“选择线型”对话框。显示的线型是连续线，没有需要的点划线，单击“加载”按钮，进入图 2-6 所示的“加载或重载线型”对话框，选中点划线线型“CENTER”，单击“确定”按钮，就将点划线加载到图 2-7 所示“选择线型”对话框，点选“CENTER”，其亮显，单击“确定”按钮，即可将线型改为点划线。

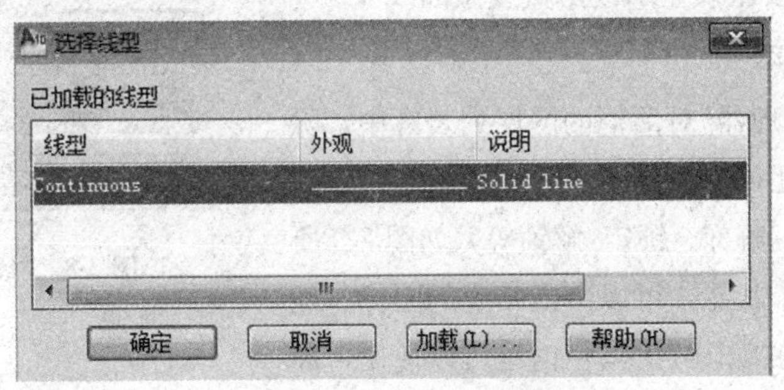

图 2-5 “选择线型”对话框

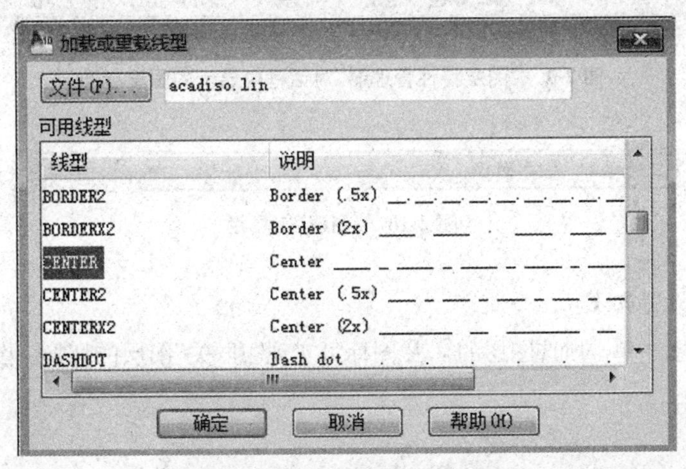

图 2-6 “加载或重载线型”对话框

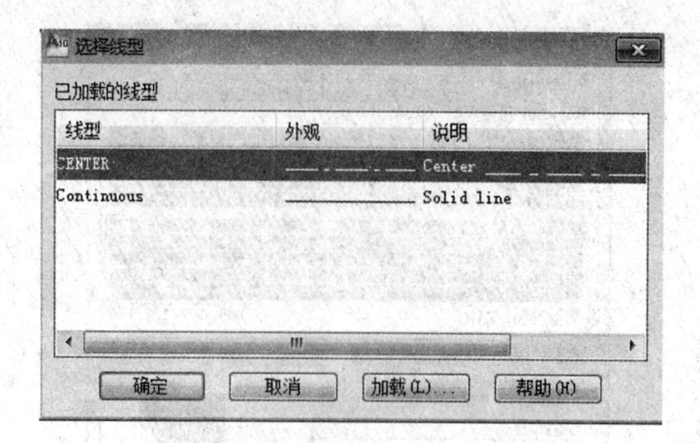

图 2-7 “选择线型”对话框

(4)修改图层线宽。新建图层具有“默认”线宽(默认设置是 0.01 英寸[①]或 0.25 毫米),用户可以根据需要改变图层线宽。

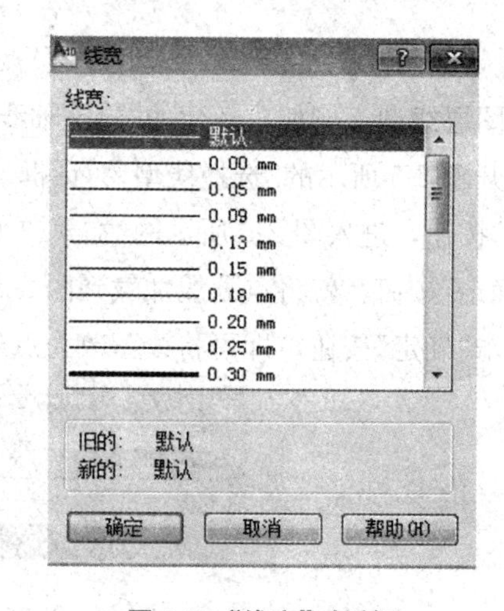

图 2-8 “线宽”对话框

单击该图层的“线宽”栏处,打开图 2-8 所示“线宽”对话框。该对话框的列表中显示的可用线宽是由图形中最常用的固定值线宽组成的。可以从中选择一种所需线宽,作为图层线宽。图层线宽通过单击状态栏“显示线宽”按钮来显示或隐藏线条的线宽。

2. 设置图层状态

在“图层特性管理器”对话框的图层列表区中,除显示图层特性外,还可以显示图层的各种状态,包括图层的开/关、冻结/解冻、锁定/解锁等,如图 2-9 所示。如果要修改某个状态,可以单击相应的图标。经常使用的设置功能在“图层”工具栏内也可以使用,如图 2-10 所示。

图 2-9 “图层特性管理器”对话框中显示的图层状态

图 2-10 “图层”工具栏

各种状态的设置如下:

(1)开/关图层。单击所选图层的💡/💡图标可实现“开/关”图层的切换。图标呈黄色表示对

① 1 英寸=0.025 4 米。

应图层是打开的；图标呈灰色则表示对应图层是关闭的。图层关闭后，该图层上对象在屏幕上不可见，也不能被打印输出，但重新生成图形时被关闭的图层上的对象仍将重新生成。

(2)冻结/解冻图层。单击所选图层的/图标可实现“冻结/解冻”图层的切换。图标呈太阳状表示该图层被解冻；图标呈雪花状则表示对应的图层被冻结。图层被冻结后，该图层上的对象在屏幕上不可见，也不能被打印输出，重新生成时被冻结的图层上的对象不再重新生成。

(3)锁定/解锁图层。单击所选图层的/图标可实现“锁定/解锁”图层的切换。当图标呈关闭形状时，对应图层是锁定的；否则是解锁的。图层锁定，该图层上的对象在屏幕上可见并能打印输出，但是不能对该图层上的对象进行编辑和修改。

任务实施

一、设置绘图环境

1. 绘图区设置

该建筑平面图的长度为 27 400，宽度为 12 500，考虑尺寸线等所占位置，设置图形界限为 59 400×42 000。

(1)启动 AutoCAD 软件，单击工具栏上的“新建”按钮，打开“选择样板”对话框，然后选择“acadiso”作为新建的样板文件。

(2)选择“格式”→“图形界限”菜单命令设定图形界限为 59 400×42 000，并将设置的图形界限设为显示器的工作界面。

2. 创建图层

(1)单击“图层”工具栏的“图层”按钮，打开“图层特性管理器”对话框，依次建立图 2-11所示的图层。

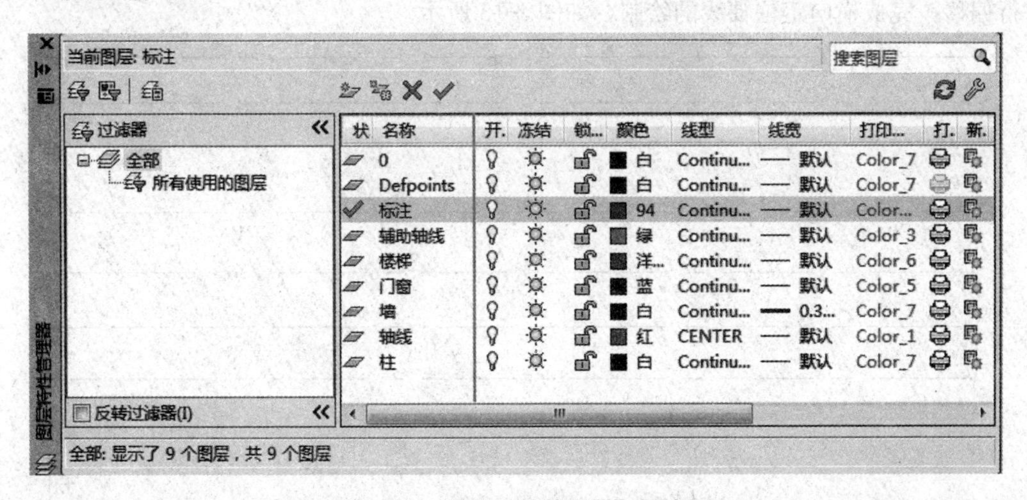

图 2-11 “图层特性管理器”对话框

(2)选择“格式”→“线型”菜单命令，打开“线型管理器”对话框，单击“显示细节”，打开

“细节”选项组，输入“全局比例因子”为 100，如图 2-12 所示。

线型管理器
线型过滤器
显示所有线型
反转过滤器(I)
加载(L)...
删除
当前(C)
隐藏细节(D)
当前线型: ByLayer

线型	外观	说明
ByLayer		
ByBlock		
CENTER		Center
Continuous		Continuous

详细信息
名称(N):
说明(E):
缩放时使用图纸空间单位(U)
全局比例因子(G): 100.0000
当前对象缩放比例(O): 1.0000
ISO 笔宽(P): 1.0 毫米
确定
取消
帮助(H)

图 2-12　“线型管理器”对话框

二、绘制轴线

1. 定位轴线的绘制

(1)单击“图层”工具条的“图层控制”下拉框，将“轴线”层设为当前层。

(2)打开“正交”模式，使用“直线”命令在图形窗口的适当位置按适当长度绘制第一条横向定位轴线。

(3)单击“修改”工具条上的“偏移”按钮，依照命令提示“输入偏移距离、选择要偏移的对象、点击给出偏移方向、按空格键结束偏移、再按空格键重复下一次偏移”，为前一步绘制的横向定位轴线分别输入偏移距离 1 500、2 900、1 700、1 800、2 000、3 600、1 500 进行偏移，完成横向定位轴线的绘制，如图 2-13 所示。

图 2-13　横向定位轴线的绘制

(4)使用“直线”命令在图形窗口的适当位置按适当长度绘制第一条纵向定位轴线，再单击“偏移”按钮，将其纵向定位轴线向右偏移 3 600、1 900、3 000、3 600，完成纵向定位轴线②、④、⑥、⑧的绘制；同理，偏移 4 350、2 700、2 350、2 700，完成纵向定位轴线③、⑤、⑦的绘制，如图 2-14 所示。

(5)根据平面图定位轴线的分布，修剪所绘轴线，其结果如图 2-15 所示。

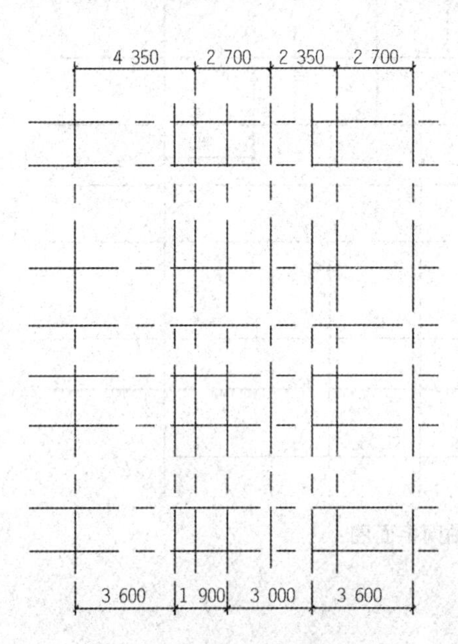

图 2-14　绘制纵向定位轴线

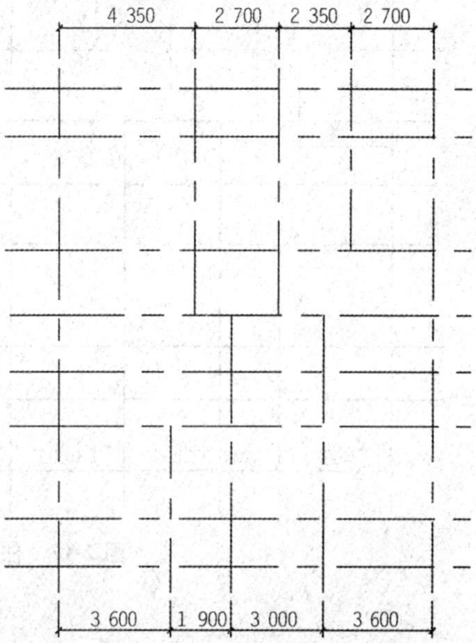

4 350　2 700　2 350　2 700

3 600　1 900　3 000　3 600

图 2-15　修剪后的轴线

2. 辅助轴线的绘制

在建筑平面图中，除在定位轴线上有墙体等主要建筑部件之外，还有一些小的局部分隔或房间的墙体上没有轴线，如果要定位这些位置构件，就会显得有些困难，因此，可以在这些位置上绘制辅助轴线以定位相应的建筑构件。

辅助轴线的绘制可采用“line”命令并结合透明命令“from”精确绘制，也可通过已有定位轴线的偏移再结合轴线的修剪编辑绘制。

(1)把轴线①向右偏移 3 000，并以轴线Ⓑ和轴线(1/B)为修剪边界，减去多余部分，结果如图 2-16 所示。

(2)单击“镜像”按钮，选择画好的所有纵向定位轴线进行镜像，其结果如图 2-17 所示。

(3)执行“文件”→“另存为”菜单命令，打开“图形另存为”对话框，在“文件名”文本框中输入“住宅楼轴网平面图”，然后单击“保存”按钮。

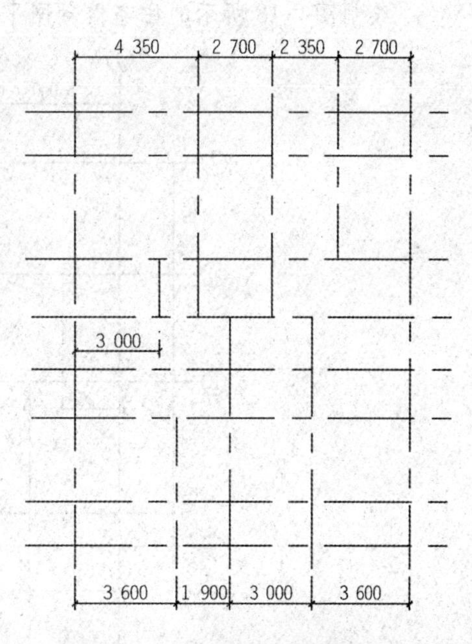

图 2-16　绘制并修剪辅助轴线

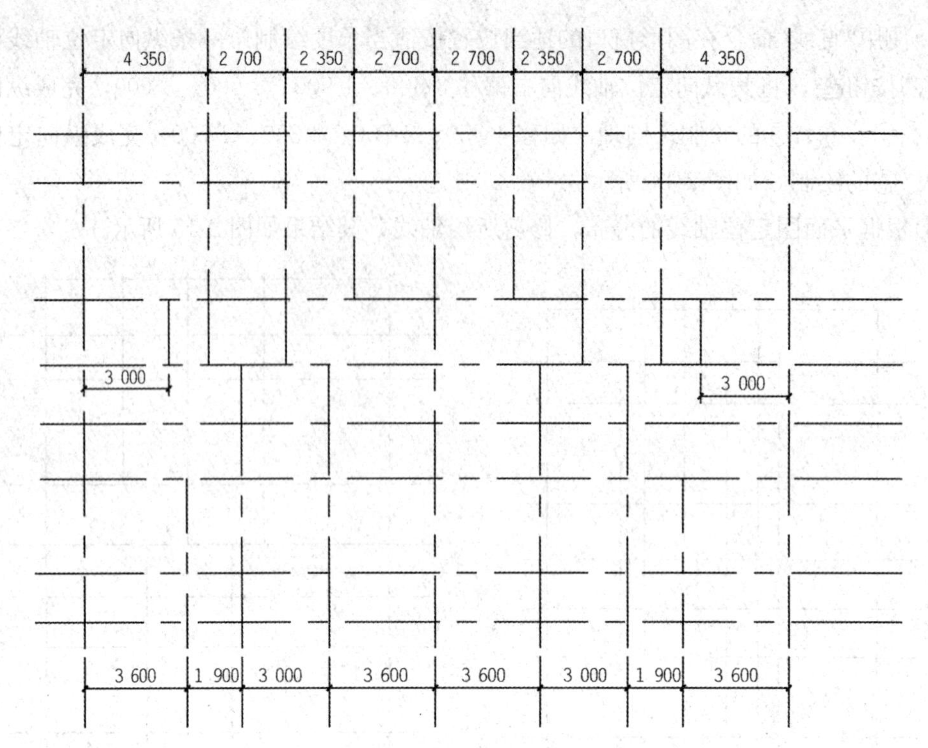

图 2-17　住宅楼轴网平面图

能力训练

绘制图 2-18 所示的住宅楼轴网平面图。

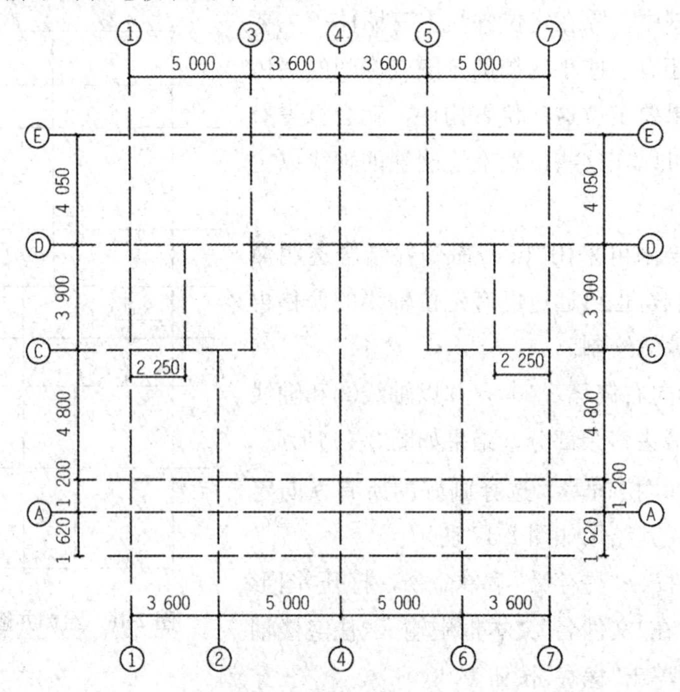

图 2-18　住宅楼轴网平面图

任务二　绘制住宅楼平面图

任务描述

在已经绘制好的住宅楼轴网平面图上，绘制图 2-19 所示住宅楼平面图。要求绘图比例为1∶100。

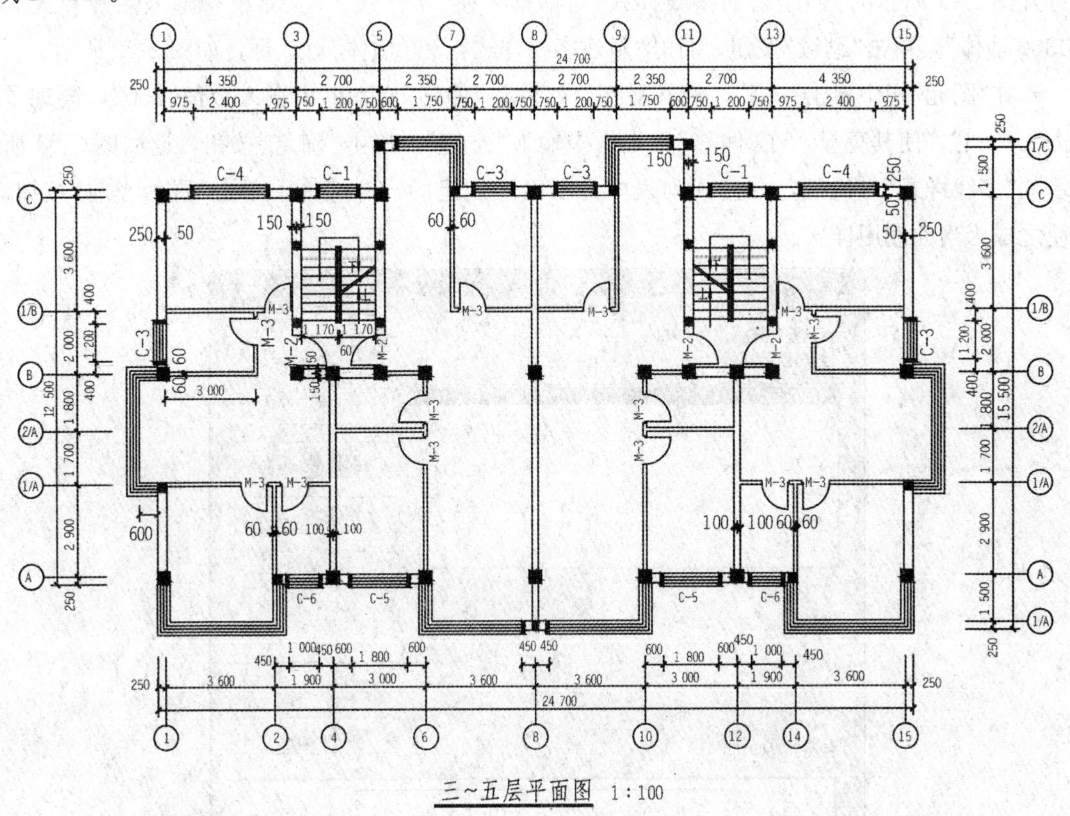

图 2-19　住宅楼平面图

任务分析

本任务学习建筑平面图的绘制过程与相关绘图与编辑命令的使用。

相关知识

下面介绍多线的绘制与修改。多线是由 1～16 条平行线组成的，绘制多线的方法与绘制直线的方法相似，都是指定一个起点和端点。与直线不同的是，多线可以一次绘制一条或多条平行直线线段，因此，其常用于绘制墙体、管道等。多线外观由多线样式决定，绘制多线首先要设置多线样式。

一、创建多线样式

在多线样式中设置平行线数量、间距以及每条线的颜色和线型，指定多线两端样式。

启动创建多线样式的命令方法有两种：

(1)菜单“格式”→“多线样式”。

(2)命令行“Mstyle”。

执行创建多线样式命令，打开“多线样式”对话框，如图 2-20 所示。单击“新建”按钮，打开图 2-21 所示的“创建新的多线样式”对话框，在“新样式名”文本框中输入新建样式名“300 墙体”，单击“继续”按钮，打开“新建多线样式：300 墙体”对话框，如图 2-22 所示。

在“图元”栏中单击“0.5”，使其显亮，然后在“偏移”文本框中输入数值“250”，同理单击“－0.5”，使其亮显，在“偏移”文本框中输入“－50”，单击“确定”按钮，返回图 2-23 所示的“多线样式”对话框，在样式列表中显示已经创建的 300 墙体，单击“置为当前”按钮，使之成为当前使用样式。

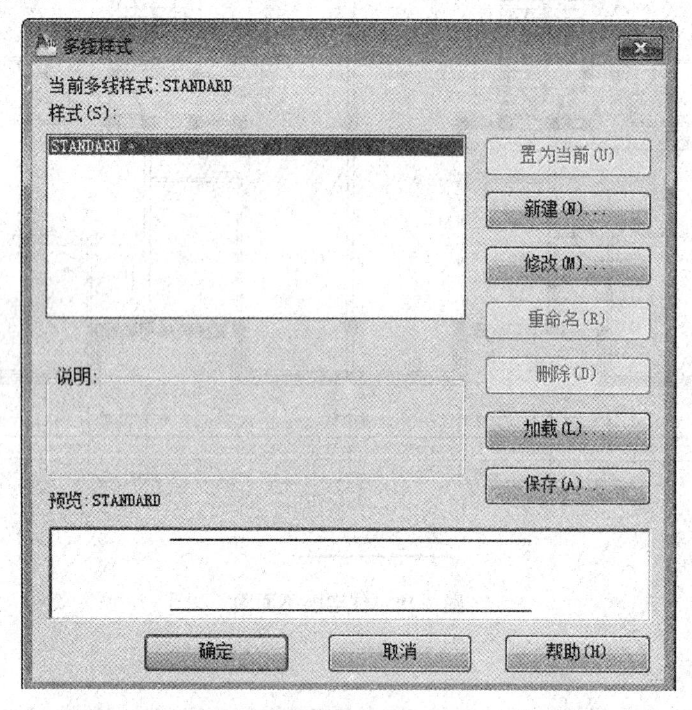

图 2-20 “多线样式”对话框

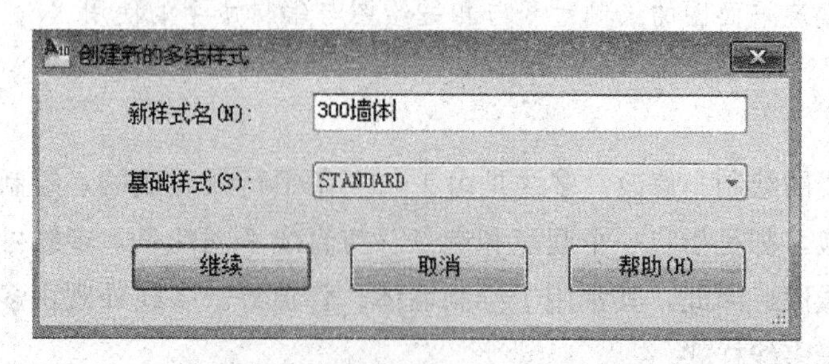

图 2-21 “创建新的多线样式”对话框

新建多线样式:300墙体

说明(P):

封口

	起点	端点
直线(L):		
外弧(O):		
内弧(R):		
角度(N):	90.00	90.00

填充

填充颜色(F): 无

显示连接(J):

图元(E)

偏移	颜色	线型
250	BYLAYER	ByLayer
-50	BYLAYER	ByLayer

添加(A) 删除(D)

偏移(S): -50.000

颜色(C): ByLayer

线型: 线型(Y)...

确定 取消 帮助(H)

图 2-22 “新建多线样式：300 墙体”对话框

图 2-23 创建好的 300 墙体

说明：

(1)在图 2-22 所示对话框中还可以设置平行线的数量、偏移距离、所用线型及颜色等。在默认情况下，多线是由两条平行线组成的，颜色为白色，线型为实线。

(2)如果已经使用某个多线样式绘制了图形，则 AutoCAD 不再允许修改该多线样式参数。要修改已经绘制的多线的线间宽度，需要重新定义新的样式，并重新绘制该多线。

二、使用多线绘制墙体

多线定义完以后，即可用多线绘图。用多线绘制图形时，首先将相应的多线样式置为当前，并设置多线比例与对正方式。“多线”命令的启动方法如下：

(1)菜单“绘图”→“多线”。

(2)命令行“multiline”或快捷键 ML。

命令选项如下：

(1)多线比例(S)：其是指实际绘制的多线宽度相对于多线样式中定义宽度的比例因子。若多线样式定义宽度为 2(内、外侧线偏移量各为 1)，比例设定为 5，则实际绘制的多线宽度为 10(内、外侧距离为 10)，此比例不影响多线的线型比例。

(2)多线对正方式(J)：其分为“上(T)”“无(Z)”“下(B)”。其中，“上”是指绘制多线时以多线的外侧线为基准；“下”是指以多线的内侧线为基准，“无”是指以多线的中心线为基准。多线的对正方式取决于绘线时选择点的位置。

(3)样式(ST)：其用来确定绘制多线时所应用的多线样式，缺省状态为多线样式设置时置为当前的样式。

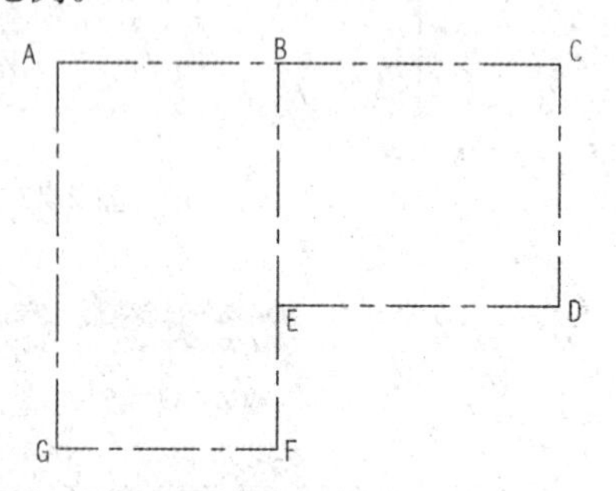

图 2-24　已画好的轴线

【例 2-1】 在图 2-24 中，用已经设置好的“300 墙体”多线样式绘制外墙线。

绘图步骤如下：单击“图层”工具条的“图层控制”下拉框，将“墙”层设置为当前层。

```
命令：ML                                                  //执行绘制多线命令
指定起点或[对正(J)/比例(S)/样式(ST)]：S                    // 选择比例
输入多线比例 <1.00>：1                                     //选择多线宽度比例
指定起点或[对正(J)/比例(S)/样式(ST)]：J                    //选择对正方式
输入对正类型[上(T)/无(Z)/下(B)]<无>：Z                     //选择绘制多线对正方式
指定起点或[对正(J)/比例(S)/样式(ST)]：指定 A 点            //用鼠标左键单击 A 点
指定下一个点：指定 B 点                                    //用鼠标左键单击 B 点
指定下一个点：指定 C 点                                    //用鼠标左键单击 C 点
指定下一个点：指定 D 点                                    //用鼠标左键单击 D 点
指定下一个点：指定 E 点                                    //用鼠标左键单击 E 点
指定下一个点：                                             //按 Enter 键，结束多线绘制
再回车一次，重复执行多线命令
指定起点或[对正(J)/比例(S)/样式(ST)]：指定 B 点            //用鼠标左键单击 B 点
指定下一个点：指定 E 点                                    //用鼠标左键单击 E 点
指定下一个点：指定 F 点                                    //用鼠标左键单击 F 点
指定下一个点：指定 G 点                                    //用鼠标左键单击 G 点
指定下一个点：指定 A 点                                    //用鼠标左键单击 A 点
```

指定下一个点：　　　　　　　　　　　　　　　　//按 Enter 键，结束多线绘制

绘制结果如图 2-25 所示。

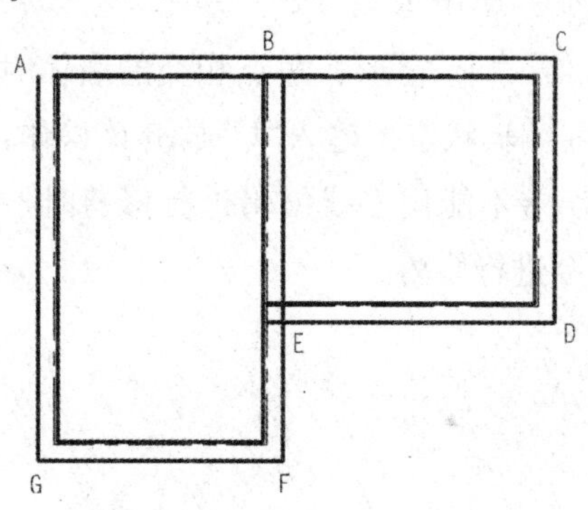

图 2-25　用多线绘制墙体的结果

三、多线编辑

“多线编辑”命令的启动方式如下：

(1)菜单“修改”→“对象”→“多线”。

(2)命令行“mledit”或把光标放在绘制完的任意一条多线上双击鼠标左键。

【例 2-2】　把图 2-26 所示的多线绘制图形修改成图 2-27 所示的图形。

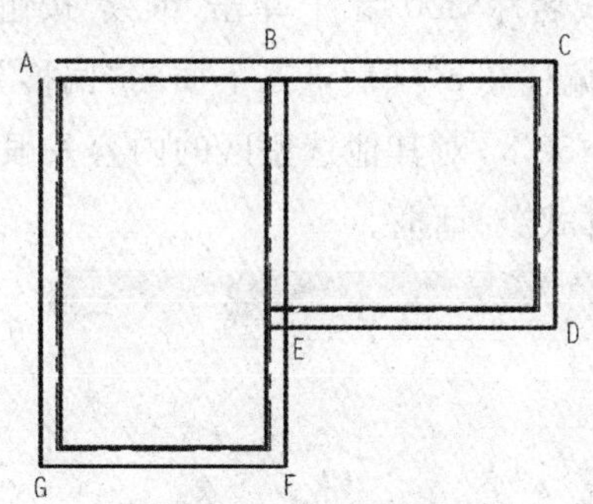

图 2-26　多线修改前

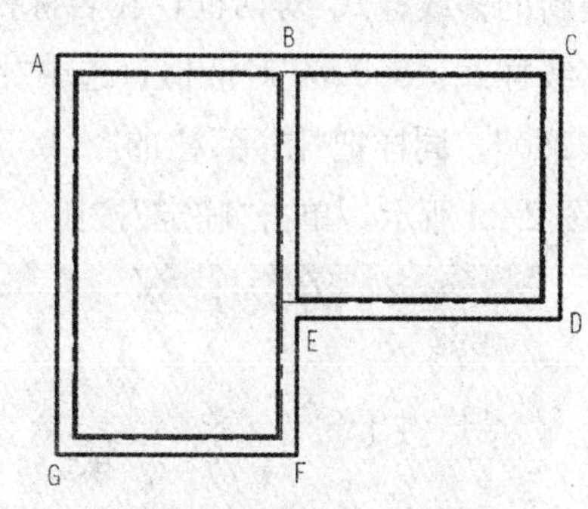

图 2-27　多线修改后

(1)把光标放在绘制完的任意一条多线上双击鼠标左键，打开“多线编辑工具”对话框，如图 2-28 所示，单击“T 形合并”选项，然后关闭对话框，光标变成拾取框，先单击 B 点处垂直多线，再单击水平多线，B 点交线合并；同理，用拾取框先单击 E 点处水平多线，再单击垂直多线，E 点交线打开。

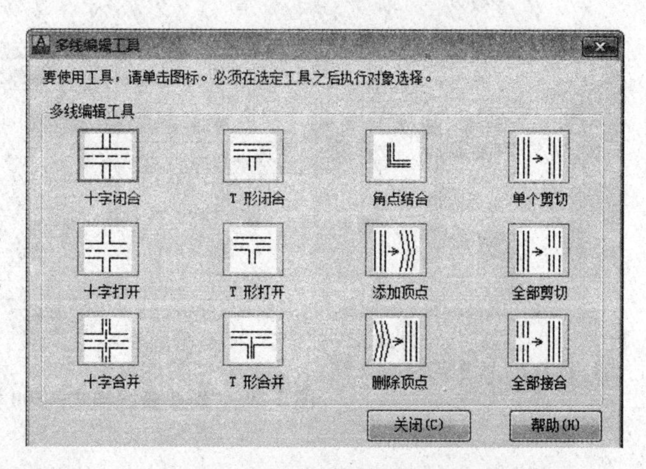

图 2-28　“多线编辑工具”对话框

(2)再次打开“多线编辑工具”对

话框，单击“角点结合”选项，然后关闭对话框，光标变成拾取框，单击A点两条多线，A点角点结合，其绘制结果如图2-27所示。

说明：利用多线编辑T形、“十”字形、角点相交的墙体时，注意选择多线的顺序，如果修剪结果异常，可以在多线编辑状态下输入“U”放弃该操作，然后改变选择多线的顺序。当某些多线交接处由于绘制误差不能用多线编辑进行修剪时，则需把多线炸开，使之变成单个的线条，再用“Trim”命令进行修剪。

任务实施

一、绘制墙体

轴线绘制完之后，即可绘制墙体。墙体可用“偏移”“多线”等命令来绘制，本任务使用“多线”命令绘制墙体。

1. 设置墙体样式

(1)打开任务一中画好的住宅楼轴网平面图，单击“图层”工具条的“图层控制”下拉框，将“墙”层设为当前层。

(2)执行“格式”→“多线样式”菜单命令，打开“多线样式”对话框，单击“新建”按钮，打开“创建新的多线样式”对话框，在名称栏中输入多线名称“300墙”，单击“继续”按钮，打开“新建多线样式：300墙”对话框，选中“图元”栏的“偏移0.5”项后，在下面的“偏移”文本框中输入“250”。同样把“图元”栏的“－0.5”修改成“－50”，对其他选型区的内容一般不作修改，如图2-29所示，单击“确定”按钮，返回“多线样式”对话框。

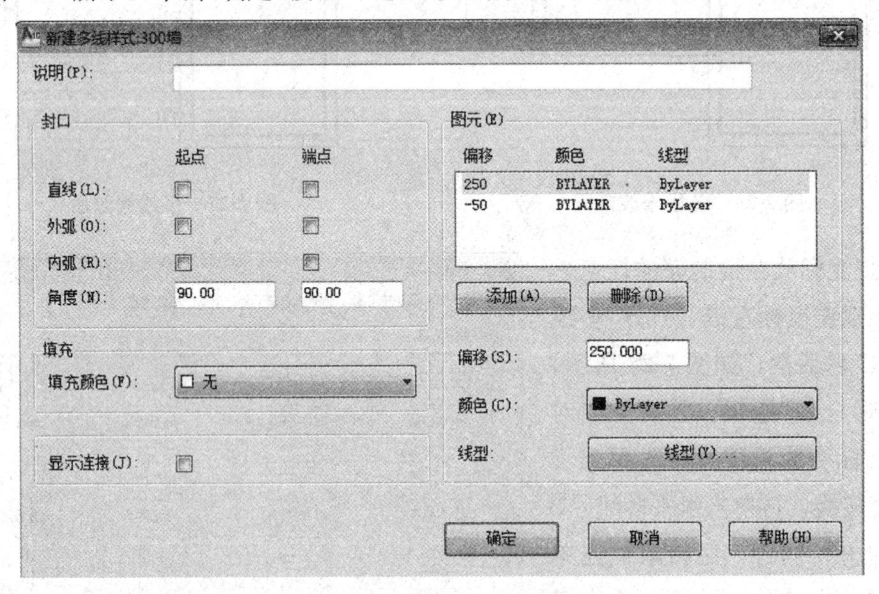

图2-29 “新建多线样式：300墙”对话框

再按相同的方法创建名称为“200墙”和“120墙”的多线样式，如图2-30、图2-31所示。

图 2-30 “新建多线样式：200 墙”对话框

图 2-31 “新建多线样式：120 墙”对话框

2. 绘制墙体

(1)在命令行中输入“ML”后，按 Enter 键，命令窗口会显示多线命令信息，然后输入“ST”将多线样式“300 墙”置为当前；输入“J”将对正方式定义为“无”；输入“S”设定多线比例为 1。设置“对象捕捉”状态，移动鼠标捕捉轴线交点绘制 300 墙体，在绘制过程中，注意随时用“图形缩放”命令控制图形大小以便准确地捕捉到轴线交点，把轴线Ⓑ上绘制的墙体向右移动 100，使墙体和轴线居中对正。

(2)使用同样的方法绘制 200 墙体和 120 墙体，其结果如图 2-32 所示。

3. 对墙体进行修改

多线的编辑可以控制多线接头处的打断或结合，简化多线的修剪。从图 2-32 中可以看出，墙与墙交接处不符合绘图要求，因此，需要用“多线编辑”命令进行修剪。

(1)选择“修改”下拉菜单→“对象”→“多线”菜单命令，或把光标放在绘制完的任意一条多线上双击鼠标左键，打开“多线编辑工具”对话框，如图 2-28 所示，单击“T 形合并”选项，然后关闭对话框，光标变成拾取框，对 1、2、3、4、5、6、7、8、9、10、11 点处多线进行 T 形交线合并。

(2)再次打开“多线编辑工具”对话框，单击“角点结合”选项，然后关闭对话框，光标变成拾取框，单击 12、13、14、15、16 点两条多线，执行角点结合命令，其绘制结果如图 2-33 所示。

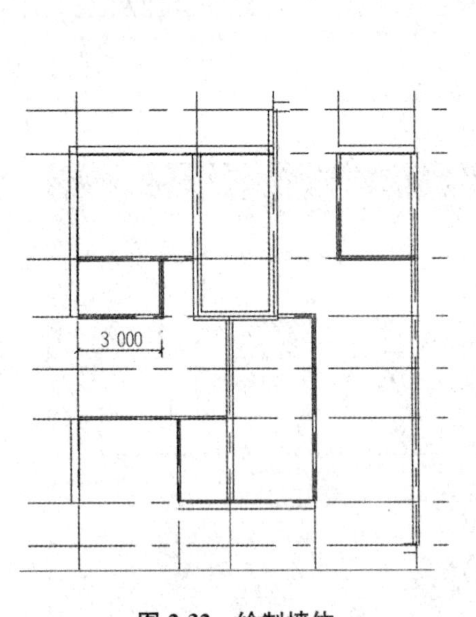

图 2-32　绘制墙体

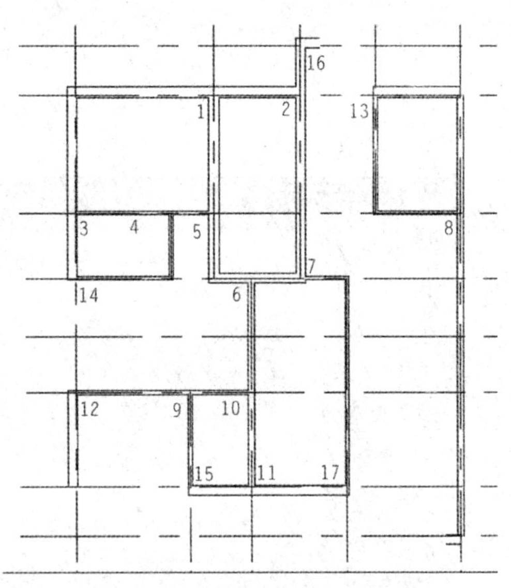

图 2-33　编辑完的墙体

二、绘制柱

(1)单击“图层”工具条的“图层控制”下拉框，将“柱”层设为当前层。

(2)单击“矩形”按钮，在绘图区的任一位置确定矩形第一点，然后输入相对坐标(@400，400)，绘制墙与墙交接处的柱。

(3)单击“图案填充”按钮，打开“图案填充和渐变色”对话框，如图 2-34 所示，在“类型和图案”选项区，选择“预定义”类型，选择“SOLID”图案，完成图案填充的设置。单击“添加：拾取点”按钮，切换到绘图窗口，单击“上一步”，绘制矩形内拾取填充边界，拾取完成后，单击鼠标右键返回“图案填充和渐变色”对话框，单击“确定”按钮，完成图案的填充。

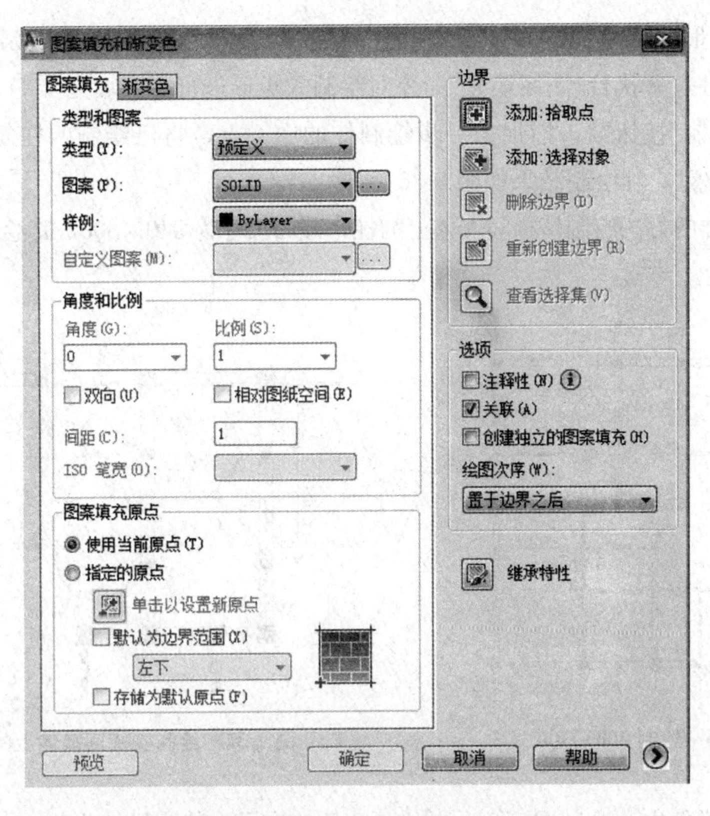

图 2-34 “图案填充和渐变色”对话框

(4)单击“复制”按钮，依次捕捉柱的中心点和轴线交点，将已绘制的柱复制到图 2-35 所示位置。

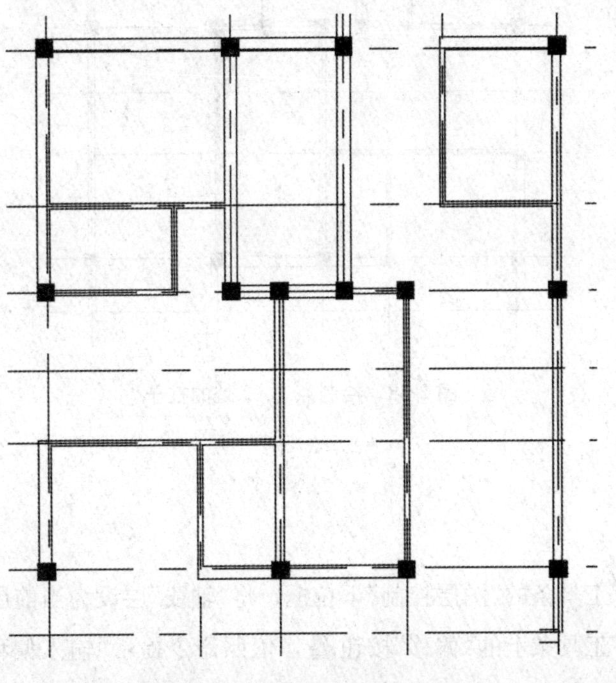

图 2-35 绘制墙与墙交接处的柱

(5)单击“矩形”按钮，在绘图区的任一位置确定矩形的第一个角点，绘制截面尺寸为 300×300 的柱，并执行“图案填充”命令对绘制的矩形进行图案填充。

(6)单击“复制”按钮，捕捉上一步绘制柱的中心点，将已绘制的柱复制到图 2-36 中 1、2、3、4 点位置，其绘制结果如图 2-36 所示。

(7)使用同样的方法绘制楼梯间墙体上的柱，截面尺寸为 240×300，其绘制结果如图 2-37 所示。

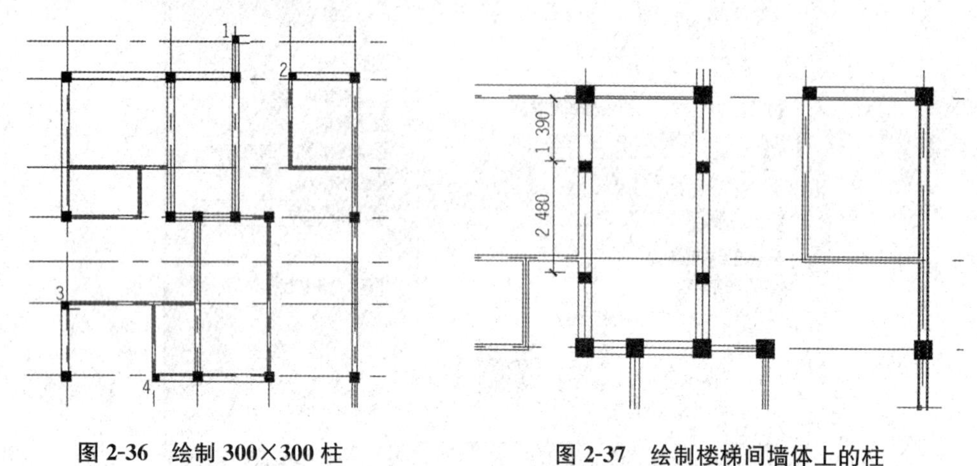

图 2-36　绘制 300×300 柱　　　**图 2-37　绘制楼梯间墙体上的柱**

(8)使用同样的方法绘制图 2-38 中点 1、2 处的柱子，截面尺寸为 200×300。

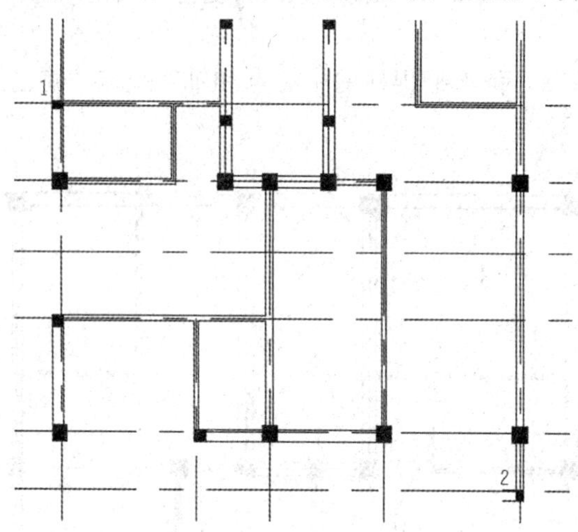

图 2-38　绘制点 1、2 处的柱子

三、绘制门窗

1. 挖窗洞口

(1)单击“图层”工具条的“图层控制”下拉框，将“轴线”层设为当前层。

(2)单击“修改”工具条上的“偏移”按钮，依照命令提示“输入偏移距离、选择要偏移的对象、单击给出偏移方向、按空格键结束偏移、再按空格键重复下一次偏移”，分别将轴线①和轴线③向内侧偏移 975；使用同样的方法将轴线③和轴线⑤、轴线⑦和轴线⑧向内侧偏移 750，将偏移得到的轴线放到辅助轴线层上，如图 2-39 所示。

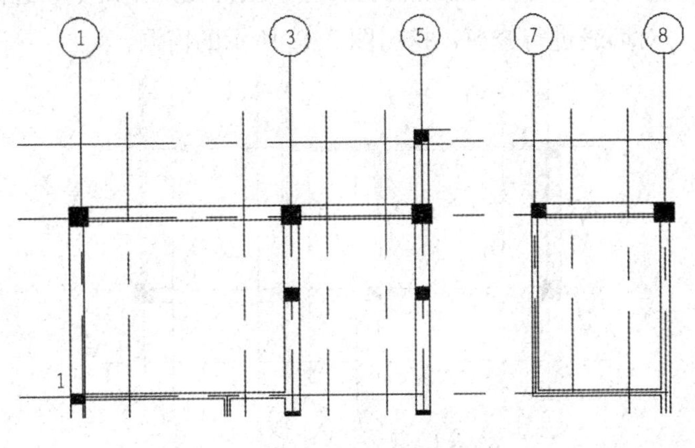

图 2-39　绘制窗洞边界辅助线

(3)单击"修剪"按钮，选择上一步偏移得到的辅助轴线作为修剪边界，对墙线进行修剪，挖出图 2-40 所示的窗洞。

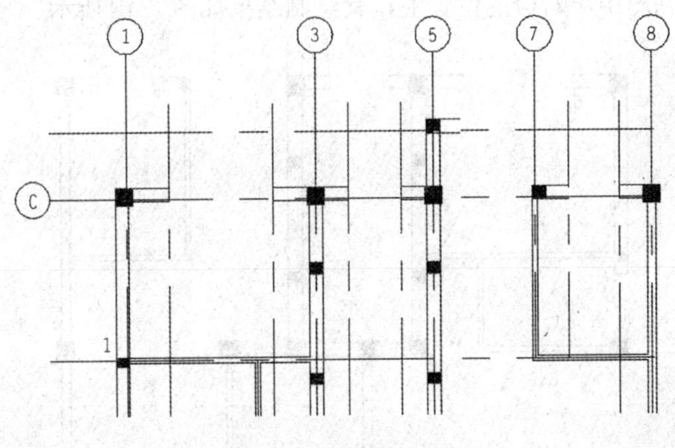

图 2-40　窗洞的修剪(一)

(4)使用同样的方法，执行"偏移"命令，将轴线Ⓑ和轴线1/B向内侧偏移 400，将偏移得到的轴线放到辅助轴线层上；执行"修剪"命令，选择偏移得到的辅助轴线作为修剪边界，对墙线进行修剪，挖出图 2-41 所示的窗洞。

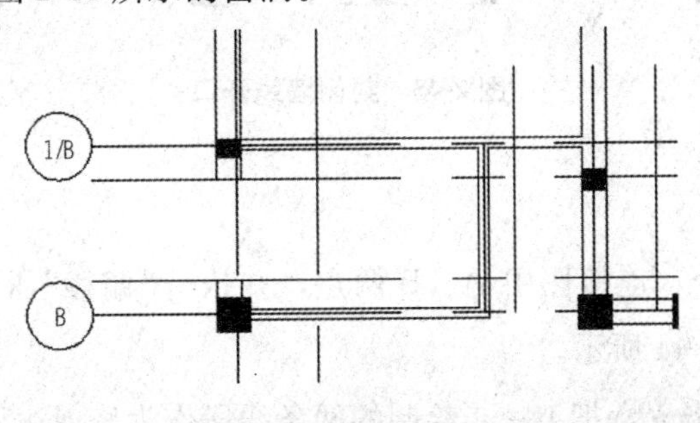

图 2-41　窗洞的修剪(二)

(5)再次执行“偏移”命令，将轴线②和轴线④向内侧偏移 450，将轴线④和轴线⑥向内侧偏移 600，将偏移得到的轴线放到辅助轴线层上；执行“修剪”命令，选择偏移得到的辅助轴线作为修剪边界，对墙线进行修剪，挖出图 2-42 所示的窗洞。

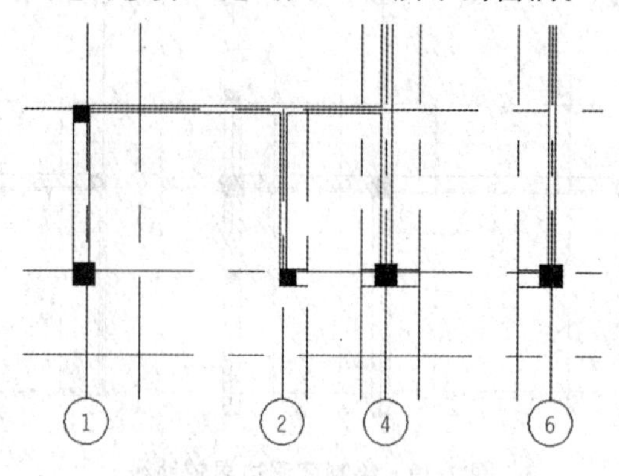

图 2-42 窗洞的修剪(三)

(6)单击“直线”按钮，连接图 2-43 所示的 A、B 两点，封闭墙线开口；执行“复制”命令将直线 AB 复制到图中所对应的位置上，其绘制结果如图 2-43 所示。

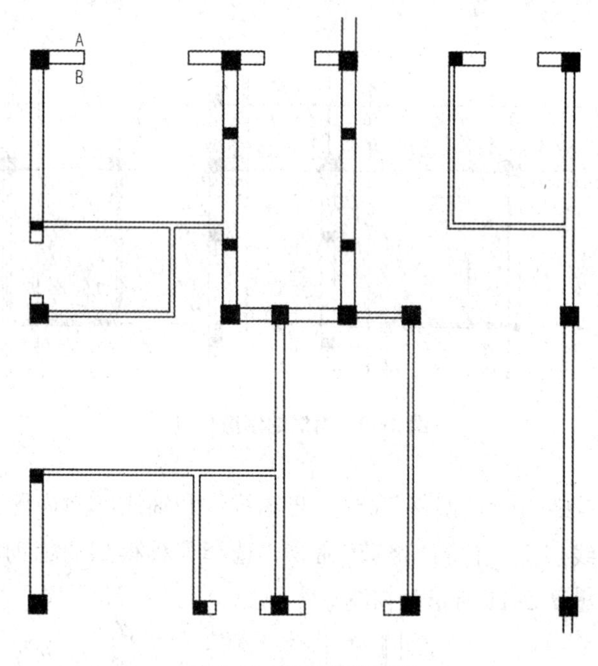

图 2-43 封闭墙线开口

2. 挖门洞口

(1)执行“直线”命令，连接图中 A、B 两点，并执行“偏移”命令把线段 AB 向左偏移 900，其绘制结果如图 2-44 所示。

(2)单击“修剪”按钮，把上一步绘制的两条线段作为修剪边界，对所夹墙进行修剪，其修剪结果如图 2-45 所示。

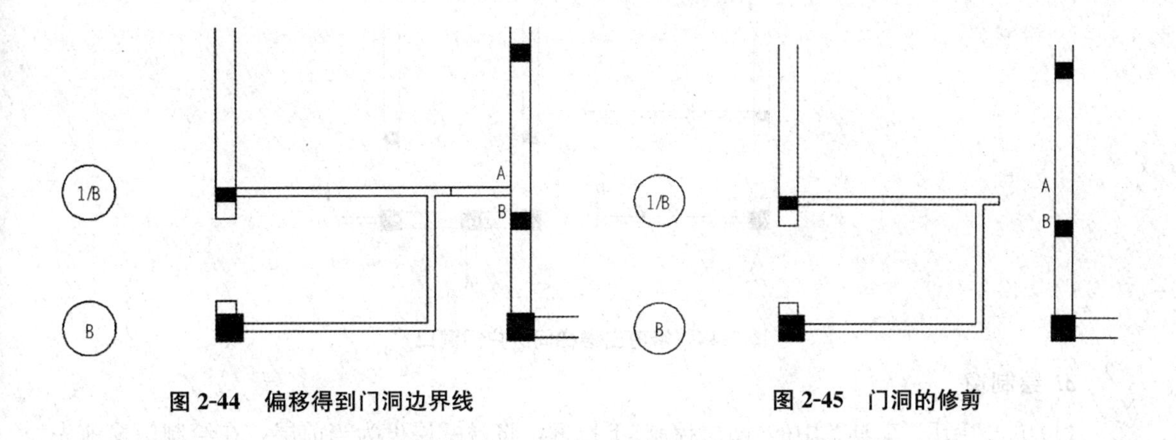

图 2-44　偏移得到门洞边界线　　　　图 2-45　门洞的修剪

(3)执行“直线”命令，绘制线段 AB 和 CD，线段 AB 和 CD 距轴线②均为 150，并使用“偏移”命令把线段 AB 和 CD 分别向左、向右各偏移 900 。

(4)单击“修剪”按钮，把上一步绘制的 4 条线段作为修剪边界，对所夹墙进行修剪，其修剪结果如图 2-46 所示。

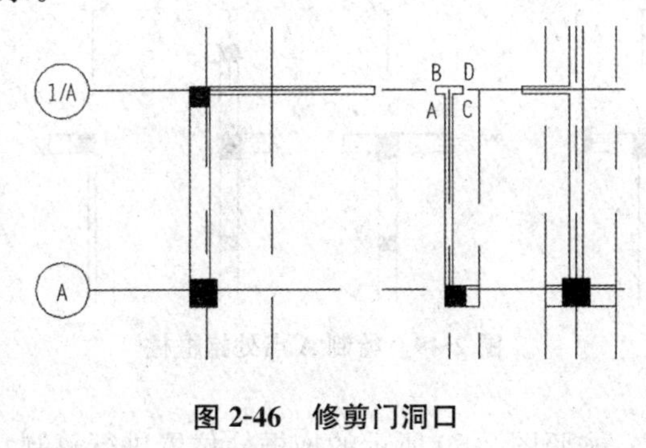

图 2-46　修剪门洞口

(5)使用同样的方法，修剪出图 2-47 所示的 1、2、3 处门洞口，门洞宽度都是 900。

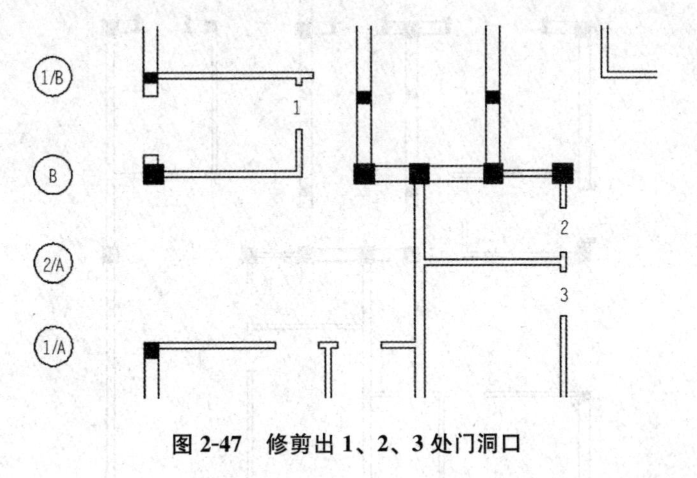

图 2-47　修剪出 1、2、3 处门洞口

(6)再次执行“直线”“偏移”“修剪”命令，修剪出楼梯间进户门洞口，门洞口宽度为 1 000，其修剪结果如图 2-48 所示。

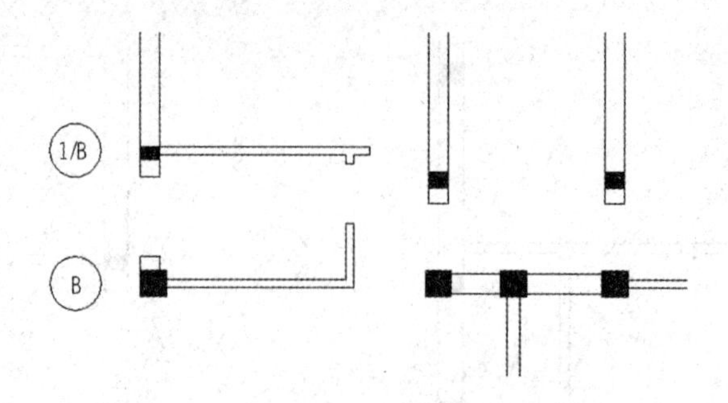

图 2-48 修剪出楼梯间进户门洞口

3. 绘制窗

(1)单击“图层”工具条中的“图层控制”下拉框，将“柱”层设为当前层，在绘制门窗前先绘制窗两侧的抱框柱。

(2)执行“矩形”命令，在图 2-49 所示的 A 点处绘制 100×420 的矩形，并进行图案填充。

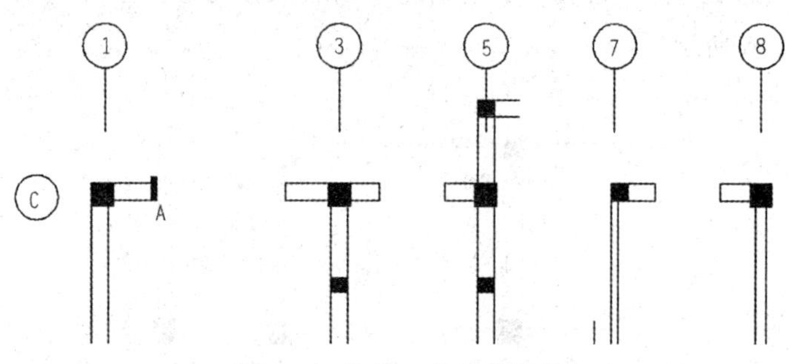

图 2-49 绘制 A 点处抱框柱

(3)执行“复制”命令，按照图 2-50 所示的抱框柱位置进行复制。

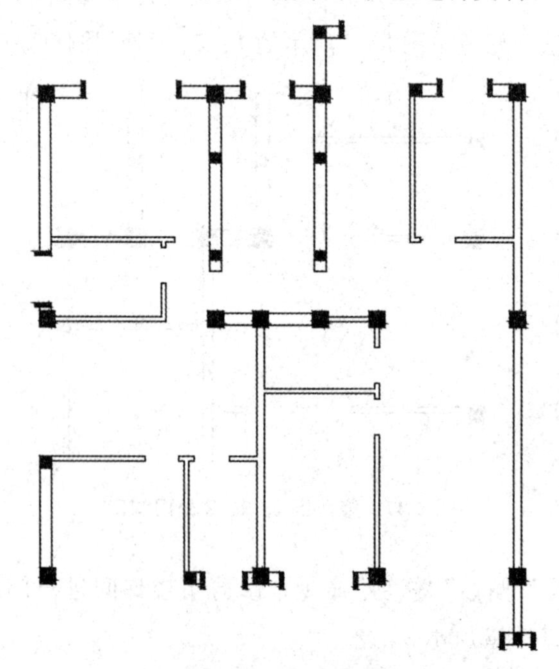

图 2-50 复制抱框柱

(4)单击“图层”工具条中的“图层控制”下拉框，将“门窗”层设为当前层，执行“格式”→“多线样式”菜单命令，打开“多线样式”对话框，单击“新建”按钮，打开“创建新的多线样式”对话框，在名称栏中输入多线名称“420 窗”，单击“继续”按钮，打开“新建多线样式”对话框，单击“添加”按钮，添加 3 条线，分别修改“图元”栏的“偏移”为 0、100、200、300、420，对其他选项区的内容一般不作修改，单击“确定”按钮，返回“多线样式”对话框，如图 2-51 所示。

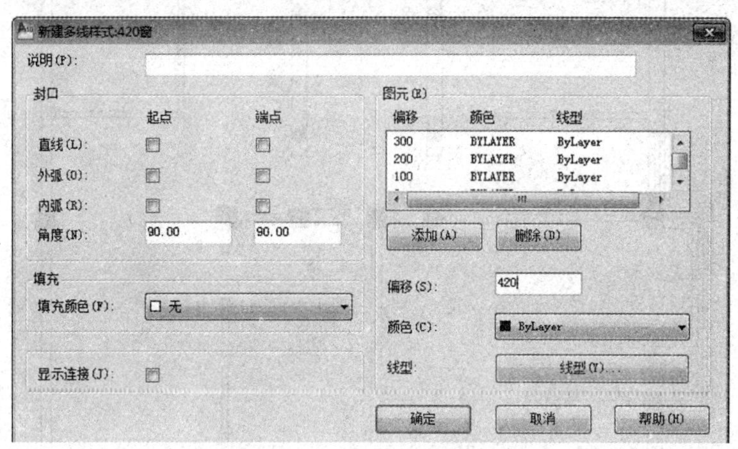

图 2-51　新建“420 窗”多线样式

(5)在命令行中输入“ML”后，按 Enter 键，命令窗口会显示多线命令信息，然后输入“ST”将多线样式“420 窗”置为当前，输入“J”将对正方式定义为“上”，输入“S”设定多线比例为 1。设置“对象捕捉”状态，移动鼠标捕捉窗洞的角点绘制 420 窗，在绘制过程中，注意随时用“图形缩放”命令控制图形的大小以便准确地捕捉到窗洞角点，其绘制结果如图 2-52 所示。

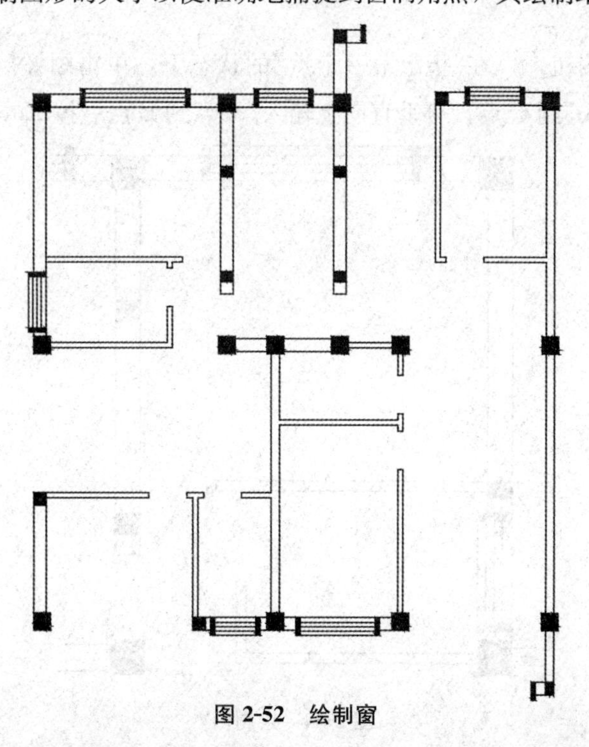

图 2-52　绘制窗

(6)再次执行“多线”命令，绘制阳台窗，其绘制结果如图 2-53 所示。

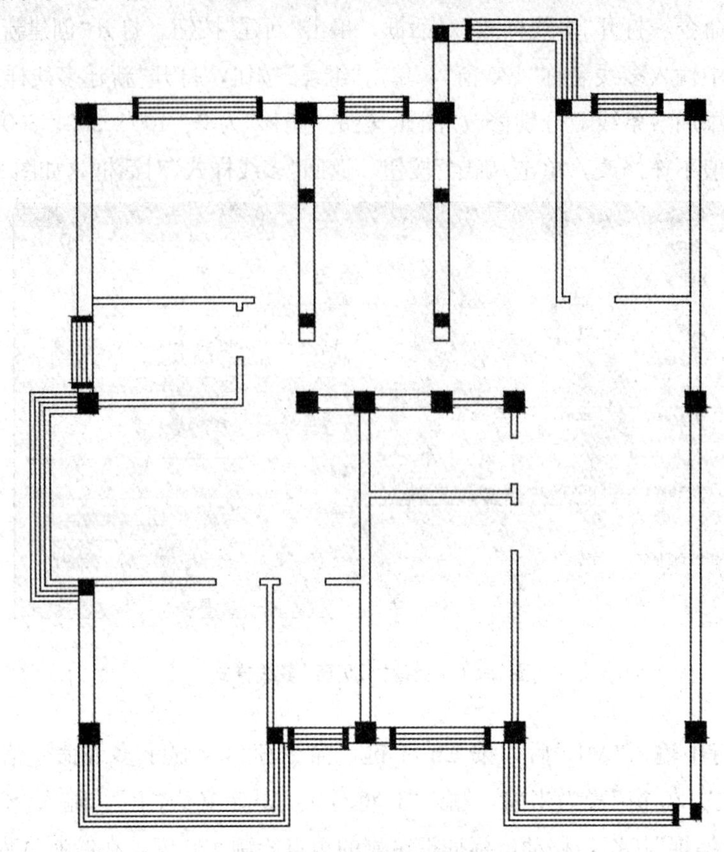

图 2-53　绘制阳台窗

4. 绘制门

(1)单击“直线”按钮，在“指定第一个点”的状态下，单击图 2-54 中的 A 点，水平向左移动光标，输入“50”到 C 点，再垂直向上输入“850”到 B 点后按 Enter 键结束直线绘制。

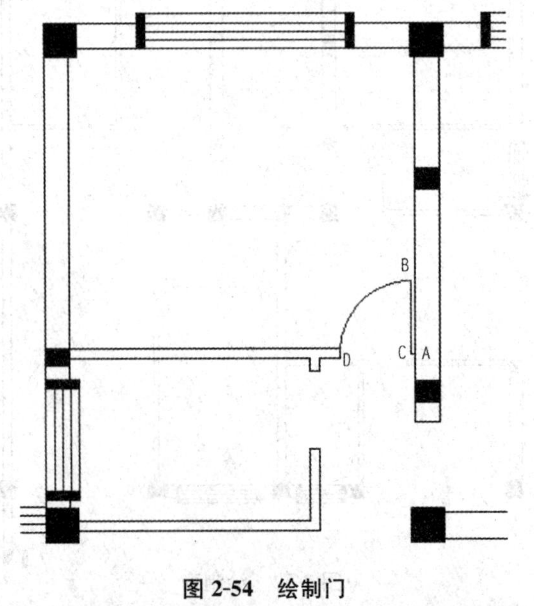

图 2-54　绘制门

(2)单击菜单“绘图”→“圆弧”→“起点、圆心、端点”，执行绘制圆弧命令。

```
指定圆弧的起点或[圆心(C)]:                                  //捕捉B点作为圆弧的起点
指定圆弧的第二个点或[圆心(C)/端点(E)]: _c 指定圆弧的圆心:      //捕捉C点作为圆弧的圆心
指定圆弧的端点或[角度(A)/弦长(L)]:                           //捕捉D点作为圆弧的端点
```

绘制结果如图 2-54 所示。

(3)单击“绘图”工具栏“创建块”按钮，打开“块定义”对话框，在“名称”文本框中输入块的名称“门”，单击“选择对象”按钮，进入绘图区域，选择上一步绘制的门，然后按 Enter 键返回“块定义”对话框，单击“基点”选项区的“拾取点”按钮，选取图 2-54 中的 A 点为基点，再次返回“块定义”对话框，最后单击“确定”按钮完成块的定义，如图 2-55 所示。

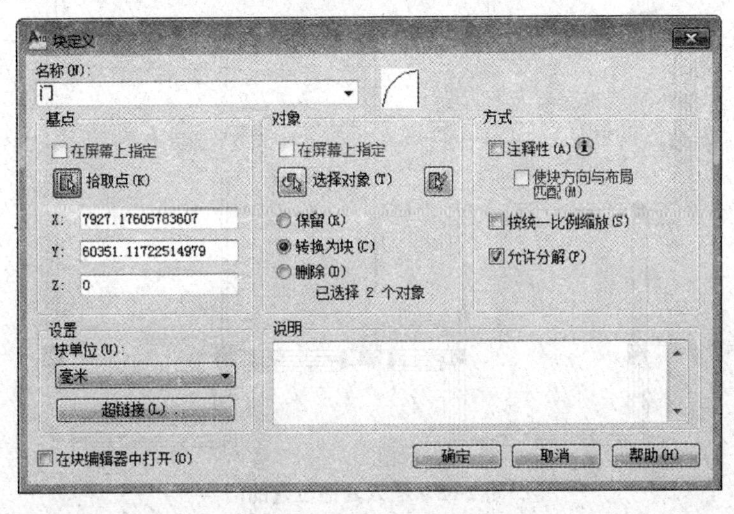

图 2-55　创建“门”块

(4)单击“插入块”按钮，打开“插入”对话框，选择定义的块“门”，设定旋转角度为 90°，如图 2-56 所示，单击“确定”按钮，在绘图区选择图 2-57 中的 B 点为插入点，完成图块的插入。

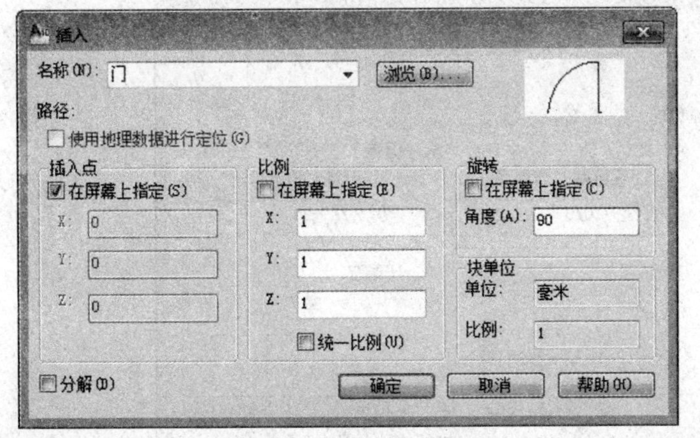

图 2-56　“插入”对话框

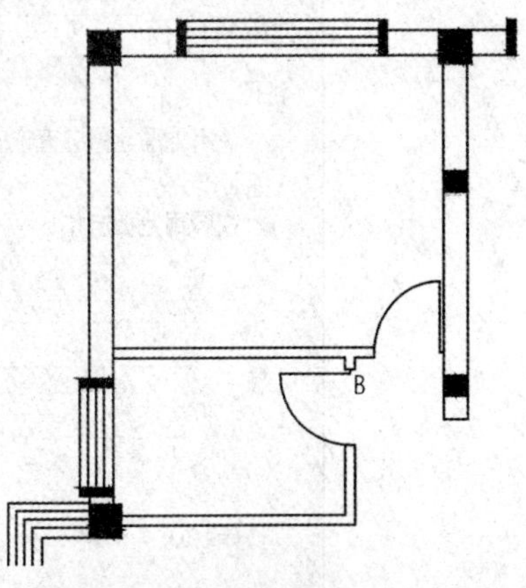

图 2-57　图块的插入

(5)重复执行“插入块”命令，插入其他位置的门，如图 2-58 所示。

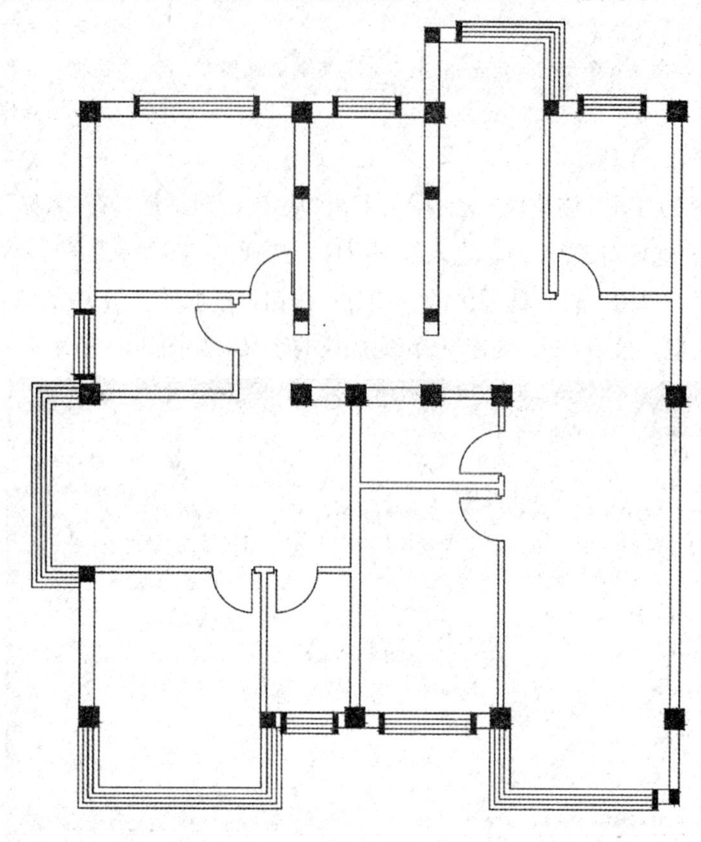

图 2-58　插入其他位置的门

(6)再次执行“插入块”命令，修改“比例”和“旋转角度”，如图 2-59 所示，单击“确定”按钮，插入楼梯间左侧的门；执行“镜像”命令，镜像出另一侧的门，其绘制结果如图 2-60 所示。

图 2-59　“插入”对话框

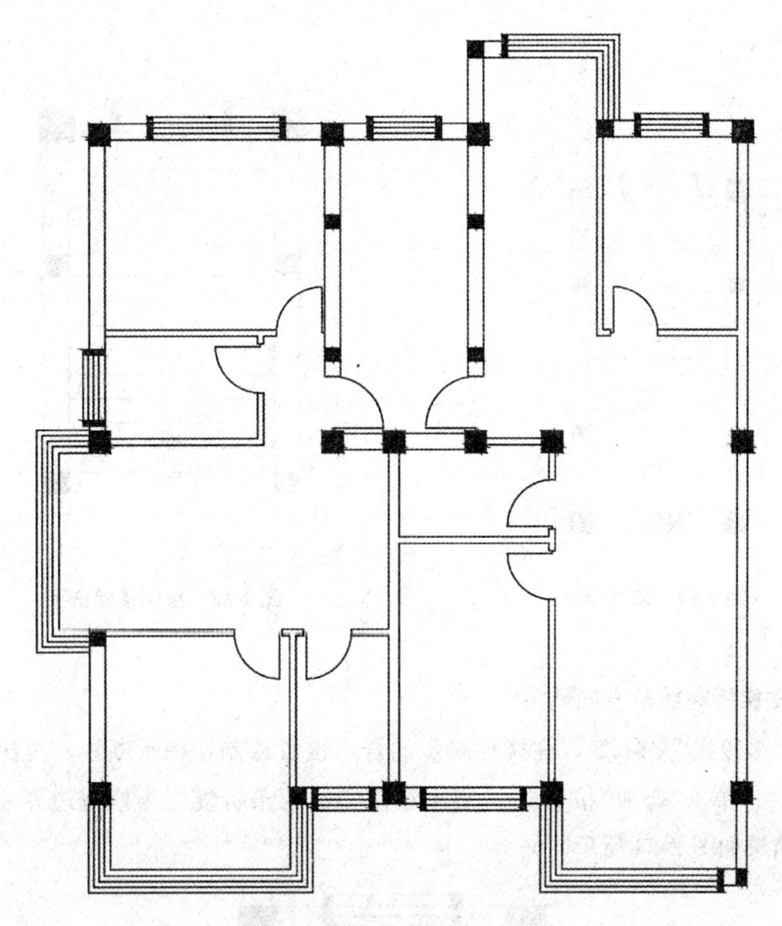

图 2-60　插入楼梯间门

四、绘制楼梯

1. 绘制楼梯踏步

(1)将“楼梯”层设为当前层，单击“直线”按钮，在“指定第一个点”的状态下，在楼梯间构造柱右下角的A点处单击鼠标左键，移动光标到B点，再次单击鼠标左键，完成楼梯踏步第一条线段的绘制。

(2)单击“阵列”按钮，选择线段AB，按照命令行提示设置行数和列数，分别输入“9”和“1”，将行间距设置为−280，完成阵列操作，其阵列结果如图2-61所示。

2. 绘制楼梯扶手

(1)单击“矩形”按钮，在“指定第一个角点”的状态下，同时按住Shift键和鼠标右键，弹出对象捕捉快捷菜单，单击“自(F)”命令，捕捉图2-62中的A点为基点，输入偏移距离(@1 110，60)确定矩形的第一个角点，然后输入(@180，−2 360)确定矩形的第二个角点。

(2)单击“修剪”按钮，选择矩形作为修剪边界修剪楼梯踏步线。

(3)单击“偏移”按钮，设置偏移距离为60，把上一步绘制的矩形向内偏移60，其结果如图 2-62 所示。

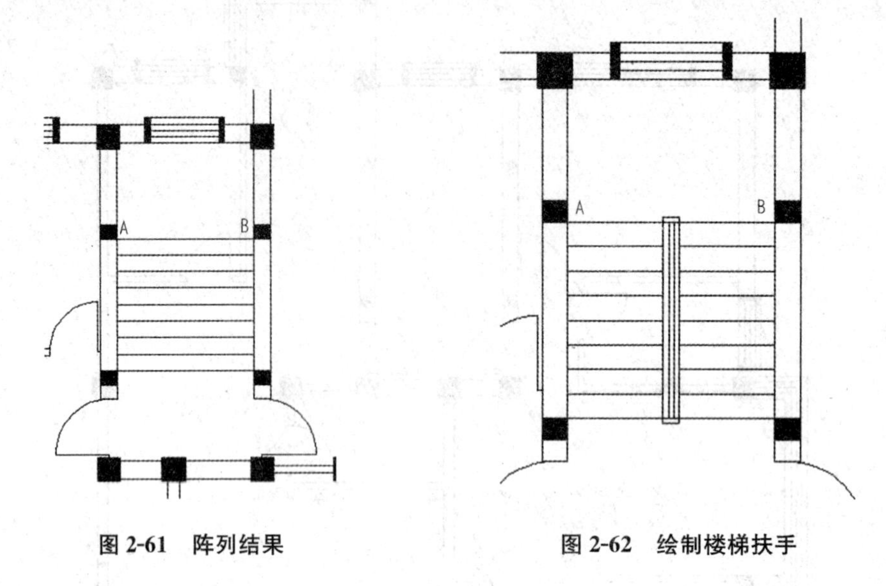

图 2-61　阵列结果　　　　**图 2-62　绘制楼梯扶手**

3. 绘制楼梯折断线及方向箭头

(1)单击“多段线”按钮，在楼梯踏步的合适位置绘制楼梯折断线，再执行“偏移”命令向下偏移 40；单击“修剪”按钮，将刚绘制完的两条折线作为修剪边界，剪掉多余线段，其修剪结果如图 2-63 所示。

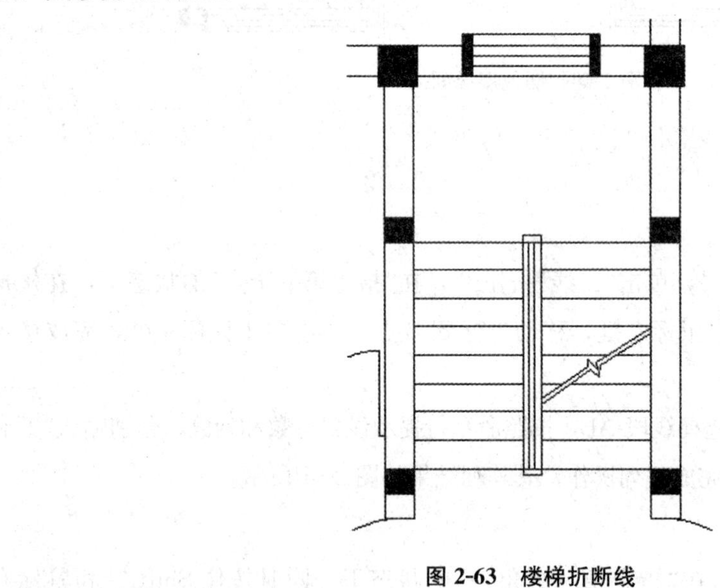

图 2-63　楼梯折断线

(2)再次使用“多段线”命令，依照提示在踏步中点位置处指定起点，在“指定下一个点”的状态下移动光标到合适位置，单击鼠标左键绘制转折线；再次在“指定下一个点”的状态下，选择“宽度”选项，将起点宽度设为 60，将终点宽度设为 0，向下移动光标到合适位置，单击鼠标左键，然后单击鼠标右键完成楼梯方向箭头的绘制。同理，绘制出向上的箭头，其绘制结果如图 2-64 所示。

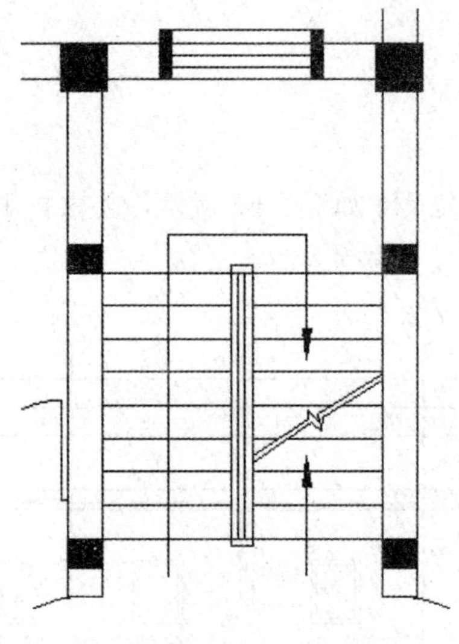

图 2-64　绘制方向箭头

五、平面图镜像

(1)利用“镜像”命令复制出图形的另一半，并对图形的细部进行修改，其镜像结果如图 2-65 所示。

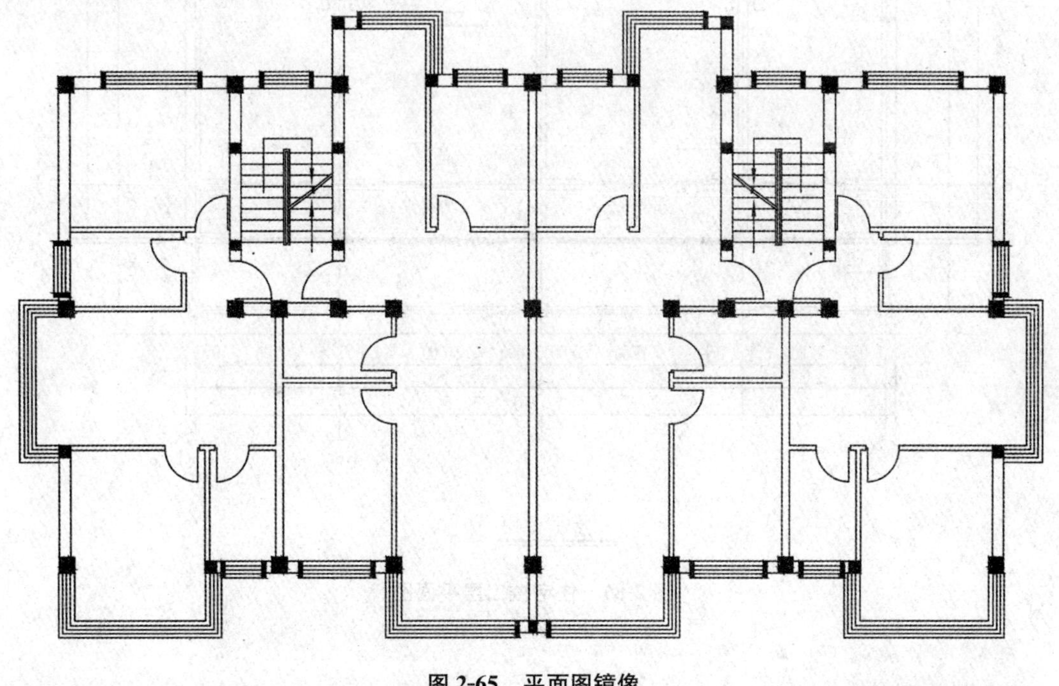

图 2-65　平面图镜像

(2)单击“保存”按钮，完成图形文件的保存。

能力训练

绘制住宅楼二层平面图，其尺寸如图 2-66 所示，要求按 1∶1 的比例绘制。

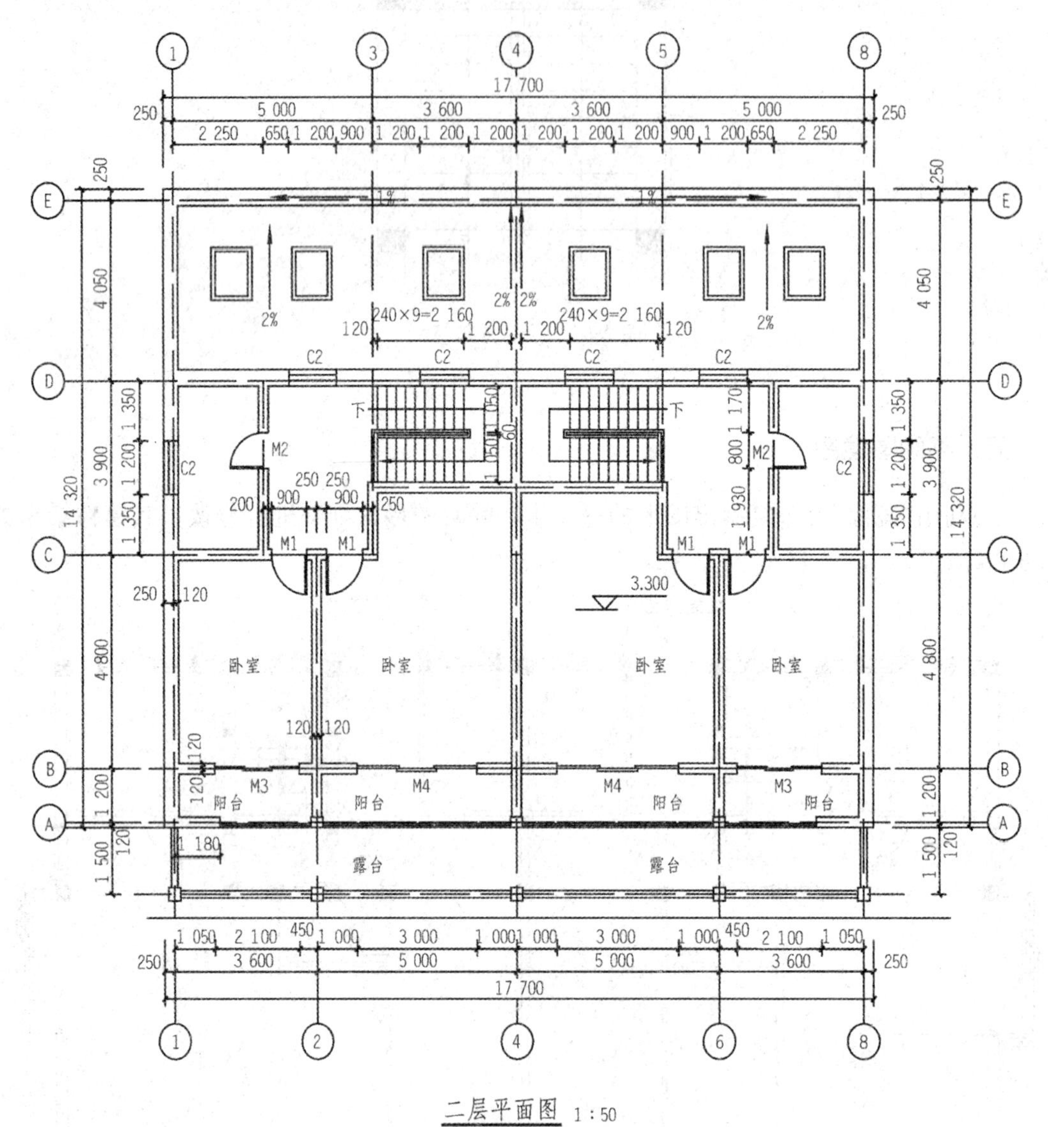

图 2-66 住宅楼二层平面图

任务三　住宅楼平面图标注

任务描述

对任务二中画好的住宅楼平面图进行说明文字、标高、尺寸的标注，完成图 2-67 所示的住宅楼建筑平面图，要求绘图比例为 1∶100。

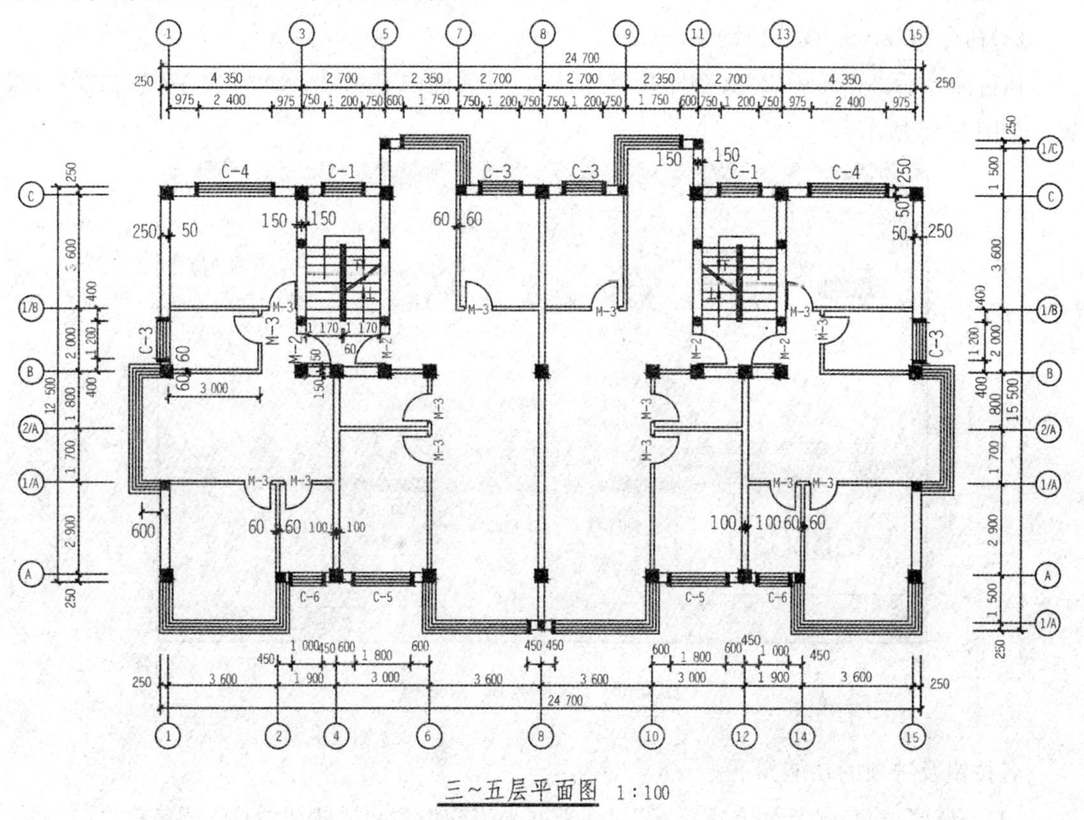

图 2-67　住宅楼三～五层平面图

任务分析

本任务学习建筑平面图的标注。

相关知识

一、文本标注

在实际绘图时，常常需要在图形中增加一些注释性的说明，把文字和图形结合在一起来表达完整的设计思想，因此，文字对象是 AutoCAD 图形中很重要的元素。在一个完整的图样中，通常都包含一些文字注释来标注图样中的一些非图形信息，例如建筑工程图中的技术要求、设计说明，工程制图中的材料说明和施工要求等。

AutoCAD 创建文字命令有两种，即单行文字(text)和多行文字(mtext)，无论是单行文字还是多行文字，使用之前应首先建立适当的“文字样式”。

1. 创建文字样式

执行文字样式的命令有以下两种：

(1)菜单“格式”→“文字样式”。

(2)命令行“style”或快捷键 ST。

执行命令后，系统弹出“文字样式”对话框，对话框内显示 Standard 文字样式的各项设置，如图 2-68 所示。

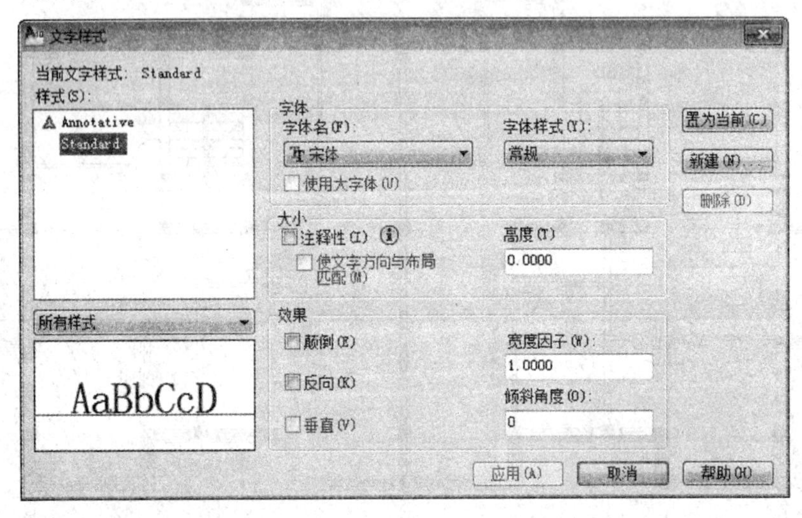

图 2-68 “文字样式”对话框

各按钮及选项的功能如下：

(1)“新建”：显示“新建文字样式”对话框并为当前设置自动提供“样式 1”名称。

(2)“重命名”：显示“重命名文字样式”对话框。

(3)“删除”：从列表中选择一个文字样式名，然后删除。

(4)“字体”：更改样式的字体。

(5)“字体名”：列出所有注册的 TrueType 字体和 Fonts 文件夹中翻译的形(SHX)字体。

(6)“字体样式”：指定字体的格式。选定“使用大字体”后，该选项变为“大字体”，用于选择大字体文件。

(7)“大小”：根据输入的值设置文字高度。

(8)“使用大字体”：只有在“字体名”中指定 SHX 文件，才能使用“大字体”。

(9)“效果”：修改字体的特性，如高度、宽度比例、倾斜角度以及是否颠倒显示、反向或垂直对齐。

【例 2-3】 创建样式名为“仿宋体”的文字样式。

设置过程如下：

(1)菜单“格式”→“文字样式”，打开“文字样式”对话框，如图 2-68 所示。

(2)单击“新建”按钮，弹出“新建文字样式”对话框，如图 2-69 所示。

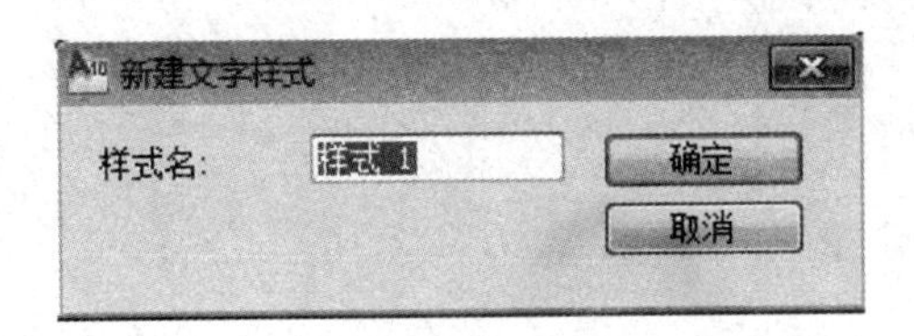

图 2-69 “新建文字样式”对话框

(3)输入样式名称“仿宋体”，单击“确定”按钮回到“文字样式”对话框，在“字体”下拉列表中选择“仿宋”，“高度”为 0，“宽度因子”改为 0.7。

(4)单击“应用”按钮，关闭对话框，完成字体样式的创建，最后结果如图 2-70 所示。

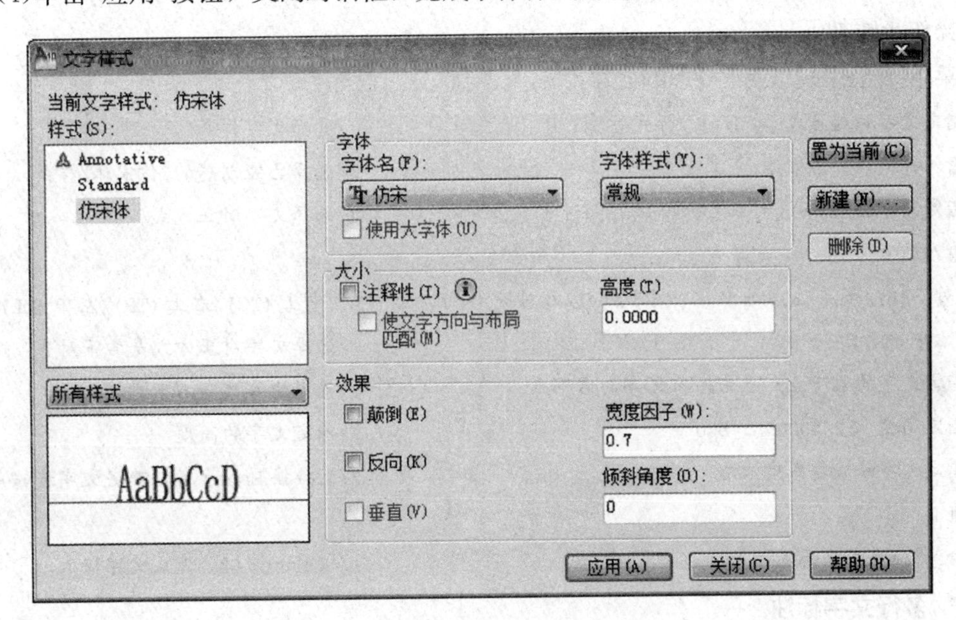

图 2-70 新建“仿宋体”文字样式

说明：如果文字样式的文字高度值不为 0，而是一个指定的值，当用这个样式输入文字时，对文字高度不能进行修改。所以，在设定文字样式时，保持文字样式高度为 0，使用这个文字样式输入文字时，AutoCAD 系统要求在命令窗口给出文字高度。

2. 单行文字标注

执行单行文字输入命令的方法有以下两种：

(1)菜单“绘图”→“文字”→“单行文字”。

(2)命令行“dtext”或快捷键 DT。

命令选项功能如下：

(1)对正(J)。设置单行文字的对齐方式。常用的对齐方式有以下几种：

1)左上对齐(TL)。

2)左中对齐(BL)。

3)左下对齐(ML)。

4)右上对齐(TR)。

5)右中对齐(MR)。

6)右下对齐(BR)。

7)中上对齐(TC)。

8)中间对齐(M)。

9)中下对齐(BC)。

(2)样式(S)。在输入文字时，AutoCAD使用默认样式。如果当前文字样式不是需要的样式，输入“S”，命令行提示“输入样式名:”，从键盘输入需要的文字样式名。

【例2-4】 输入文字“标准层平面图”，要求字高为500，文字右下对齐。

操作步骤如下：

菜单“绘图”→“文字”→“单行文字”。

指定文字的起点或[对正(J)/样式(S)]: s　　　　//选择文字样式

输入样式名: 仿宋体　　　　//选择已经创建的“仿宋体”样式

指定文字的起点或[对正(J)/样式(S)]: j　　　　//选择文字对正方式

输入选项

[对齐(A)/布满(F)/居中(C)/中间(M)/右对齐(R)/左上(TL)/中上(TC)/右上(TR)/左中(ML)/正中(MC)/右中(MR)/左下(BL)/中下(BC)/右下(BR)]: br　　　　//选择文字对正方式是右下对齐

指定文字的右下点: 点击输入文字的右下点　　　　//确定输入文字右下对起点

指定高度＜2.5000＞: 500　　　　//确定文字的高度

指定文字的旋转角度＜0＞:　　　　//直接按Enter键，确定文字旋转角度取默认值0

输入“标准层平面图”　　　　//按Enter键，完成文字输入

3. 多行文字标注

使用“text”命令可以形成多行文字，但这样形成的多行文字不是一个整体对象，而是多个独立对象(单行文字)的组合，不能自动换行，因此不能保证正确的边距。用“mtext”命令形成的多行文字解决了此问题，而且相比较单行文本来说提供了更多的格式选项。整个多行文本段落是一个整体对象。

执行“多行文字输入”命令的方法有以下三种：

(1)菜单“绘图”→“文字”→“多行文字”。

(2)“绘图”工具栏**A**。

(3)命令行“ddtext”或快捷键ED。

执行命令后，在提示下用鼠标拖动屏幕光标指定对角点，弹出图2-71所示的对话框，在文字输入区进行文字的输入和编辑，单击“确定”按钮，完成多行文字的输入。

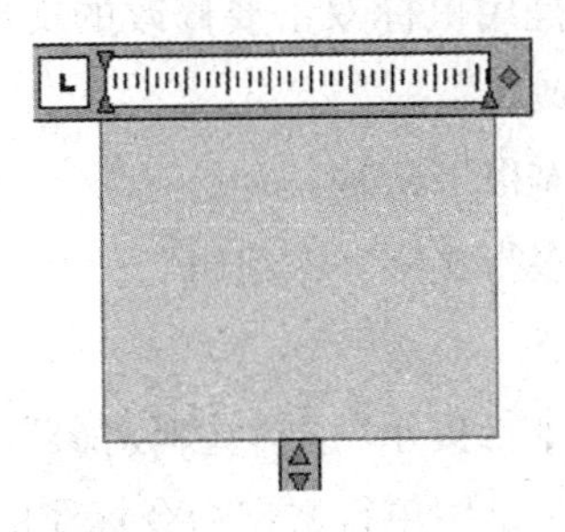

图 2-71　多行文字的输入

4. 特殊字符标注

在绘制工程图的过程中需要标注一些特殊字符，如直径符号“ϕ”、标高符号“＋”等，其不能用键盘直接输入，用户可以单击图 2-71 中的@▾按钮，显示下一级子菜单，如图 2-72 所示。其中列出了一些常用的符号及其代码，如度数、直径符号“ϕ”、标高符号“±”等，单击即可插入。在该菜单中，单击“其他”将弹出图 2-73 所示的“字符映射表”对话框，其中包含了系统中每种字体的整个字符集。从“字符映射表”中选择要插入的字符，单击“选择”按钮后，再单击“复制”将此符号复制到剪贴板上，然后将光标定位到“多行文字”输入区，粘贴即可。

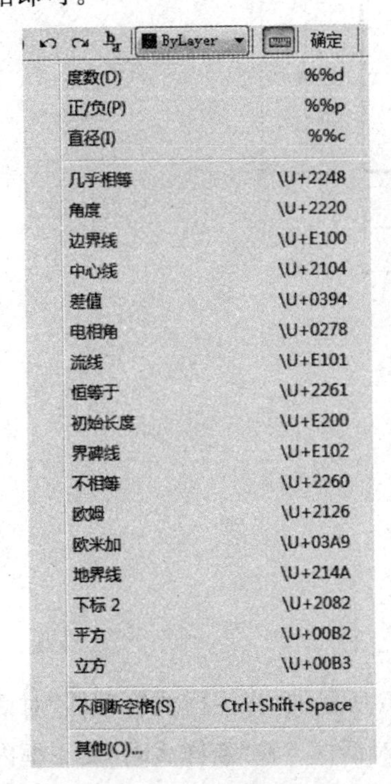

图 2-72　特殊字符

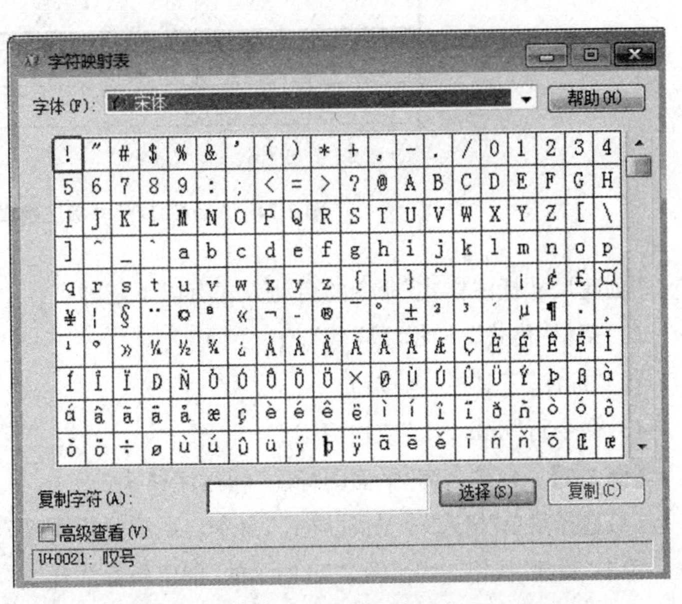

图 2-73　字符映射表

5. 文字编辑

对创建好的文字，可以像对其他对象一样进行修改，可以复制、移动、删除，可以在“特性”选项板中修改文字特性。

修改文本内容较快捷的方式是用鼠标双击要修改的文本，完成后会出现单行或多行文本编辑状态，可根据需要完成修改。

“文字编辑”命令的启动方式有以下两种：

(1)菜单“修改”→“对象”→“多行文字”→“编辑”。

(2)命令行“ddedit”。

执行“文字编辑”命令后，命令行提示“选择注释对象”，光标变为拾取框，用拾取框选择需要编辑的文字，如果所选文字是用单行文字命令标注的，AutoCAD 会弹出“编辑文字”对话框，并在编辑框中显示已有的文字内容以供修改。如果所选文字是用多行文字命令标注的，AutoCAD 会弹出“多行文字编辑器”对话框，并显示已有的文字供用户编辑。

二、尺寸标注

尺寸标注是建筑施工图中不可缺少的组成部分。AutoCAD 提供了完整的尺寸标注。尺寸标注是按照一定的样式进行标注的，因此，在标注前需要先创建尺寸标注样式。

1. 创建尺寸标注样式

尺寸标注样式包括尺寸线、尺寸界线、标注文字和尺寸起止符号，如图 2-74 所示。

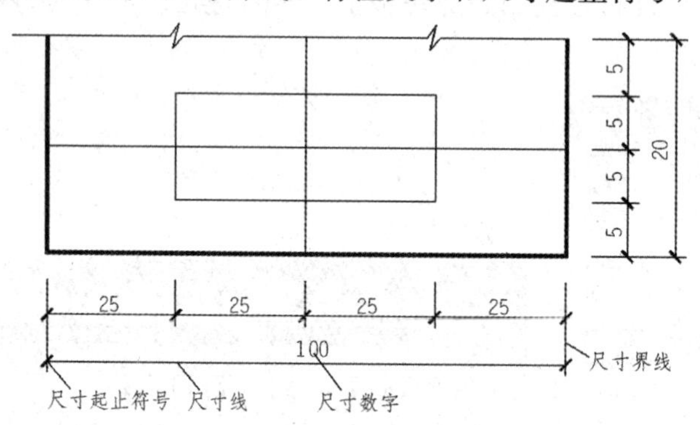

图 2-74 AutoCAD 尺寸标注组成

“创建尺寸标注样式”命令的启动方式有以下三种：

(1)菜单“格式”→“标注样式”。

(2)“标注”工具栏 按钮。

(3)命令行“dimstyle”或快捷键 D。

【例 2-5】 创建名为“平面图标注”的标注样式。

(1)选择菜单“格式”→“标注样式”命令，系统弹出图 2-75 所示的“标注样式管理器”对话框。单击“新建”按钮，弹出图 2-76 所示的“创建新标注样式”对话框。在“新样式名”文本框内输入新建的标注样式名“平面图标注”后，单击“继续”按钮，弹出图 2-77 所示的对话框。

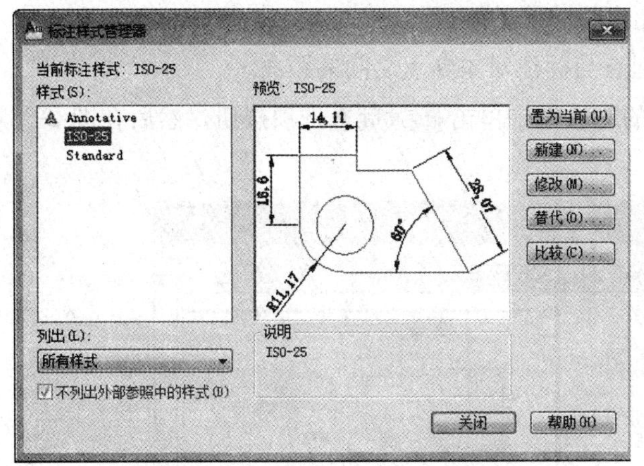

图 2-75 “标注样式管理器”对话框

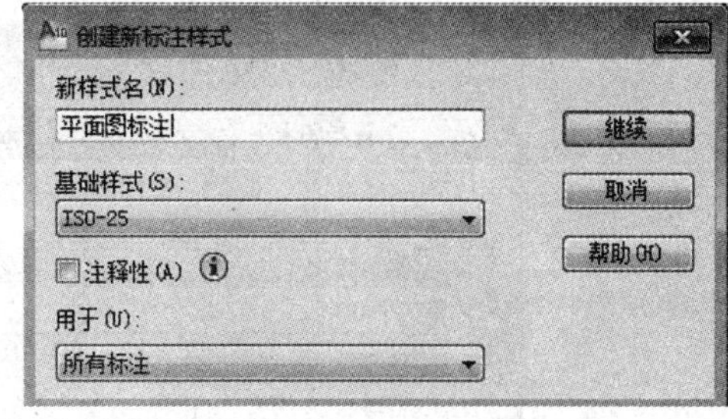

图 2-76 “创建新标注样式”对话框

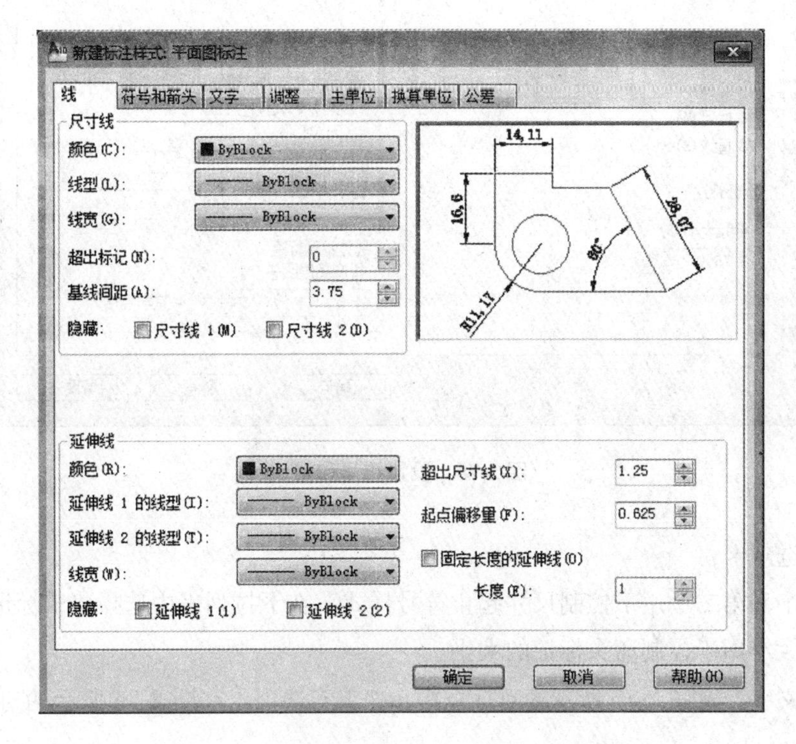

图 2-77 “新建标注样式：平面图标注”对话框

(2)设置具体的标注样式参数。

1)设置尺寸线和延伸线。在图 2-77 所示的对话框中单击线选项按钮，然后设置尺寸线和延伸线。

①“尺寸线”选项卡。

a. 尺寸线的颜色、线型、线宽一般选择随层，在哪个图层上进行标注就随哪个图层。

b. 基线间距用于限定“基线”标注命令标注的尺寸线离开基础尺寸标注的距离。

②“延伸线”选项卡。

a.“超出尺寸线”用于控制尺寸界线超出尺寸线的距离。

b.“起点偏移量”用于控制尺寸界线起点与标注对象断点之间的距离。

2)设置符号和箭头。在图 2-77 所示的对话框中单击符号和箭头选项按钮，然后在图 2-78 所示的对话框中设置符号和箭头。

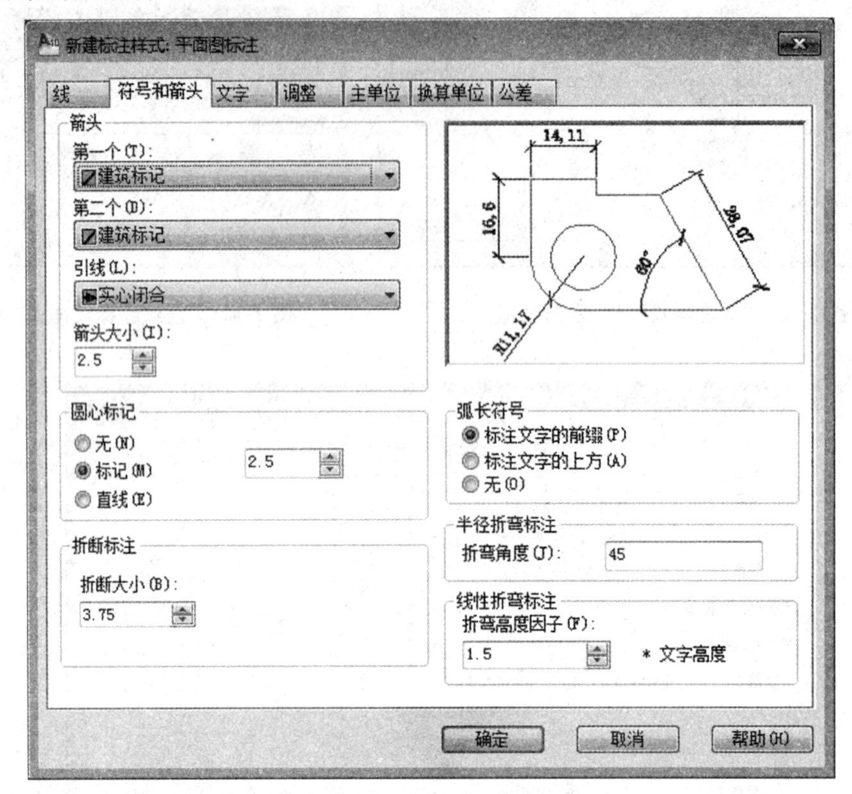

图 2-78　设置符号和箭头

“箭头”选项卡：

①第一个和第二个用于控制尺寸起止符号样式。在下拉列表中选择建筑标记。

②箭头大小用于控制箭头标记的大小。

3)设置文字。在图 2-77 所示的对话框中单击文字选项，在图 2-79 所示的对话框中设置文字。

①“文字外观”选项卡。

a. 文字样式应使用仅供尺寸标注的文字样式，可从下拉列表中选取已经设置好的文字样式。

b. 文字高度用于控制文字的高度。

②“文字位置”选项卡。

a. 垂直。下拉列表有 4 个选项，控制垂直方向标注的尺寸文字相对于尺寸线的位置。

b. 水平。下拉列表有 5 个选项，控制水平方向标注的尺寸文字相对于尺寸线的位置。

③“文字对齐”选项卡。用来控制标注的尺寸文字相对于尺寸线的位置。

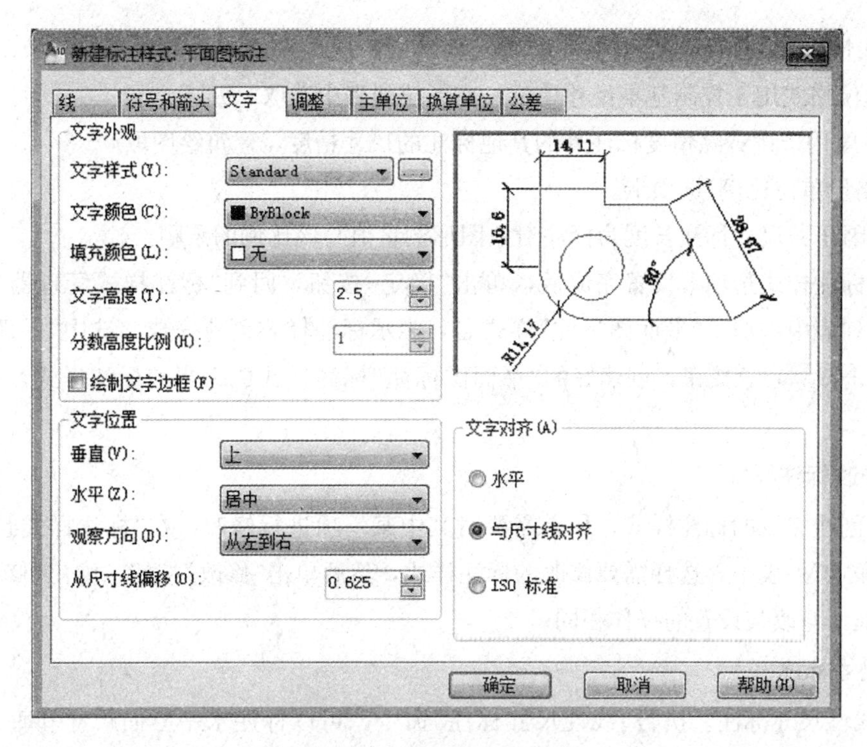

图 2-79　设置标注尺寸文字

4)设置主单位。在图 2-77 所示的对话框中单击主单位 选项按钮，弹出图 2-80 所示的对话框。此项用于设置单位格式、精度、比例因子等参数。

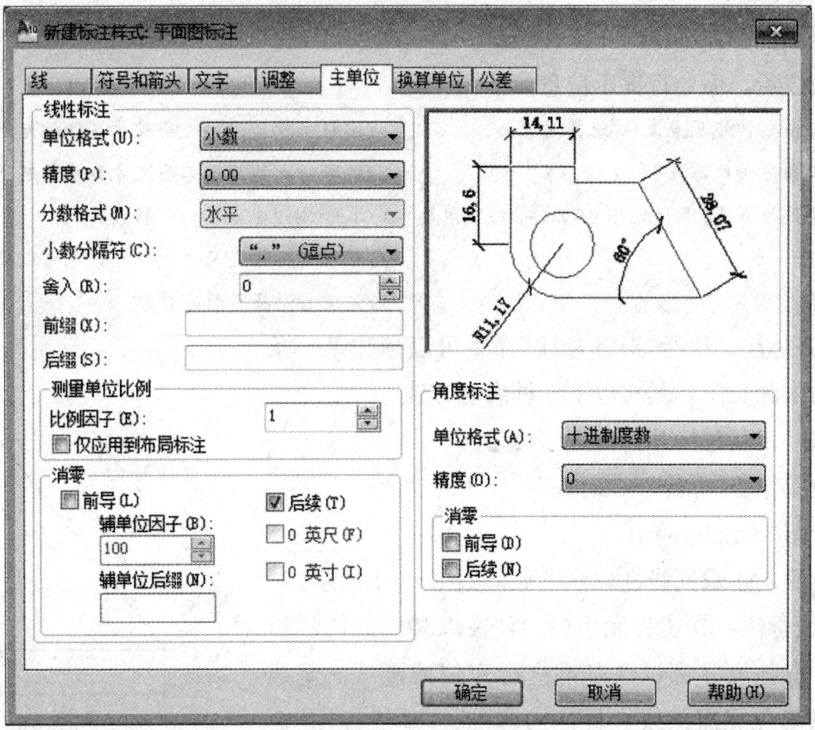

图 2-80　设置主单位

①“线性标注”选项卡。

a. 单位格式用于控制基本尺寸单位，在下拉列表中选取“小数”。

b. 精度用于设置除角度标注外的其他标注的尺寸精度，建筑绘图取 0。

②“测量单位比例”选项卡。

比例因子：尺寸标注长度为标注对象图形测量值与该比例的乘积。

所有标注样式选项卡设置完成后，单击“确定”按钮，回到“标注样式管理器”对话框。标注样式列表中添加了“平面图标注”样式名，表示标注样式创建完成。选中“平面图标注”样式，单击置为当前(U)按钮，创建好的“平面图标注”标注样式成为当前标注样式，然后关闭对话框。

2. 修改标注样式

已经创建完成的标注样式，如果需要对其中某一项进行修改，在“标注样式管理器”对话框的“样式”列表中，选择需要修改的标注样式，然后单击“修改”按钮，弹出“修改标注样式”对话框，修改与设置的操作相同。

3. 尺寸标注

(1)线性尺寸标注。执行“线性尺寸标注”命令，可以标注水平方向尺寸和垂直方向尺寸，其有以下三种启动方法：

1)“标注”工具栏→“线性标注”按钮。

2)下拉菜单：“标注”→“线性”。

3)命令行“dimlinear”。

操作步骤如下：

输入命令后，命令行提示信息如下：

```
指定第一条延伸线原点或 <选择对象>：          //选取一点作为第一条尺寸界线的起点
指定第二条延伸线原点：                       //选取一点作为第二条尺寸界线的起点
指定尺寸线位置或[多行文字(M)/文字(T)/角度(A)/水平(H)/垂直(V)/旋转(R)]：
                                             //移动光标指定尺寸线位置，也可以设置其他选项
标注文字：                                   //系统自动提示数字信息
```

(2)对齐标注。执行“对齐标注”命令可以标注某一条倾斜线段的实际长度，其有以下三种启动方法：

1)“标注”工具栏→“对齐标注”按钮。

2)下拉菜单：“标注”→“对齐”。

3)命令行“dimallgnead”。

对齐标注的步骤同线性标注类似，如图 2-81 所示。

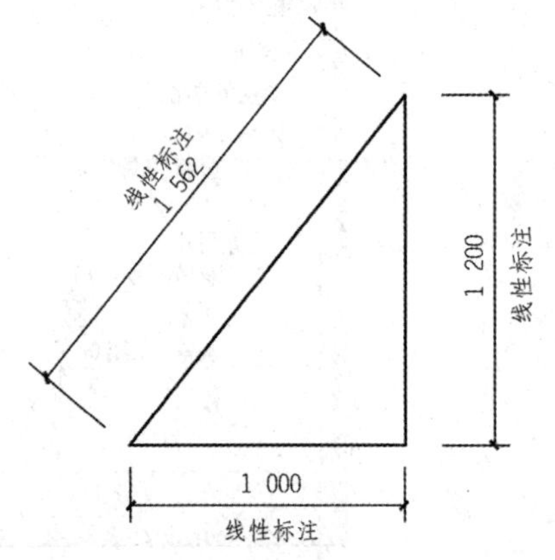

图 2-81　线性标注和对齐标注

(3)基线标注。在工程制图中，往往以某一面(或线)作为基准，其他尺寸都以该基准进行定位或画线。基线标注需要以事先完成的线性标注为基础。“基线标注”命令有以下三种启动方法。

1)“标注”工具栏→“基线”按钮。

2)下拉菜单“标注”→“基线”。

3)命令行“dimbaseline”。

操作步骤如下：

输入命令后，命令行提示信息如下：

指定第二条延伸线原点或[放弃(U)/选择(S)]＜选择＞： //选择第二条尺寸界线的起点

标注文字： //系统自动提示数字信息

继续提示指定第二条尺寸界线的起点，直到结束，如图 2-82 所示。

(4)连续标注。连续标注是首尾相连的多个标注，前一尺寸的第二尺寸界线就是后一个尺寸的第一尺寸界线。“连续标注”命令有以下三种启动方法：

1)“标注”工具栏→“连续”按钮。

2)下拉菜单“标注”→“连续”。

3)命令行“dimcontinue”。

操作步骤如下：

输入命令后，命令行提示信息与“基线标注”类似，其标注效果如图 2-83 所示。

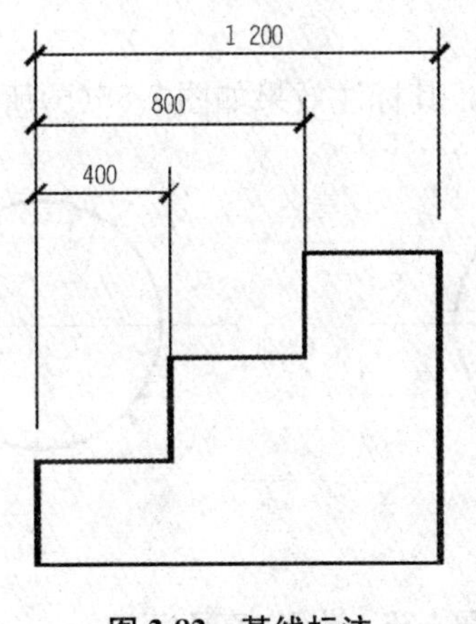

图 2-82　基线标注

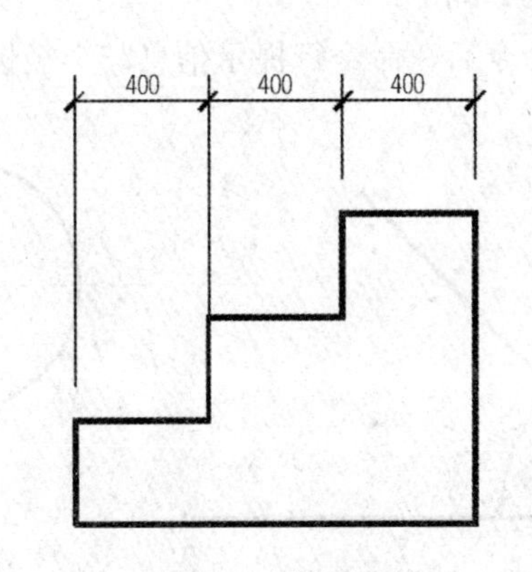

图 2-83　连续标注

(5)角度尺寸标注。“角度尺寸标注”命令有以下三种启动方法：

1)“标注”工具栏→“角度”按钮。

2)下拉菜单“标注”→“角度”。

3)命令行“dimangular”。

操作步骤如下：

输入命令后，命令行提示信息如下：

选择圆弧、圆、直线或＜指定顶点＞： //选择组成角的第一条边

选择第二条直线： //单击角的另一条边

指定标注弧线位置或[多行文字(M)/文字(T)/角度(A)/象限点(Q)]： //移动光标至合适位置单击鼠标

标注文字： //系统自动提示数字信息

标注效果如图 2-84 所示。

(6)半径标注。“半径标注”命令有以下三种启动方法：

1)“标注”工具栏→“半径”按钮⃠。

2)下拉菜单“标注”→“半径”。

3)命令行“dimradius”。

操作步骤如下：

输入命令后，命令行提示信息如下：

选择圆弧或圆： //选择要标注半径的圆或圆弧
指定尺寸线位置或[多行文字(M)/文字(T)/角度(A)]： //移动光标至合适位置
标注文字： //系统自动提示数字信息

标注效果如图 2-85(a)所示。

(7)直径标注。“直径标注”命令有以下三种启动方法：

1)“标注”工具栏→“直径”按钮⃠。

2)下拉菜单“标注”→“直径”。

3)命令行“dimdiameter”。

操作步骤如下：

输入命令后，命令行提示信息与半径标注类似，其标注效果如图 2-85(b)所示。

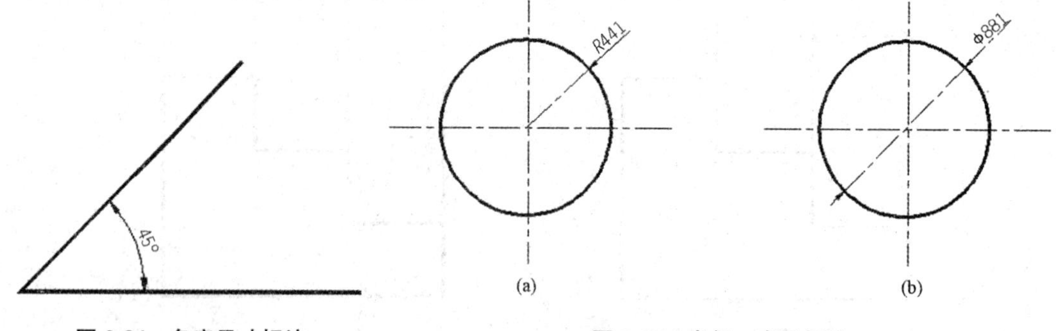

图 2-84　角度尺寸标注

图 2-85　半径、直径标注

(a)半径标注；(b)直径标注

任务实施

一、平面图尺寸标注

1. 尺寸标注样式的设定

(1)打开任务二中画好的住宅楼平面图。

(2)选择菜单“格式”→“标注样式”命令，系统弹出“标注样式管理器”对话框，单击“新建”按钮，弹出“创建新标注样式”对话框，给新建的标注样式取名“平面图标注”，单击“继续”按钮，弹出“新建标注样式”对话框，设置具体的标注样式参数。

(3)尺寸标注参数设置如图 2-86～图 2-89 所示。

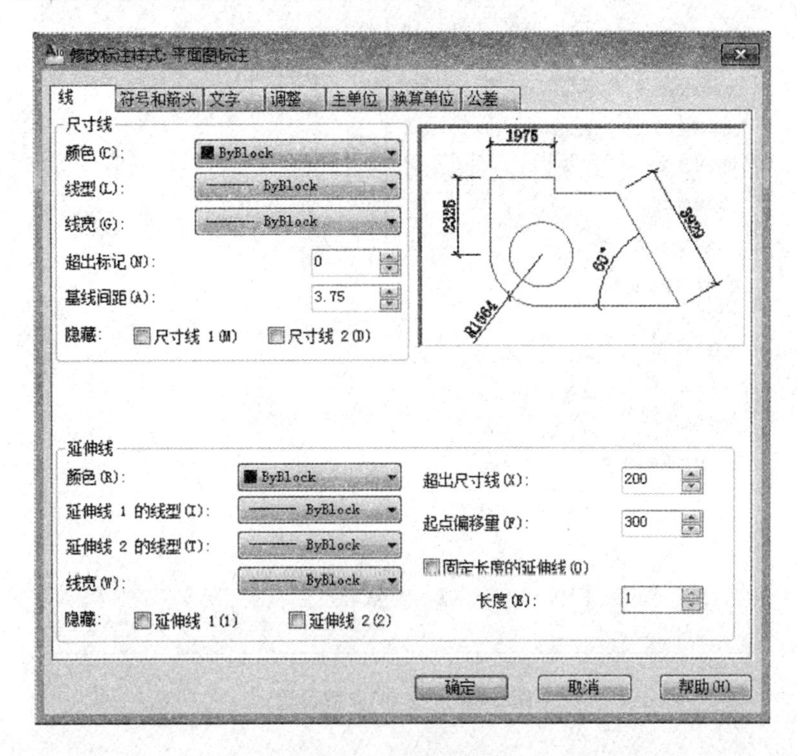

图 2-86 “线”参数设置

图 2-87 “符号和箭头”参数设置

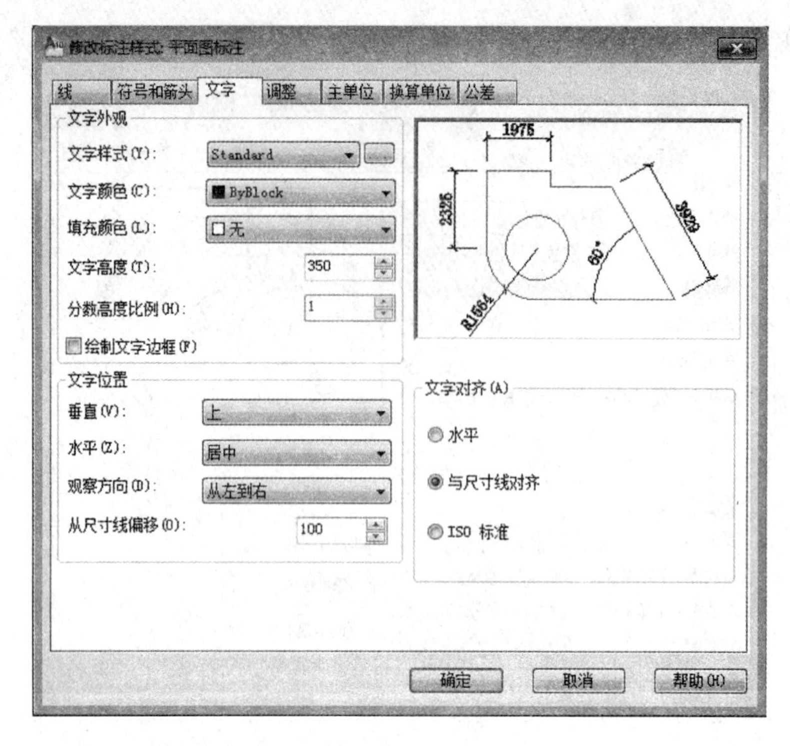

图 2-88 “文字”参数设置

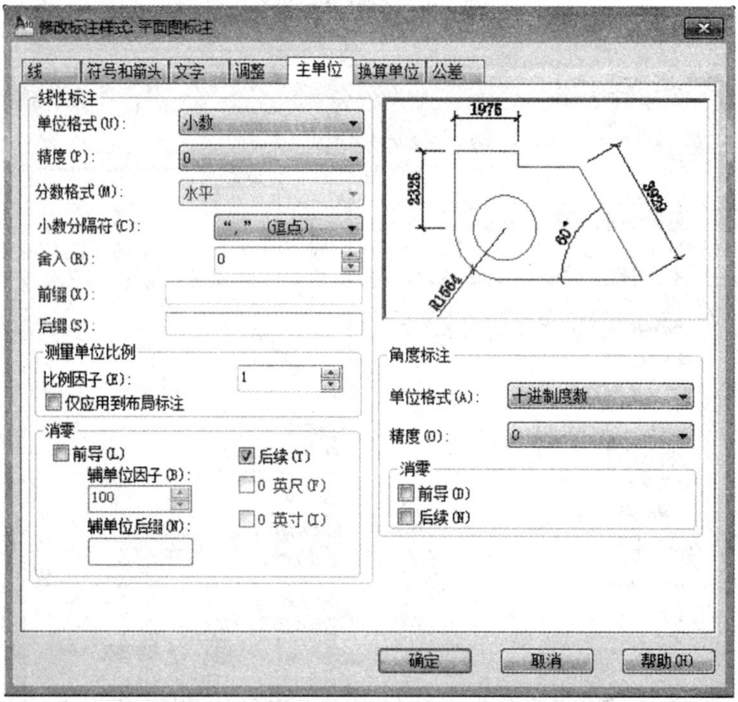

图 2-89 “主单位”参数设置

(4)单击“确定”按钮，返回“标注样式管理器”对话框，单击“关闭”按钮，关闭“标注样式管理器”对话框，完成尺寸标注样式的设置。

2. 平面图标注

(1)将“平面图标注”样式设置为当前，单击“标注”工具栏上的“快速标注”按钮，使用交叉窗口选择方式选择图形上方所有轴线后，向上移动光标到合适位置单击鼠标左键，标注第一道尺寸。

(2)再次执行“快速标注”命令，标注第二道尺寸，其效果如图 2-90 所示。

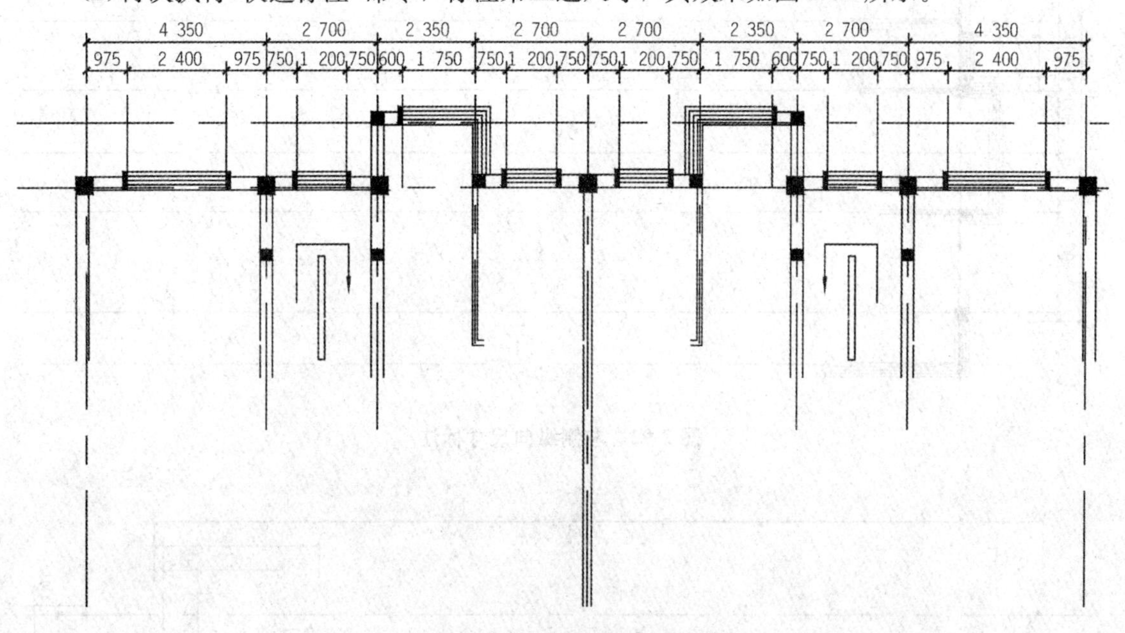

图 2-90　图形上方尺寸标注

(3)执行“线性标注”命令，标注轴线①和外墙外边线的距离、轴线⑮与外墙外边线的距离及横向总尺寸，其效果如图 2-91 所示。

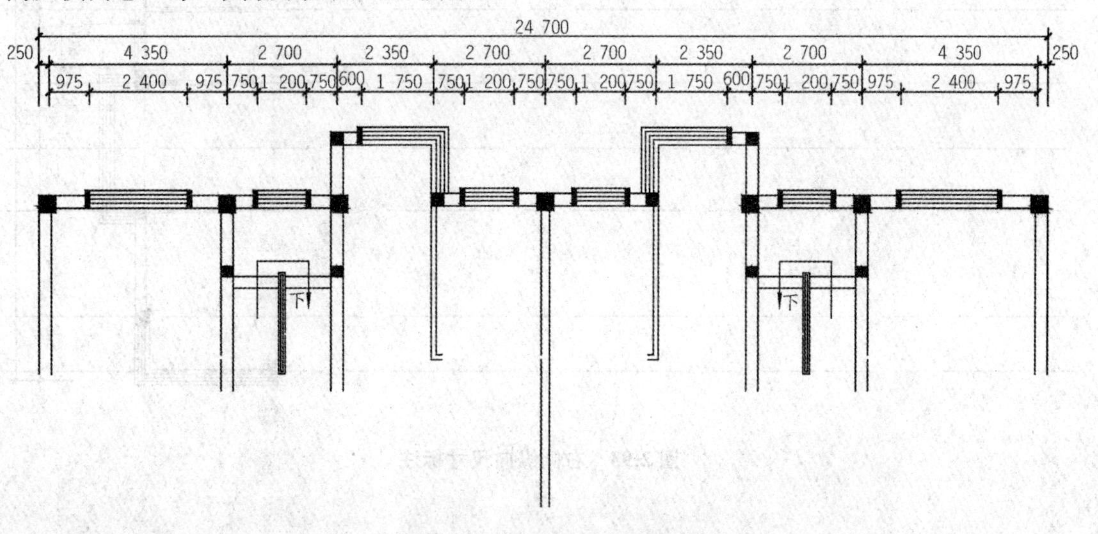

图 2-91　横向总尺寸标注

(4)用同样的方法标注平面图左侧和右侧的尺寸，其结果如图 2-92 和图 2-93 所示。

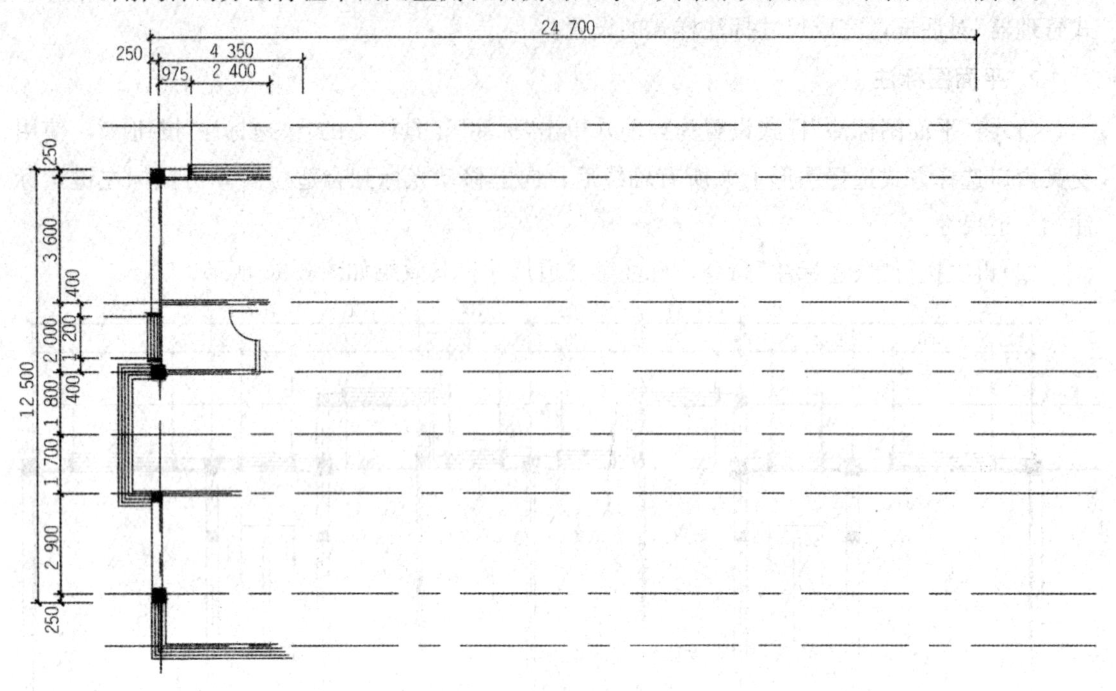

图 2-92　左侧纵向尺寸标注

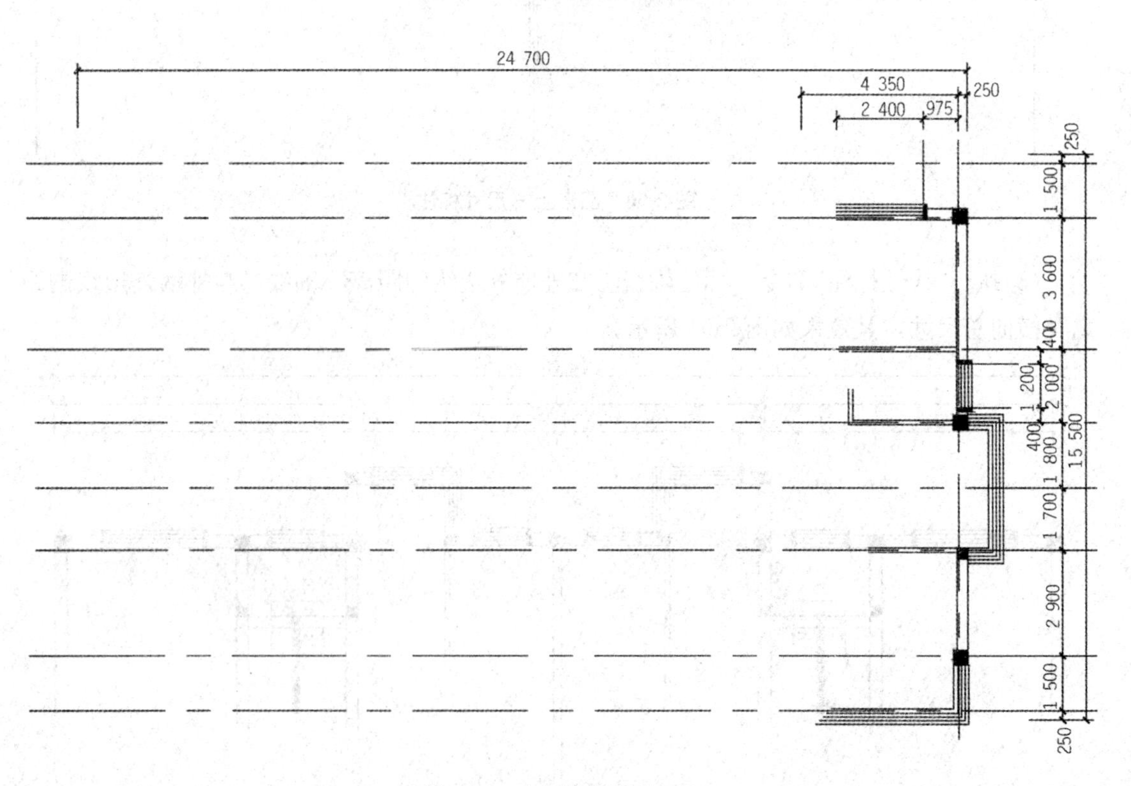

图 2-93　右侧纵向尺寸标注

(5)再次标注平面图下边的尺寸，其标注效果如图 2-94 所示。

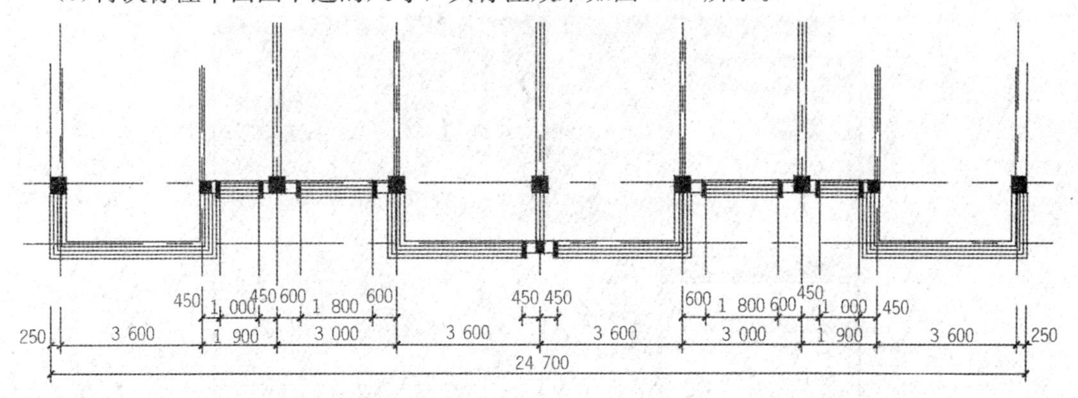

图 2-94　下方横向尺寸标注

(6)用同样的方法标注图形中的细部尺寸，其标注效果如图 2-95 所示。

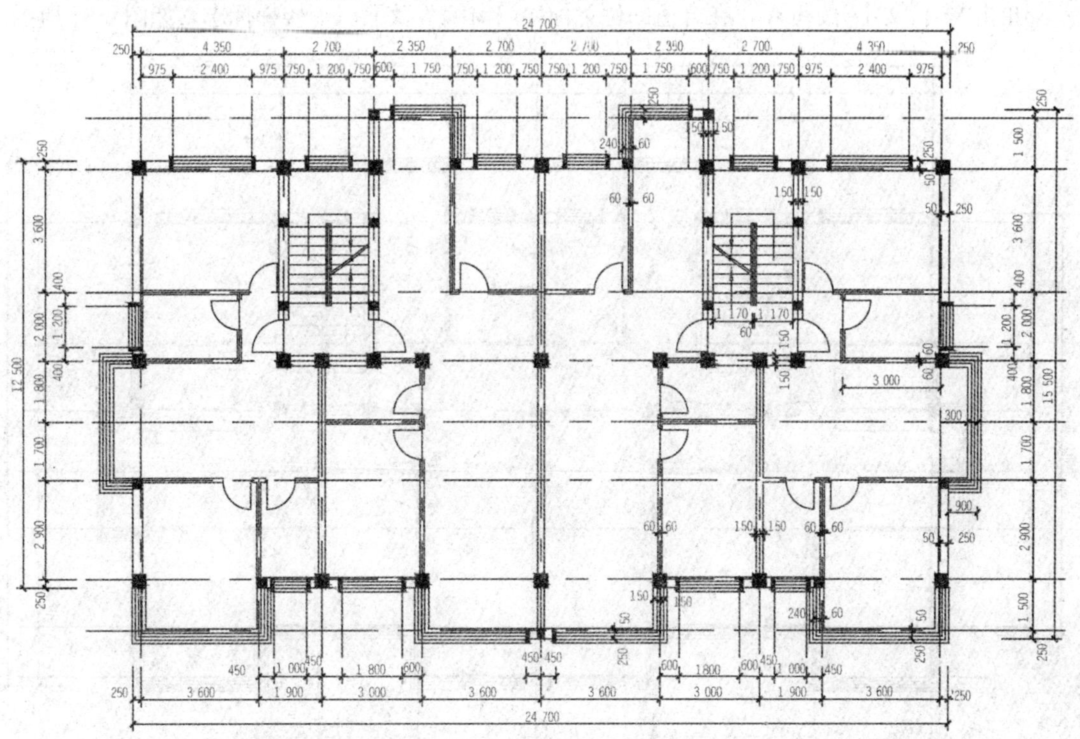

图 2-95　标注细部尺寸

二、平面图文字说明标注

1. 文字样式的设定

执行“格式”→“文字样式”命令，系统弹出“文字样式”对话框，单击“新建”按钮，弹出“新建文字样式”对话框，定义样式名为“图内说明”，在“字体”下拉框中选择字体“tssdeng. shx”，在“高度”文本框中输入“350”，在“宽度因子”文本框中输入“0.7”，单击

“应用”按钮，完成该文字样式的设置，如图 2-96 所示。

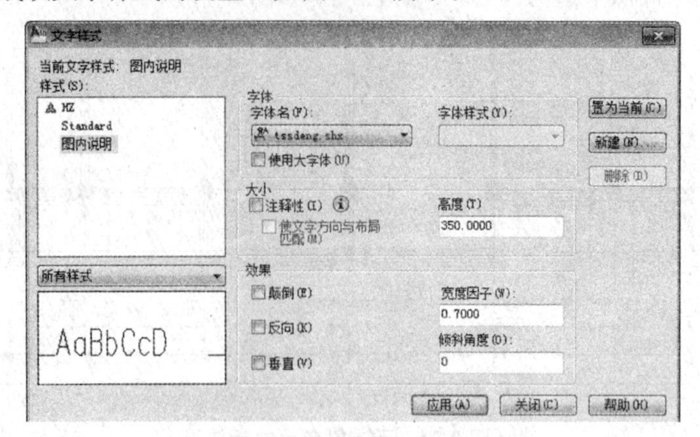

图 2-96 “文字样式”对话框

2. 标注文字

单击“多行文字”按钮A，在合适的位置标注门窗编号及上、下楼梯标志，如图 2-97 所示。

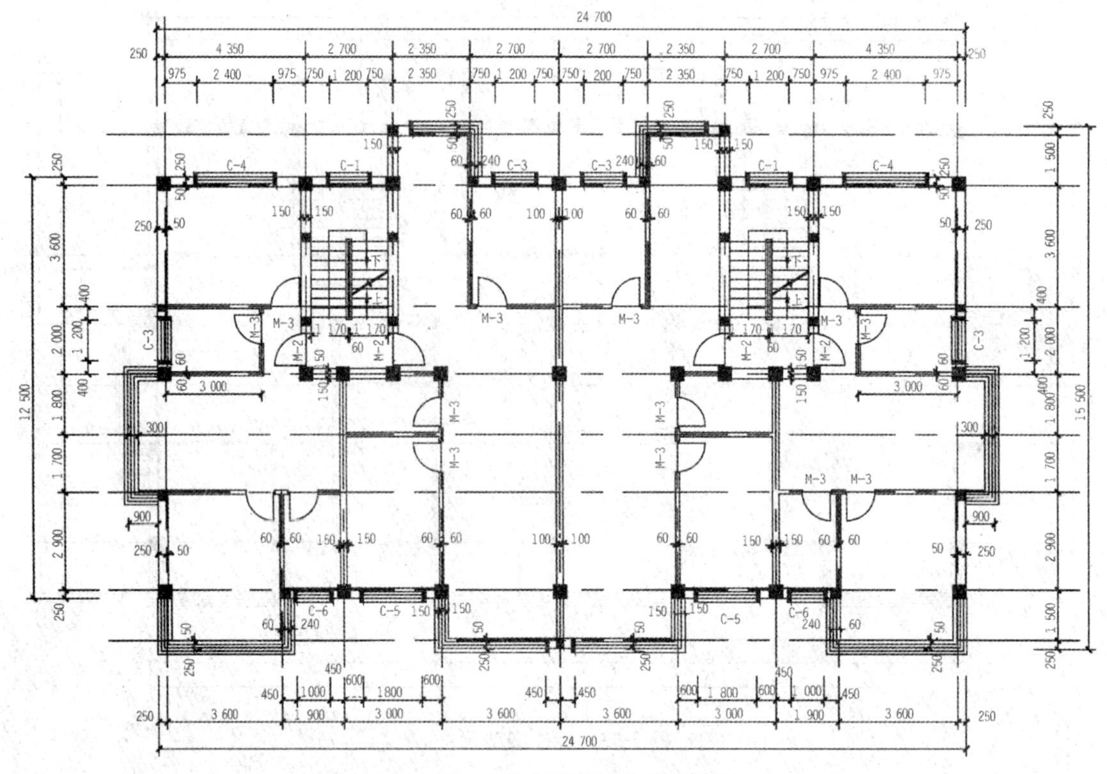

图 2-97 标注门窗编号及上下楼梯标志

三、轴号及图名、比例标注

(1)执行“直线”命令，以第二道尺寸界线端点为起点绘制短直线，然后执行“圆”命令，在直线端点绘制半径为 400 的圆。

(2)单击“多行文字”按钮A，在圆内写上数字 1；使用复制命令把刚绘制的直线、圆、圆内数字一起复制到其他轴线端点，然后对圆内数字进行修改，其绘制结果如图 2-98 所示。

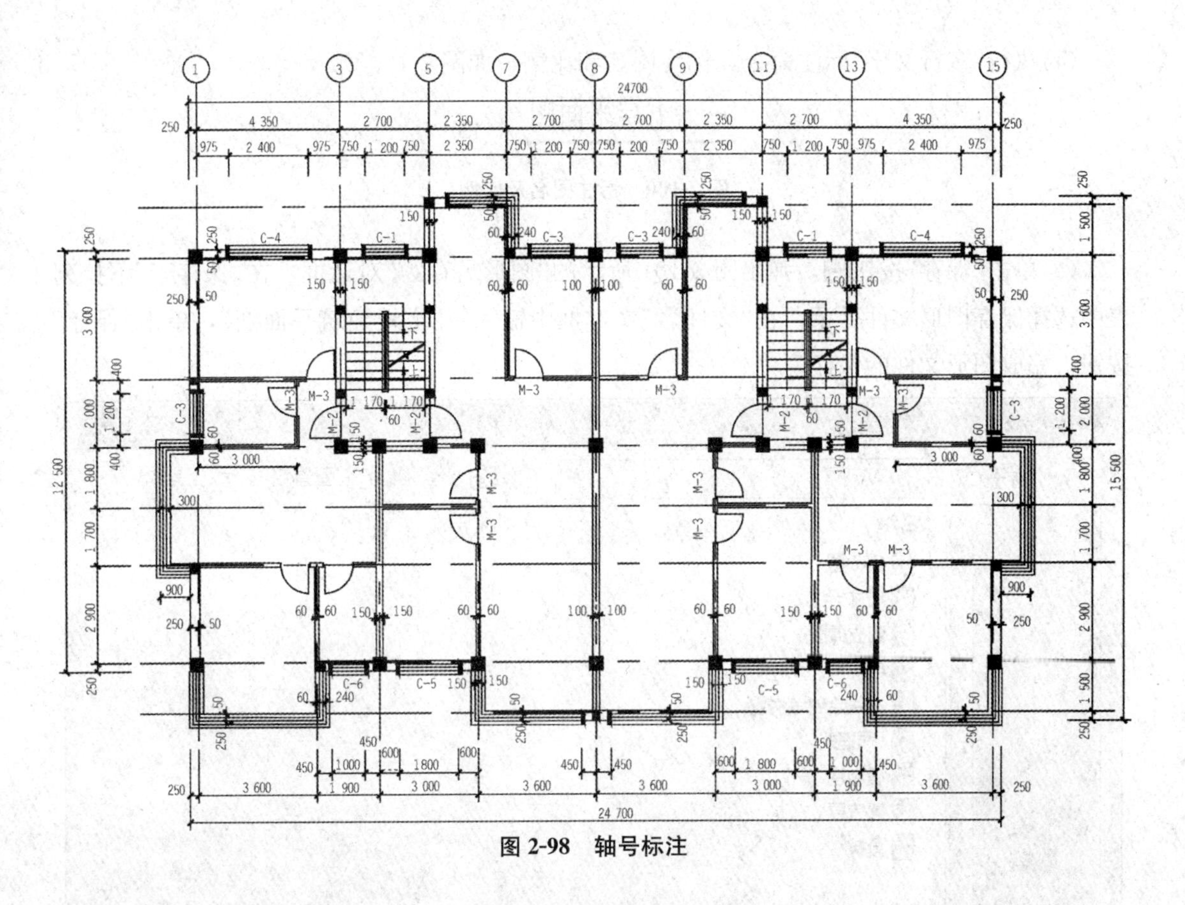

图 2-98　轴号标注

(3)执行“复制”“镜像”等命令，绘制出其他三个方向的轴号，其效果如图 2-99 所示。

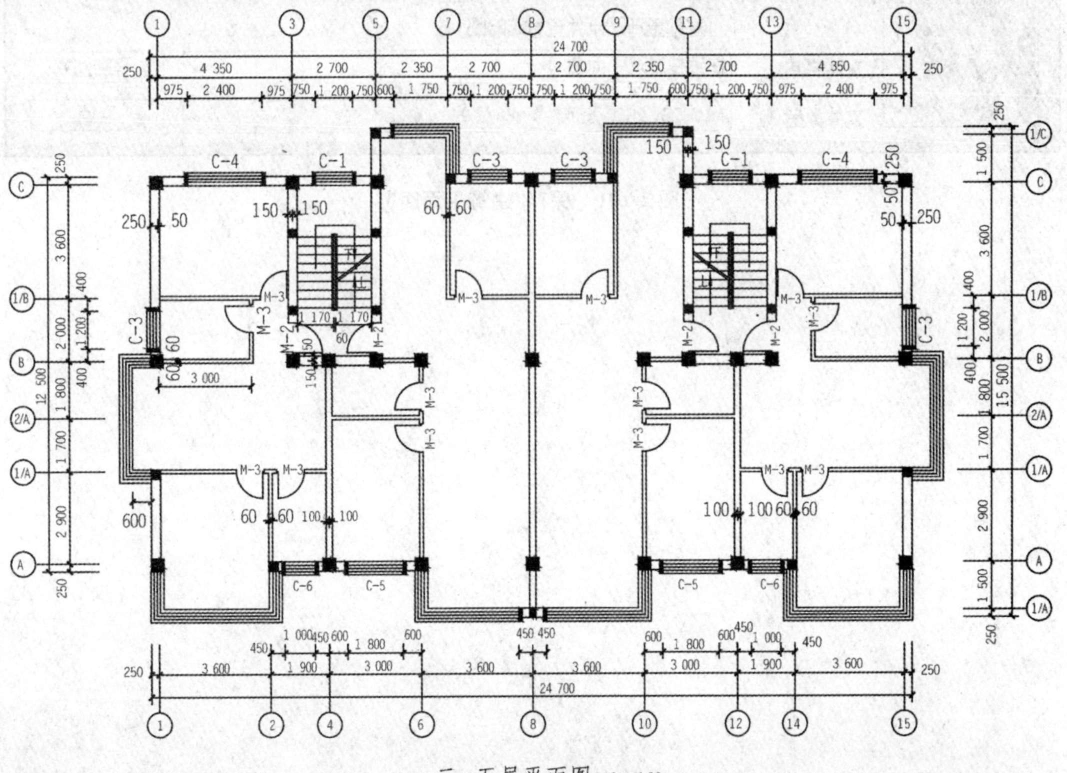

图 2-99　标注其他轴号

(4)执行“多行文字”标注命令，标注图名和比例，如图 2-100 所示。

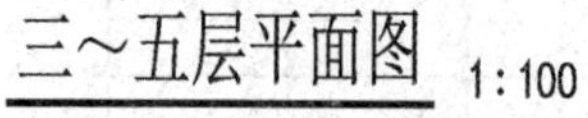

三~五层平面图 1:100

图 2-100　标注图名及比例

(5)单击“保存”按钮，弹出图 2-101 所示的“图形另存为”对话框，在“保存于”下拉列表中选择保存图形文件目录，在“文件名”文本框中输入“住宅楼建筑平面图”，单击“保存”按钮，完成图形文件的保存。

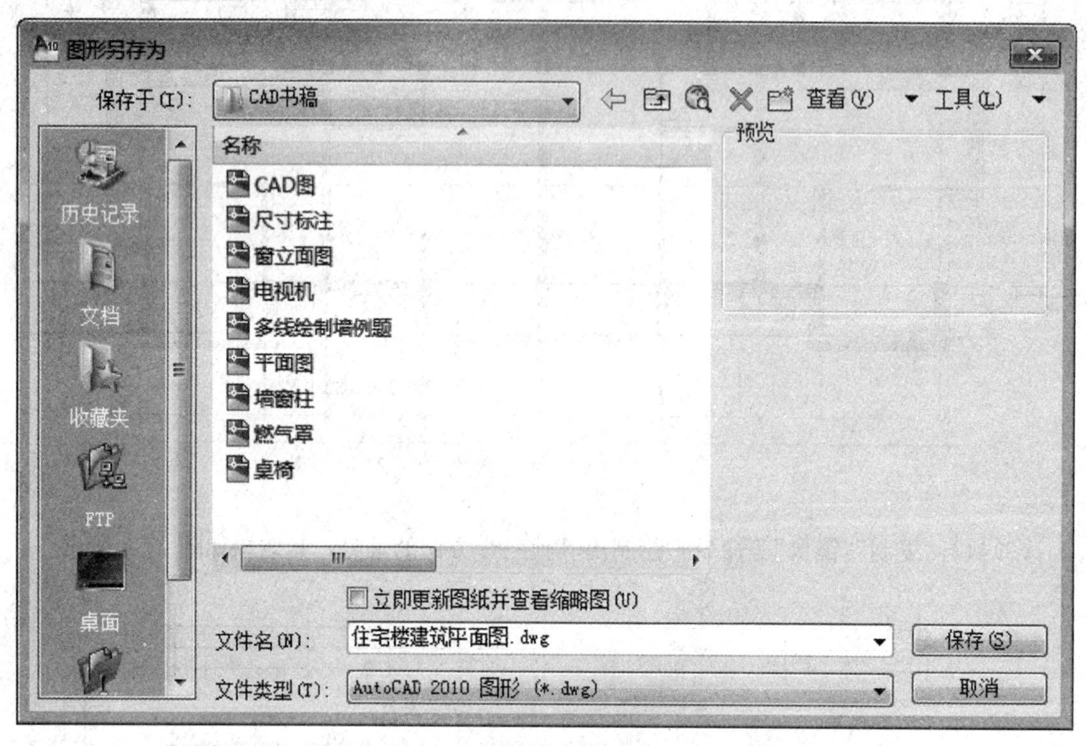

图 2-101　保存“建筑平面图”

能力训练

标注图 2-102 所示的住宅楼建筑平面图。

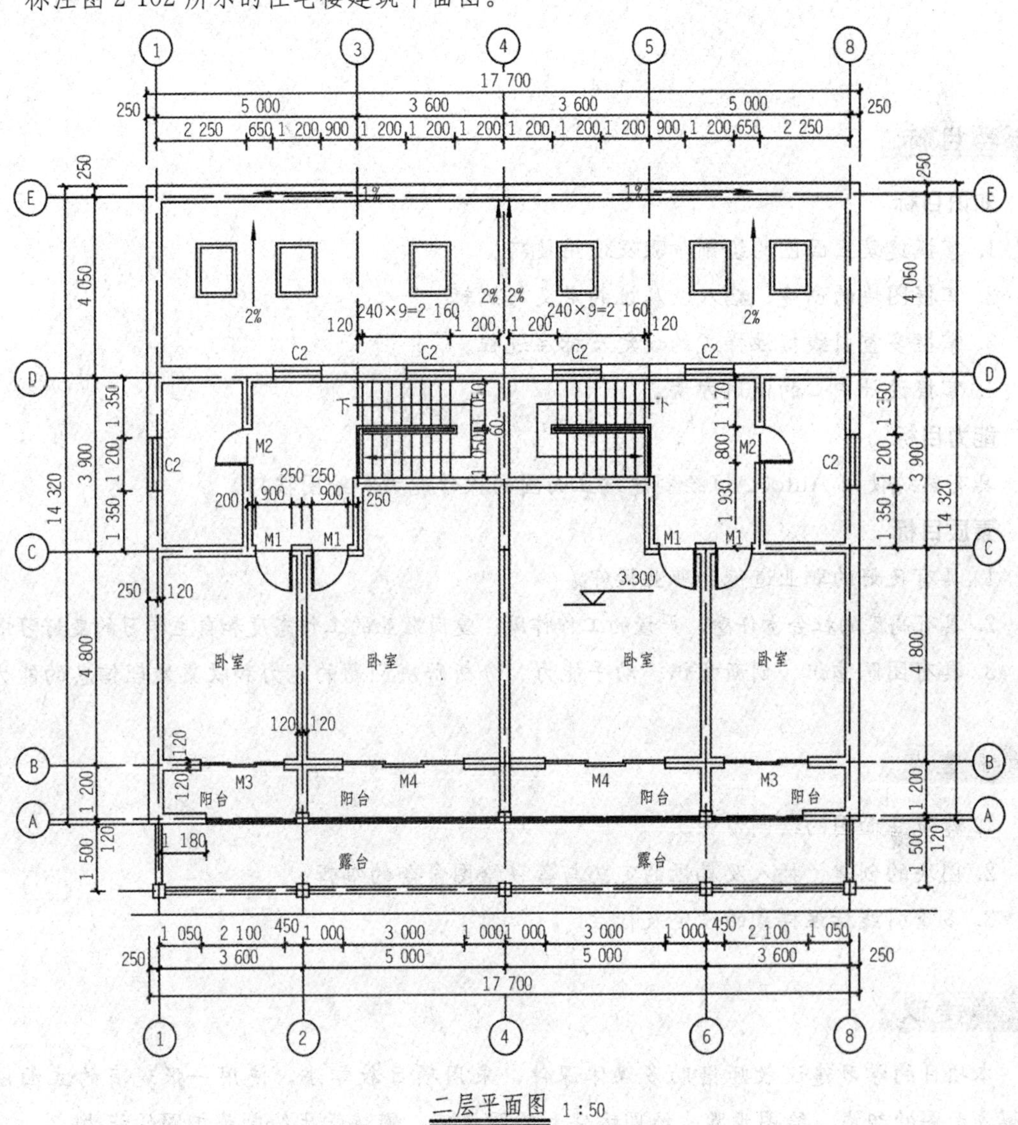

图 2-102 住宅楼建筑平面图

项目三　绘制建筑立面图

教学目标

知识目标

1. 掌握建筑立面图的绘制步骤及使用技巧。
2. 掌握图块的创建、插入及属性的定义与编辑。
3. 掌握多重引线标注样式的设定及标注过程。
4. 掌握设计中心的使用方法。

能力目标

具有熟练使用 AutoCAD 绘制建筑立面图的操作能力和绘图技巧。

素质目标

1. 具有良好的职业道德和职业操守。
2. 具有高度的社会责任感、严谨的工作作风、爱岗敬业的工作态度和自主学习的良好习惯。
3. 具有团队意识、创新意识、动手能力、分析解决问题的能力和收集处理信息的能力。

教学重点

1. 建筑立面图的绘制步骤。
2. 图块的创建、插入及属性的定义与各种绘图命令的编辑。
3. 多重引线标注样式的设定及标注。

教学建议

本项目的学习建议教师借助多媒体课件，采用项目教学法，使用一张现有的立面图，讲解立面图的组成、绘图步骤、绘图方法和绘图技巧，锻炼学生绘制施工图的能力。

任务一　绘制住宅楼建筑立面图

任务描述

在设置好的图幅为 A2(59 400×420 000)图纸上绘制图 3-1 所示的住宅楼正立面图，要求绘图比例为1∶1。

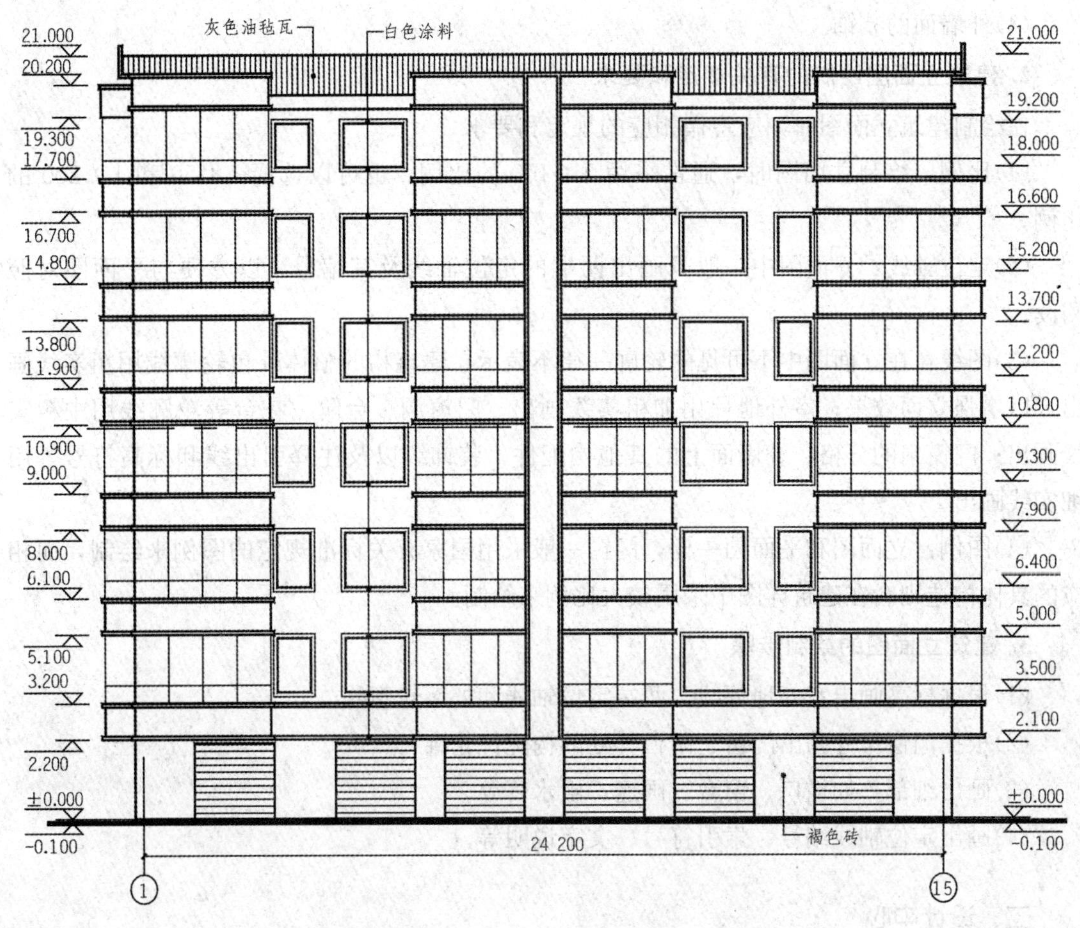

图3-1 住宅楼正立面图

任务分析

本任务学习建筑立面图的绘制过程及相关绘图与编辑命令的使用。

相关知识

一、建筑立面图概述

1. 建筑立面图的绘制内容

用户在绘制建筑立面图时，一般按照以下内容进行绘制和添加：

(1)建筑物外形可见的轮廓、门窗、台阶、雨篷、阳台、雨水管等的位置和形状。

(2)用文字说明建筑外墙、窗台、勒脚、檐口等墙面做法及饰面分格等。

(3)标注出建筑物两端或分段的轴线及编号。

(4)外墙面的装饰。

2. 建筑立面图绘制的有关规定和要求

在绘制建筑立面图时，应遵循相应的规定和要求。

(1)比例：绘制立面图时，通常采用 1∶100 的比例，也可以选择 1∶50 和 1∶200 的比例。

(2)定位轴线：立面图中一般只画出两端的定位轴线及其编号，以方便与平面图对照阅读。

(3)图线：在立面图中不可见的轮廓一律不表示。建筑物的整体外包轮廓线用粗实线画出，以增强立面效果；室外地坪用加粗实线画出；门窗洞、台阶、花台等轮廓线用中粗实线画出；门窗扇的分格、外墙面上的其他构配件、装饰线以及注释引出线和标高符号等用细实线画出。

(4)图例：立面图和平面图一样，门窗一般采用国家有关标准规定的图例来绘制，而相应的具体构造则会在建筑详图中采用较大比例来绘制。

3. 建筑立面图的绘制步骤

(1)根据标高画出室外地坪线、两端定位轴线和外墙轮廓线。

(2)根据门窗尺寸画出门窗、阳台等处的构配件轮廓。

(3)画出细部，如檐口、窗台、雨篷、雨水管等。

(4)画出定位轴线编号、索引符号、文字说明等。

二、设计中心

设计中心是一个与 Windows 资源管理器类似的管理图形的手段。可以将其他图形文件中的一些设置，例如图层、文字样式、标注样式、图块等拖动复制过来，提高绘图效率。

进入绘图中心的方式有两种：

(1)菜单“工具”→“选项板”→“设计中心”。

(2)命令行“adcenter”或快捷键 ADC。

命令启动后打开图 3-2 所示的“设计中心”对话框，单击文件列表中的图形文件，打开此图形文件的图层、文字样式、标注样式、图块等信息。可以将这些图形文件的附属信息复制到当前图形文件中。

例如，双击图 3-2 中控制面板中的，在图层控制面板中显示该图形文件中创建的所有图层，如图 3-3 所示，将鼠标放在需要的图层上，按住鼠标左键，将图层拖动到绘图区域，释放鼠标左键，将该图层拖动复制到当前图形文件中。

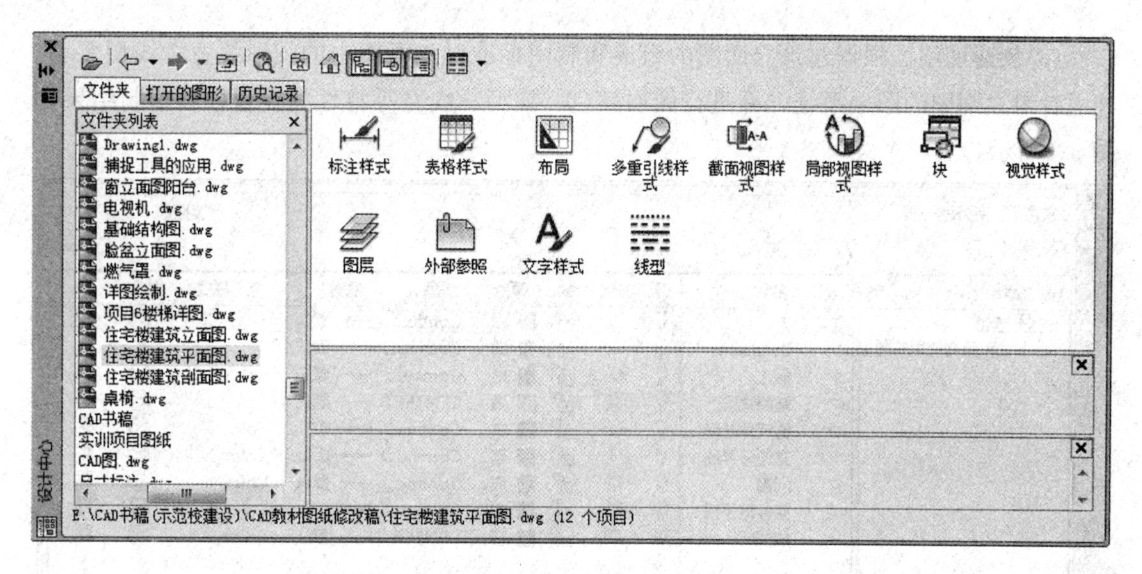

图 3-2 “设计中心”对话框

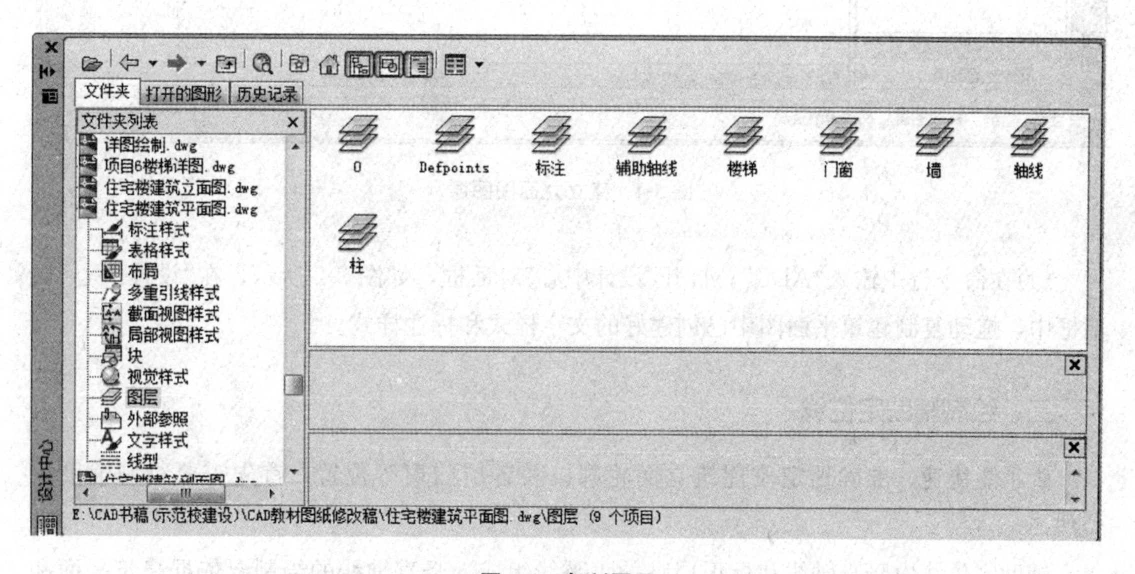

图 3-3 复制图层

任务实施

绘制住宅楼建筑立面图

一、设置绘图环境

(1)启动 AutoCAD 软件，单击工具栏上的“新建”按钮，打开“选择样板”对话框，然后选择“acadiso”作为新建的样板文件。

(2)选择“格式”→“图形界限”菜单命令，设定图形界限为 59 400×42 000，并将设置的图形界限设为显示器的工作界面。

(3)创建图层。根据建筑立面图的组成和制图标准对立面图中的图形线宽、线型要求，建立针对立面图的图层系统，并进行图层颜色、线型、线宽等特性的设置，其绘制结果如图 3-4 所示。

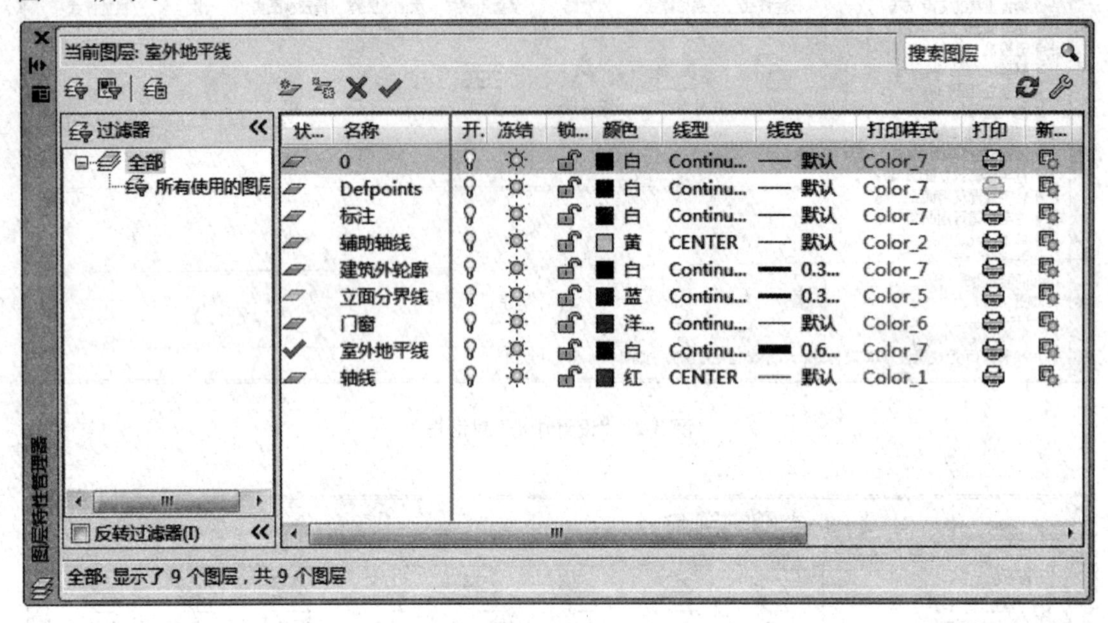

图 3-4　建立立面图图层

(4)在命令行中输入“ADC”，打开“设计中心”对话框，如图 3-2 所示，在“设计中心”对话框中，拖动复制建筑平面图中已创建好的文字样式和标注样式。

二、绘制辅助定位线

为了能快速、准确地定位建筑立面轮廓以及各层门窗等位置，首先需要绘制辅助定位线。

辅助定位线由竖直轴线和标识层高的水平线组成，竖直轴线的绘制要依据建筑平面和立面之间的投影关系，从建筑平面中选用。南立面和北立面与建筑平面的竖直轴线相同，侧立面的轴线与建筑平面的水平轴线相同。

(1)打开图形文件“住宅楼建筑平面图”。

(2)单击“图层”工具条的“图层控制”下拉框，关闭除“轴线”“标注”之外的所有图层，如图 3-5 所示。

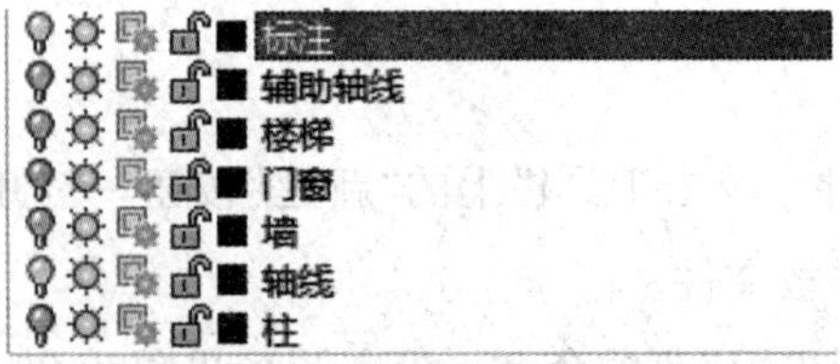

标注
辅助轴线
楼梯
门窗
墙
轴线
柱

图 3-5　图层关闭状态的设置

(3)选择“编辑”→“复制”菜单命令，依据提示选取编号为 1、2、4、6、8 的竖直轴线和轴号。

(4)关闭图形文件“住宅楼建筑平面图”，在图形文件“住宅楼建筑立面图”绘图区的任意位置单击鼠标右键，在弹出的快捷菜单中选择“粘贴”命令，然后选取插入点把图形复制到相应位置，如图 3-6 所示。

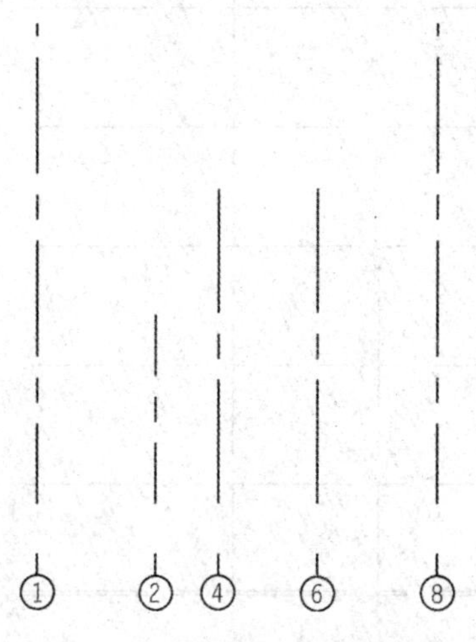

图 3-6　竖直轴线的复制

(5)单击“图层”工具条的“图层控制”下拉框，将“轴线”层设为当前层。

(6)打开“正交”模式，使用“直线”命令在图形窗口的下部绘制长度大约为 27 000 的水平轴线，如图 3-7 所示。

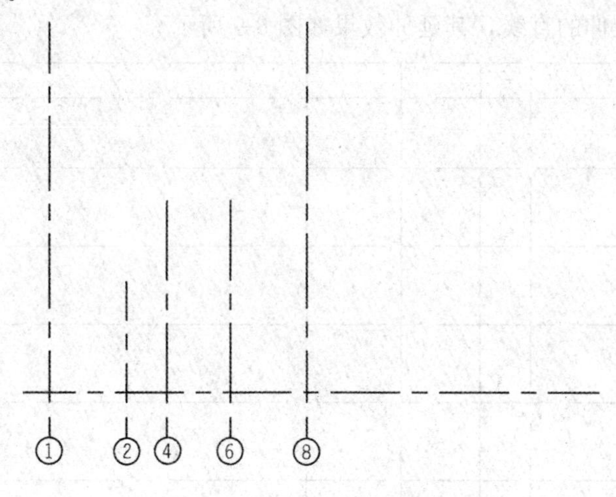

图 3-7　第一条水平轴线的绘制

(7)单击“修改”工具条上的“偏移”按钮，依照命令提示“输入偏移距离、选择要偏移的对象、单击给出偏移方向、按空格键结束偏移、再按空格键重复下一次偏移”，分别按照各层层高、屋顶高等主要轮廓线输入偏移距离 100、2 600、2 900、2 900、2 900、2 900、2 900、2 600、1 300，偏移其他水平辅助线，如图 3-8 所示。

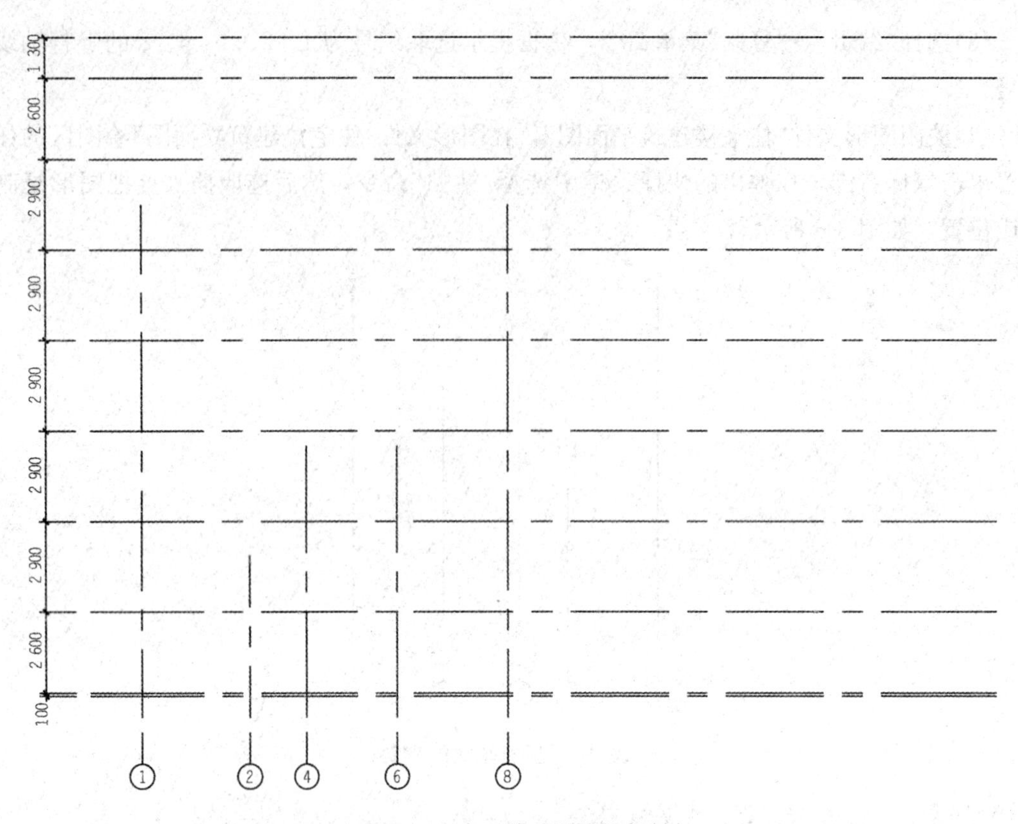

图 3-8 水平辅助线的偏移

(8)单击“修改”工具条上的“延伸”按钮--/，选择最上面的水平轴线为延伸边界，选择所有竖直轴线为要延伸的直线，其延伸效果如图 3-9 所示。

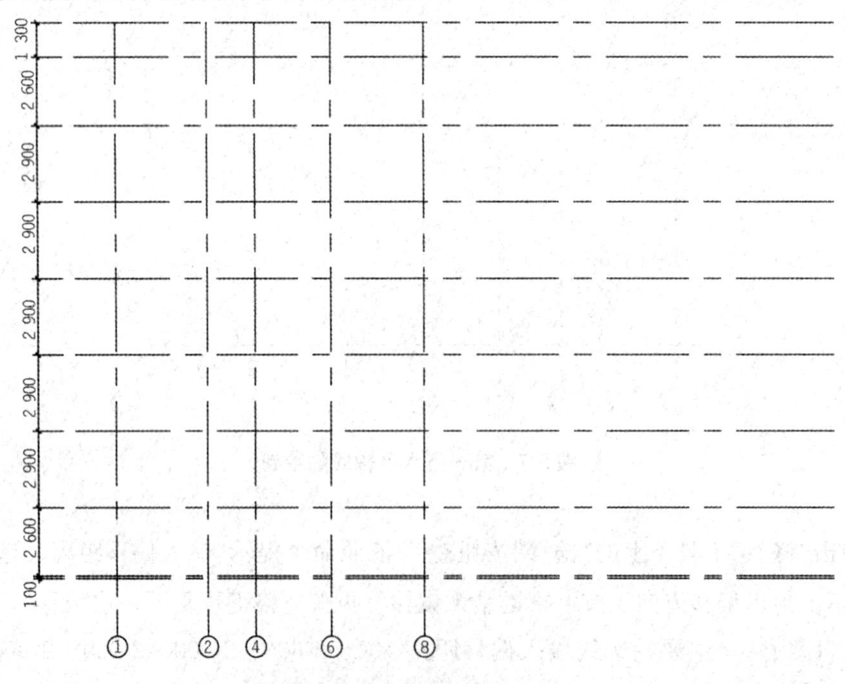

图 3-9 竖直辅助线的延伸

三、绘制地坪线

(1)单击“图层”工具条的“图层控制”下拉框，将“室外地坪线”层置为当前。

(2)单击“多段线”按钮，设置多段线线宽为40，捕捉最下端水平轴线的端点绘制室外地坪线，其绘制结果如图3-10所示。

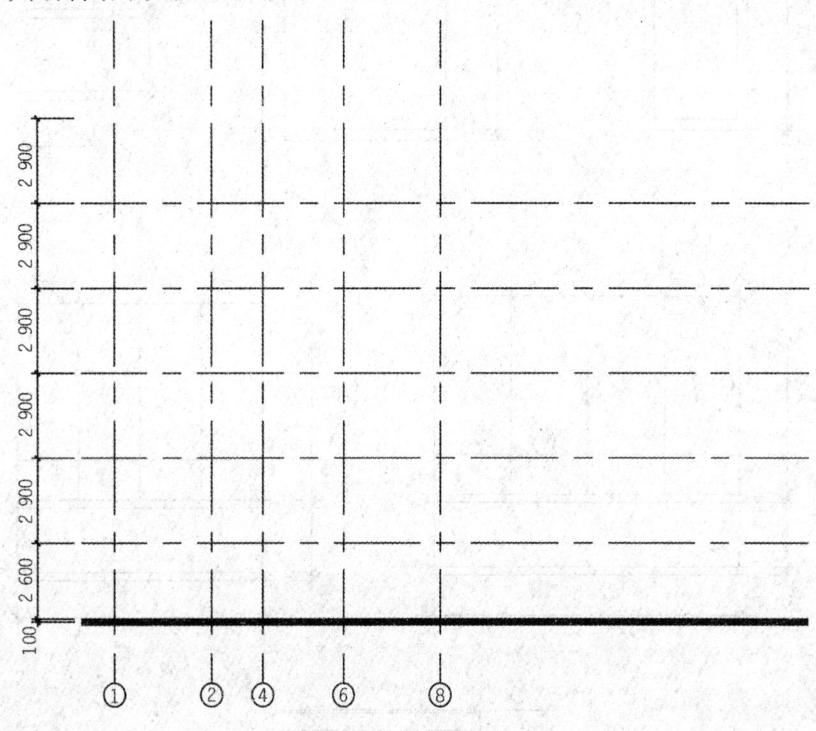

图 3-10　室外地坪线的绘制

四、绘制窗、阳台和车库门立面

绘制建筑立面图中的窗、阳台和车库门，首先应根据窗、阳台和车库门的规格绘制窗、阳台和车库门的立面，然后依据定位尺寸和定位参考线利用“复制”或“阵列”命令将其复制到指定位置。

1. 绘制窗、阳台和车库门

本立面图中所有窗、阳台和车库门的立面尺寸如图3-11所示。

(1)单击“图层”工具条中的“图层控制”下拉框，将“门窗”层置为当前。

(2)利用“矩形”和“偏移”命令按图3-11所示尺寸在绘图区空白处位置绘制C-5、C-6。

(3)利用“矩形”“直线”“复制”“偏移”命令按图3-11所示尺寸绘制正面阳台1、正面阳台2和侧面阳台。

(4)利用“矩形”“图案填充”命令按图3-11所示尺寸绘制车库门立面。

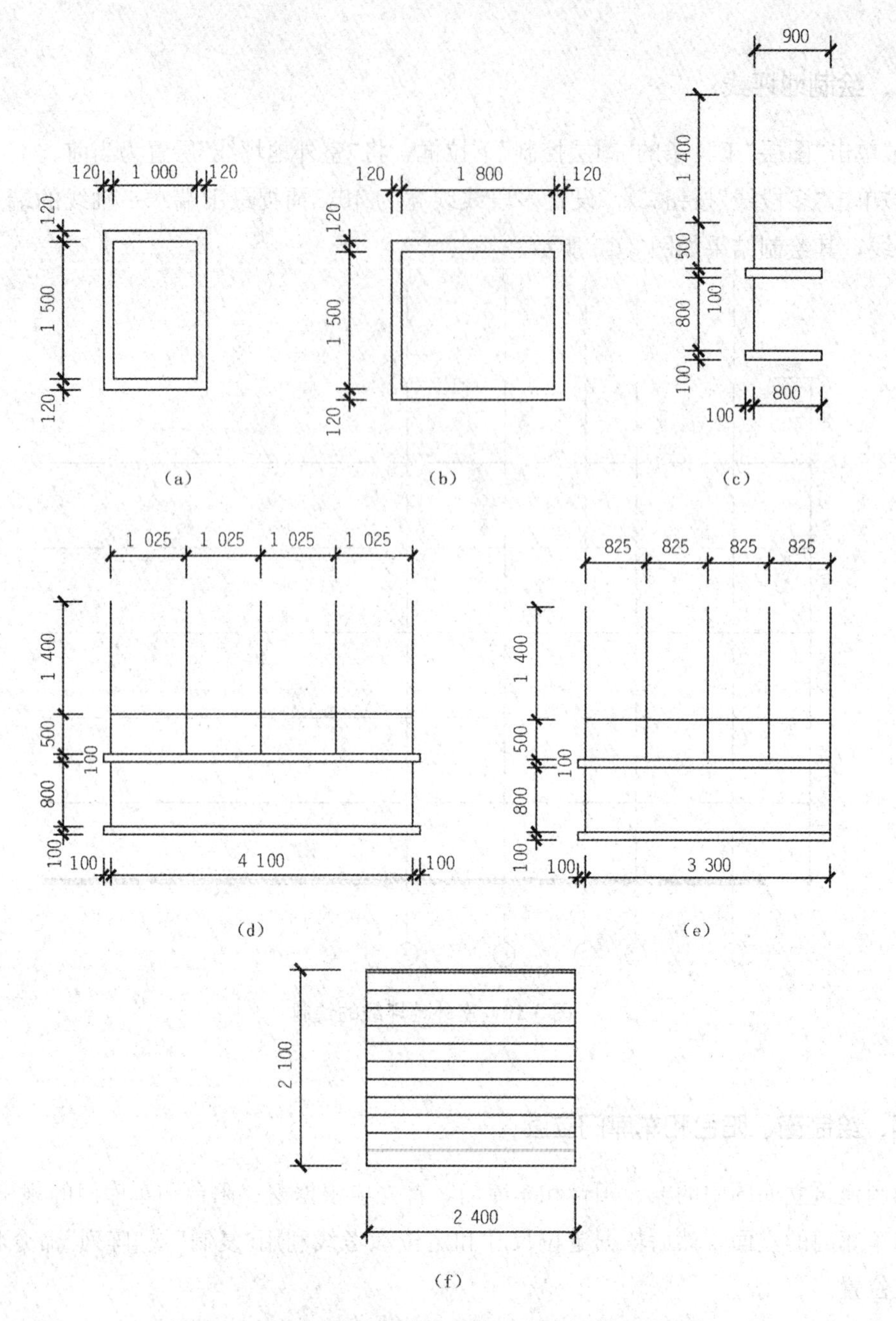

图 3-11　立面图中所有窗、阳台、车库门的立面尺寸

(a)C-6 的尺寸；(b)C-5 的尺寸；(c)侧面阳台尺寸；(d)正面阳台 1 立面尺寸；
(e)正面阳台 2 立面尺寸；(f)车库门立面尺寸

2. 窗、阳台和车库门的定位

根据建筑各层平面图中窗、阳台与轴线的相对尺寸，利用“复制”和“阵列”命令将已绘制好的窗和阳台复制到建筑立面图中；利用“复制”命令复制车库门。

(1)单击“偏移”按钮，把竖向轴线②、④分别向右偏移 450、600，将水平轴线Ⓗ向上偏移 900，交点为 A、B，如图 3-12 所示。

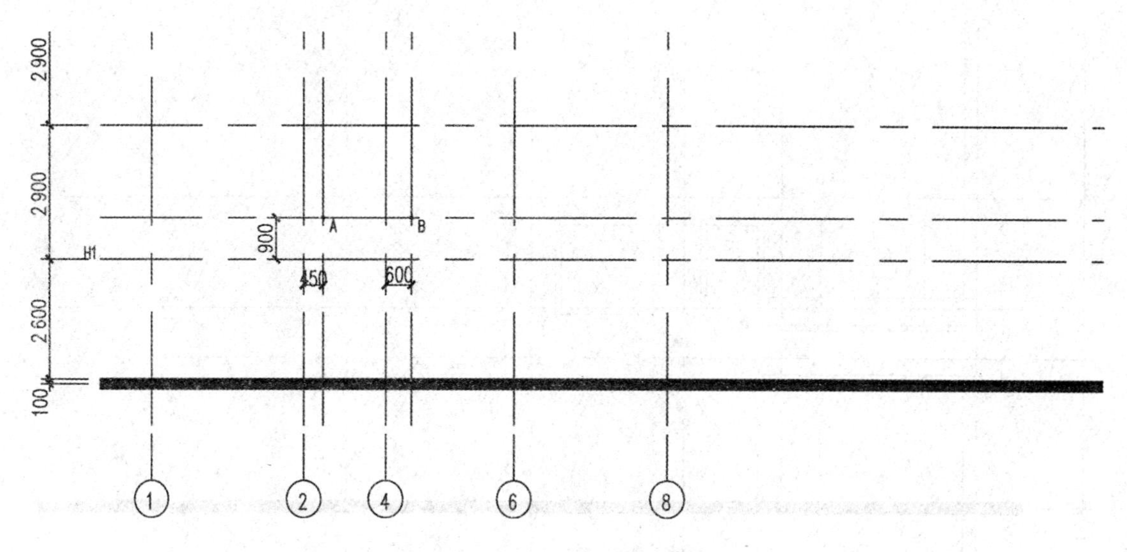

图 3-12　定位窗的位置

(2)单击"复制"按钮，选择 C-6 窗为复制对象后，按 Enter 键，在"指定基点"的状态下，选取 C-6 窗的左下角点为基点，在"指定第二个角点"的状态下，捕捉 A 点，把 C-6 窗复制到指定位置。

(3)利用同样的方法，把 C-5 窗插入到 B 点，其结果如图 3-13 所示。

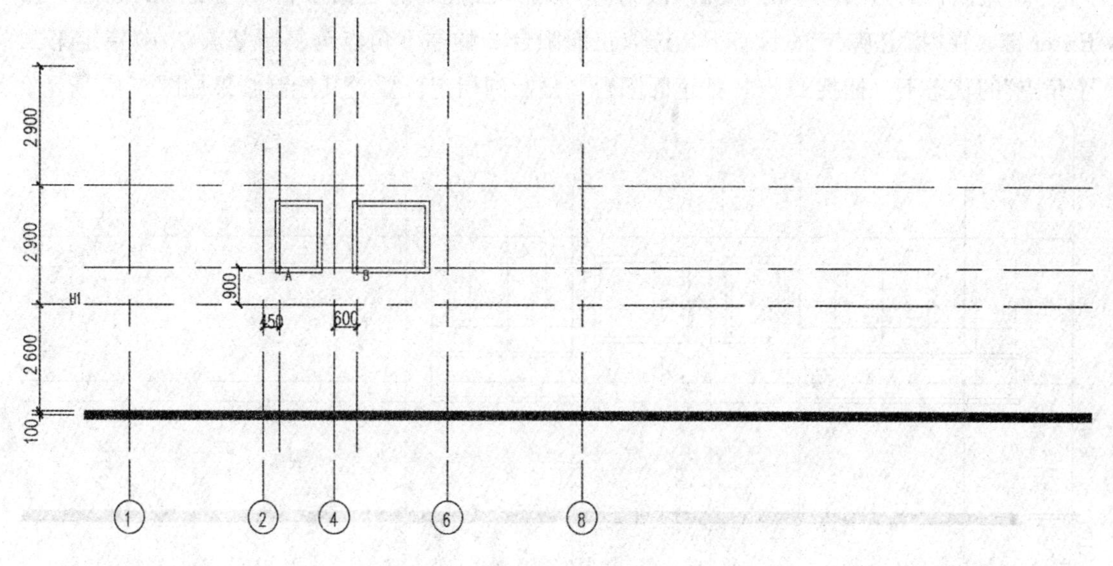

图 3-13　复制 C-6、C-5 到 A、B 点

(4)单击"偏移"按钮，把竖向轴线①向左偏移 250，将水平轴线Ⓗ向下偏移 400，交点为 C。

(5)单击"复制"按钮，选择已绘制的正面阳台 1 为复制对象后，按 Enter 键，在"指定基点"的状态下，选取正面阳台 1 的左下角点为复制基点，在"指定第二个角点"的状态下，捕捉 C 点，把正面阳台 1 复制到指定位置，其绘制结果如图 3-14 所示。

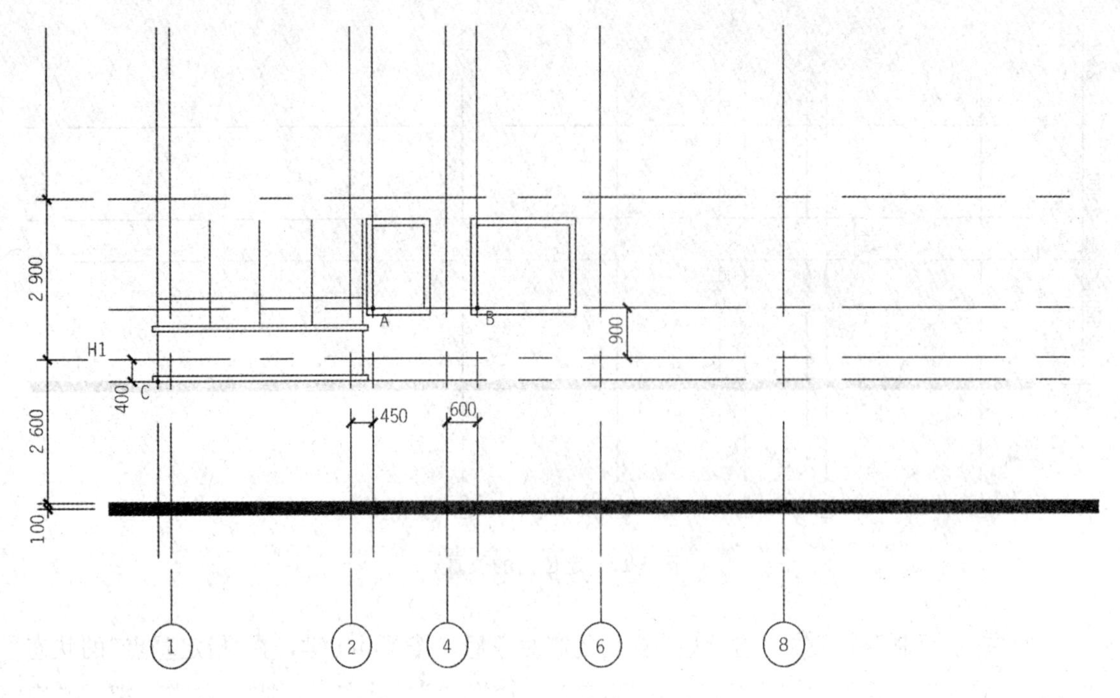

图 3-14　复制正面阳台 1 到 C 点

(6)用同样的方法，单击“复制”按钮，选择已绘制的正面阳台 2 为复制对象后，按 Enter 键，在“指定基点”的状态下，选取正面阳台 2 的左下角点为复制基点，在“指定第二个角点”的状态下，捕捉 D 点，把正面阳台 2 复制到指定位置，其绘制结果如图 3-15 所示。

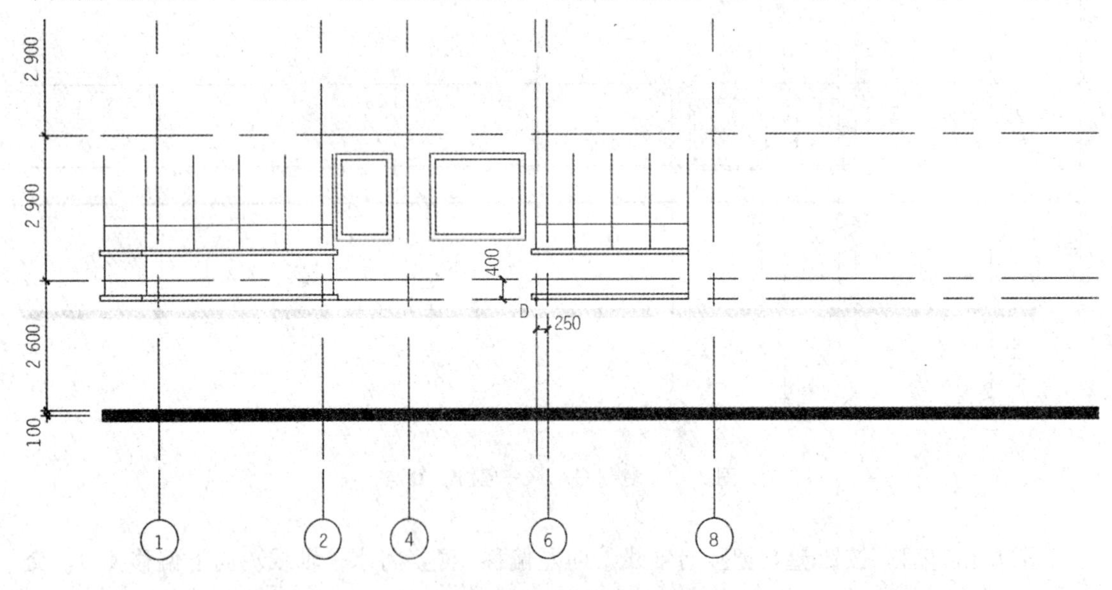

图 3-15　复制正面阳台 2 到 D 点

(7)用同样的方法把侧面阳台复制到图 3-16 所示的位置。

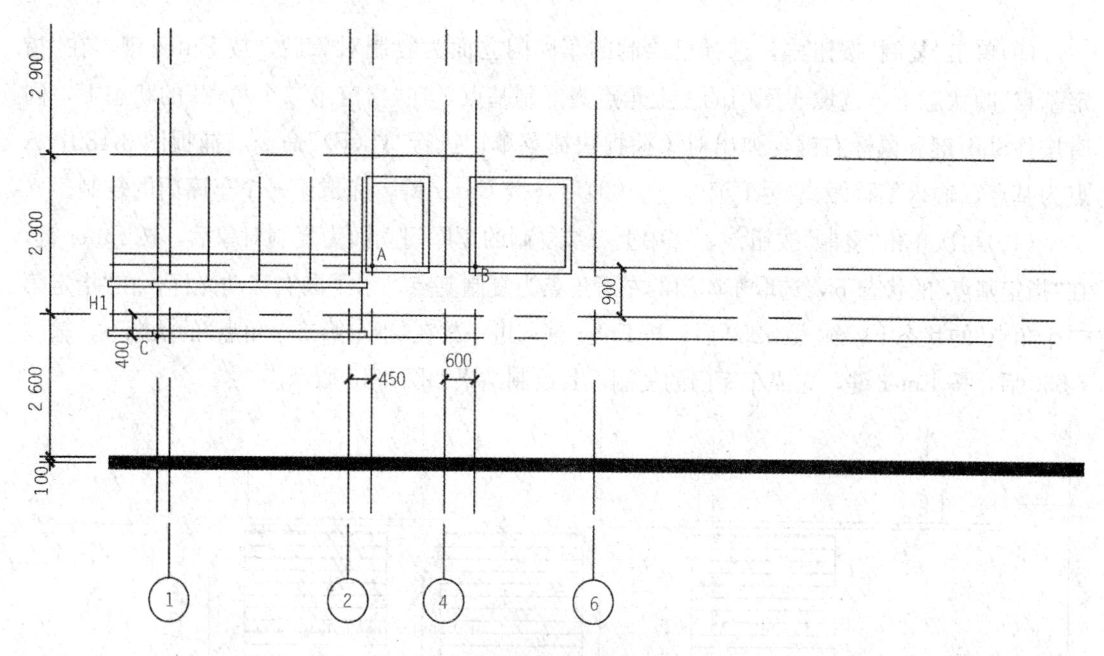

图 3-16　复制侧面阳台

(8)单击“阵列”按钮，在绘图区选取绘制完的窗 C-5、C-6、正面阳台 1、正面阳台 2 和侧面阳台，按照命令行提示信息设置行数和列数分别为 6 和 1，设置行间距为 2 900，完成阵列操作，其阵列结果如图 3-17 所示。

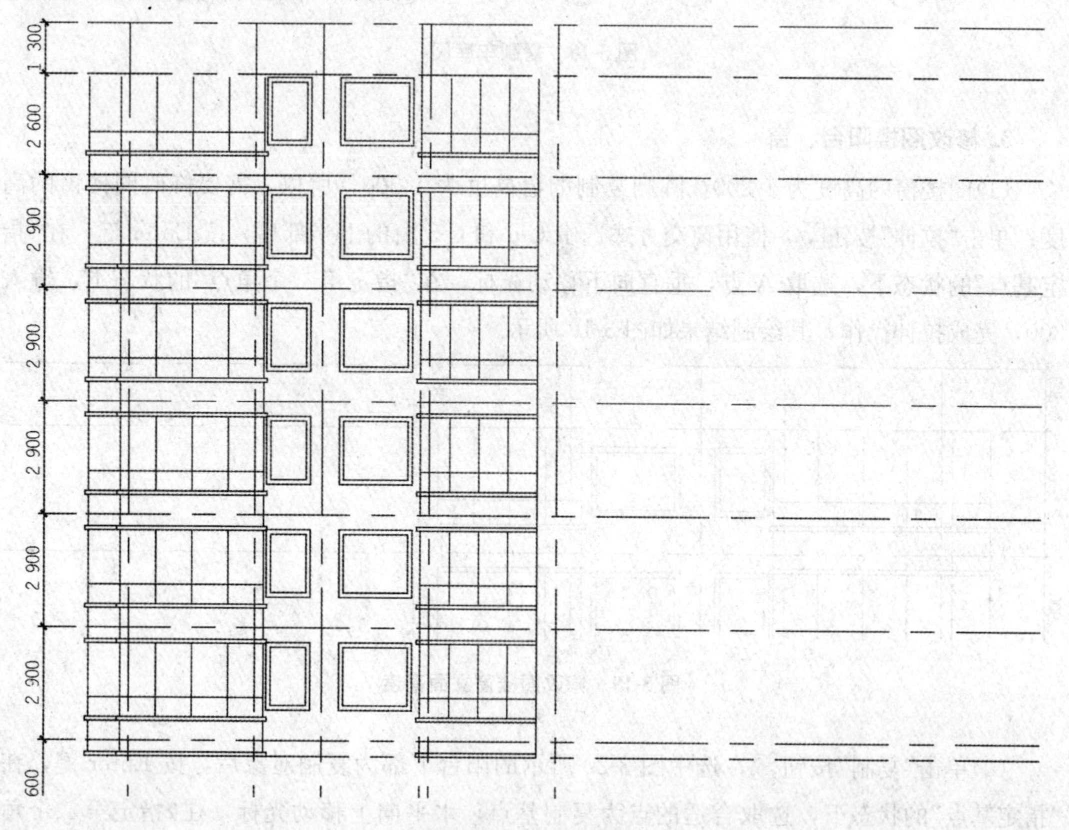

图 3-17　阵列结果

(9)单击“复制”按钮，选择已绘制的车库门立面为复制对象后，按 Enter 键，在“指定基点”的状态下，选取车库门的左上角点为复制基点，在“指定第二个角点”的状态下，同时按住Shift键和鼠标右键，弹出对象捕捉快捷菜单，执行“自(F)”命令，捕捉图 3-18 中 A 点为基点，输入偏移距离(@1 550，−100)后，按 Enter 键，完成第一个车库门的复制。

(10)再次单击“复制”按钮，选中上一步复制的车库门立面为复制对象后，按 Enter 键，在“指定基点”的状态下，选取车库门的左下角点为复制基点，水平向右移动光标，在“指定第二个角点”的状态下，输入 4 250 后，按 Enter 键；再一次在“指定第二个角点”的状态下，输入 7 550 后，按 Enter 键，完成车库门的复制，其绘制结果如图 3-18 所示。

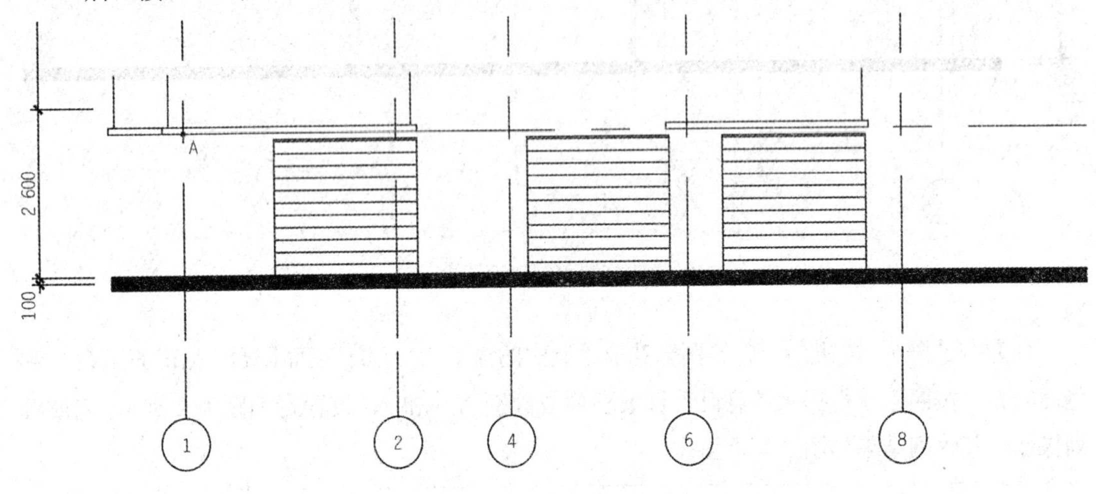

图 3-18　复制车库门

3. 修改阁楼阳台、窗

(1)阁楼窗的高度为 1 200，阵列复制的窗高度为 1 500，所以，需要修改阁楼窗的高度；单击“拉伸”按钮，使用窗交方式选中 C-6 和 C-5 窗的上半部后，按 Enter 键，在“指定基点”的状态下，选取 A 点，垂直向下移动光标，在“指定第二个角点”的状态下，输入 300，完成拉伸操作，其绘制结果如图 3-19 所示。

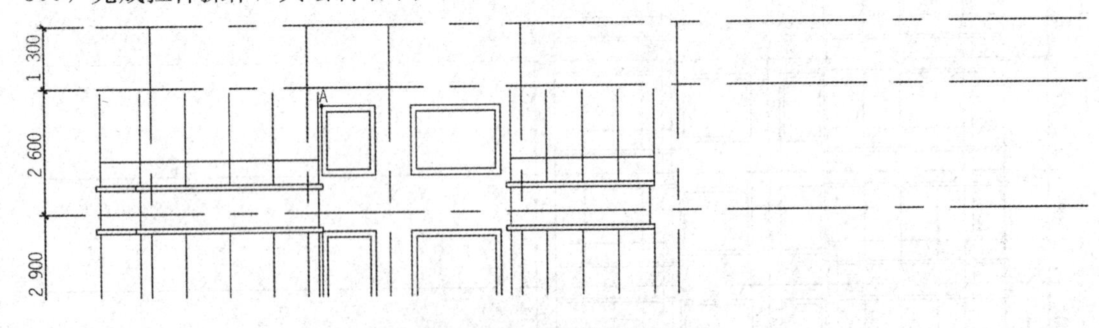

图 3-19　修改阁楼窗立面高度

(2)单击“复制”按钮，选中图 3-20 所示的阳台下部为复制对象后，按 Enter 键，在“指定基点”的状态下，选取合适的点为复制基点，水平向上移动光标，在“指定第二个角点”的状态下，输入 4 250 后，按 Enter 键，其绘制结果如图 3-21 所示。

图 3-20　选取阳台下部

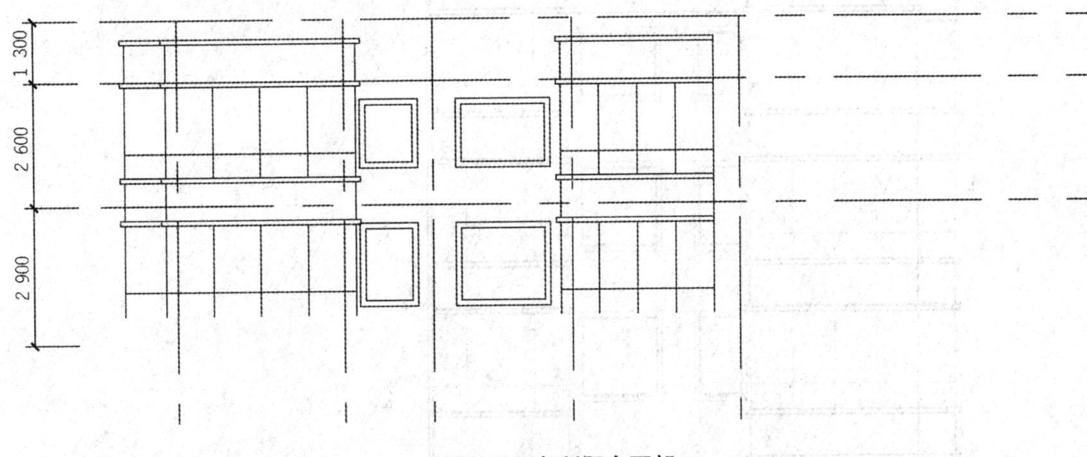

图 3-21　复制阳台下部

(3)修改阁楼侧面阳台尺寸，其绘制结果如图 3-22 所示。

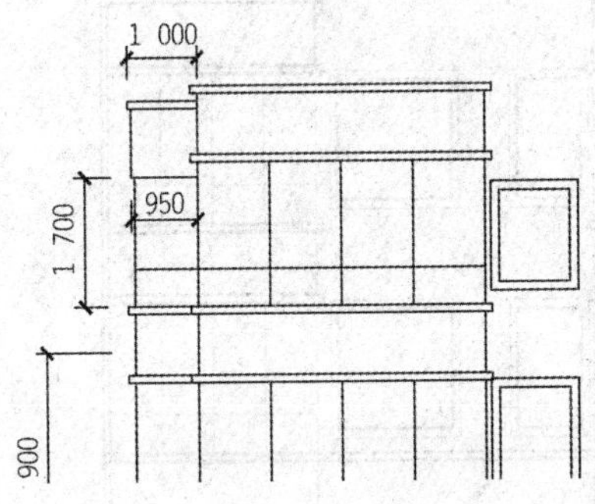

图 3-22　修改阁楼侧面阳台尺寸

五、绘制建筑外轮廓线和立面分界线

(1)单击“图层”工具条的“图层控制”下拉框，将“建筑外轮廓”层置为当前。

(2)单击“直线”按钮，绘制屋顶檐口轮廓，详细尺寸如图 3-23 所示。

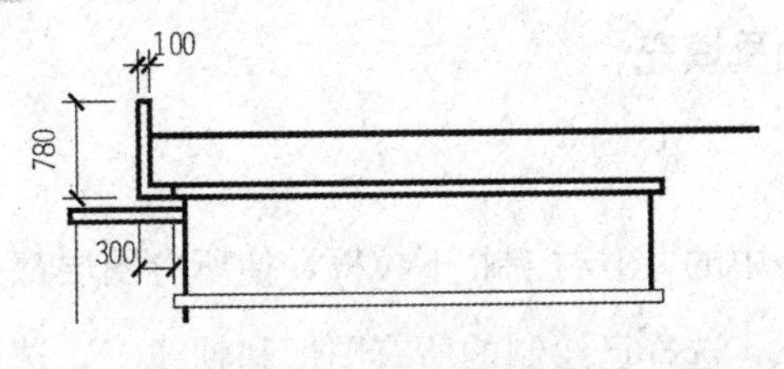

图 3-23　檐口轮廓尺寸

(3)使用“直线”“矩形”“复制”等命令绘制其他轮廓线。

(4)单击“图层”工具条的“图层控制”下拉框，将“立面分界线”层置为当前，绘制立面分界线，最后结果如图 3-24 所示。

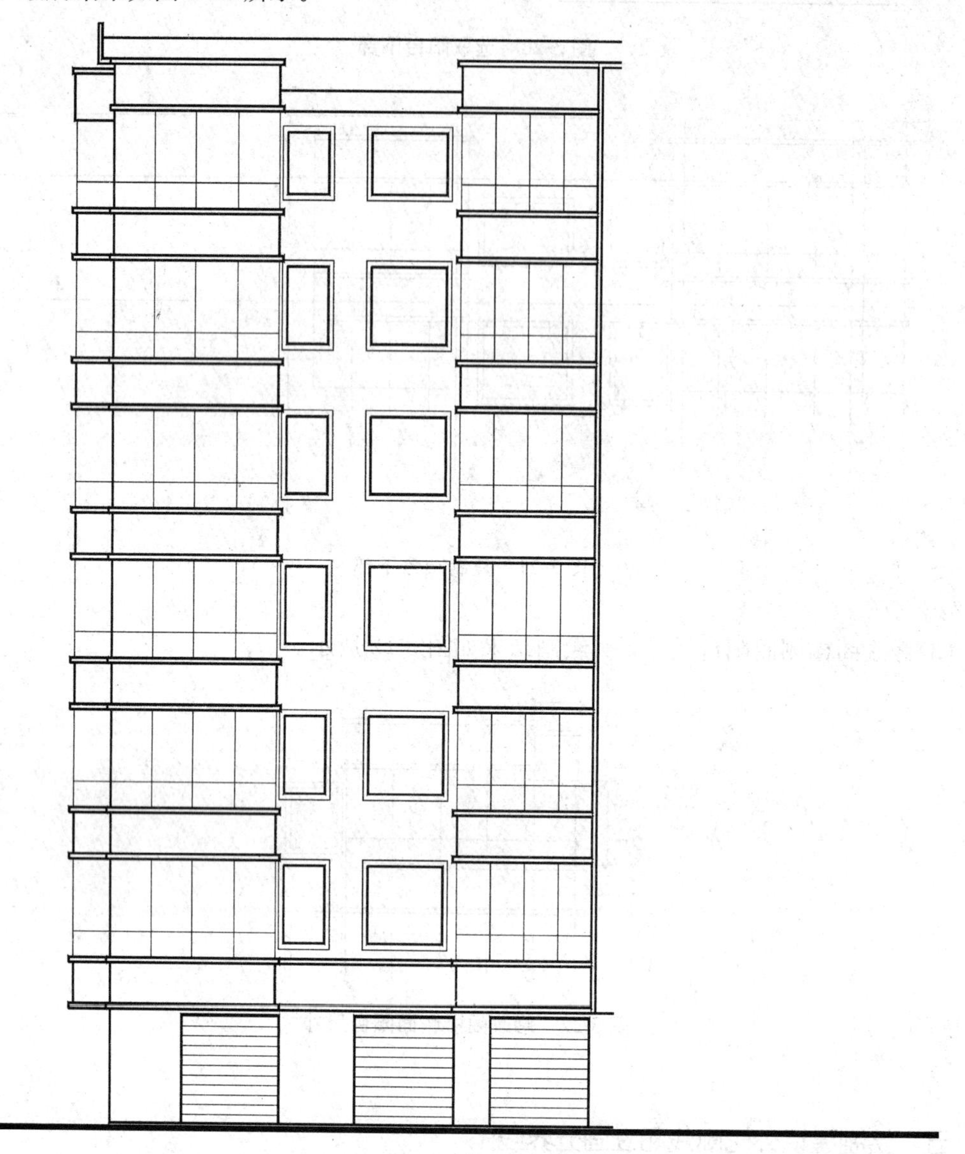

图 3-24　绘制外轮廓线和立面分界线

六、镜像立面、屋面瓦填充

1. 镜像立面图

(1)单击“图层”工具条中的“图层控制”下拉框，使所有图层都处于打开状态。

(2)单击“镜像”按钮，选择已绘制的所有图形和轴线①，选取轴线⑧上任意两点，作为镜像线上两点，保留原有对象，完成矩形的镜像。

(3)把镜像后得到的轴线①改成轴线⑮，关闭辅助轴线层，删除除轴线①和⑮以外的其他轴线，把轴线①和⑮上部剪掉，最后结果如图 3-25 所示。

2. 屋面瓦填充

(1)单击“图层”工具条中的“图层控制”下拉框，将“0”层置为当前。

(2)单击“图案填充”按钮▦，打开“图案填充和渐变色”对话框，在“类型和图案”选项区，选择“ANSI”类型，选择“ANSI31”图案，在“角度和比例”选项区将角度设置为 0，将比例设置为 50，完成图案填充的设置。单击“拾取点”按钮，切换到绘图窗口，在绘图区内单击屋顶区域拾取填充边界；拾取完成后，单击鼠标右键返回“图案填充和渐变色”对话框，单击“确定”按钮，完成图案的填充。填充后的效果如图 3-26 所示。

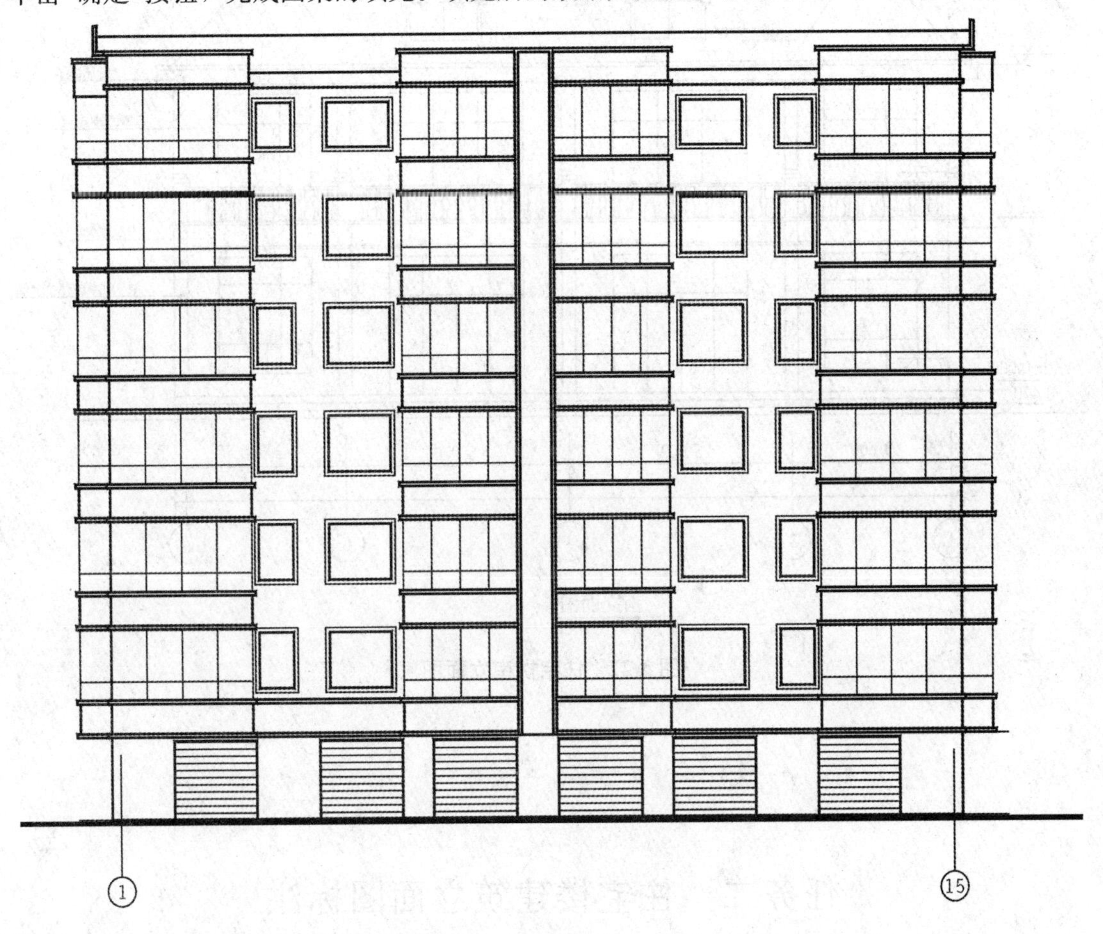

图 3-25　镜像后的立面图

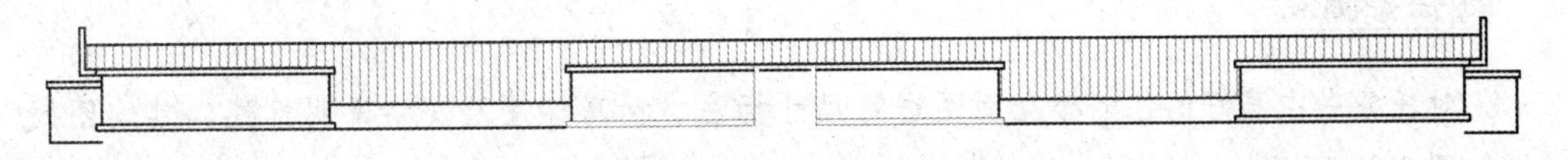

图 3-26　屋顶填充

(3)单击“保存”按钮💾，完成图形文件的保存。

能力训练

绘制图 3-27 所示的住宅楼南立面图，要求按 1∶1 的比例绘制。

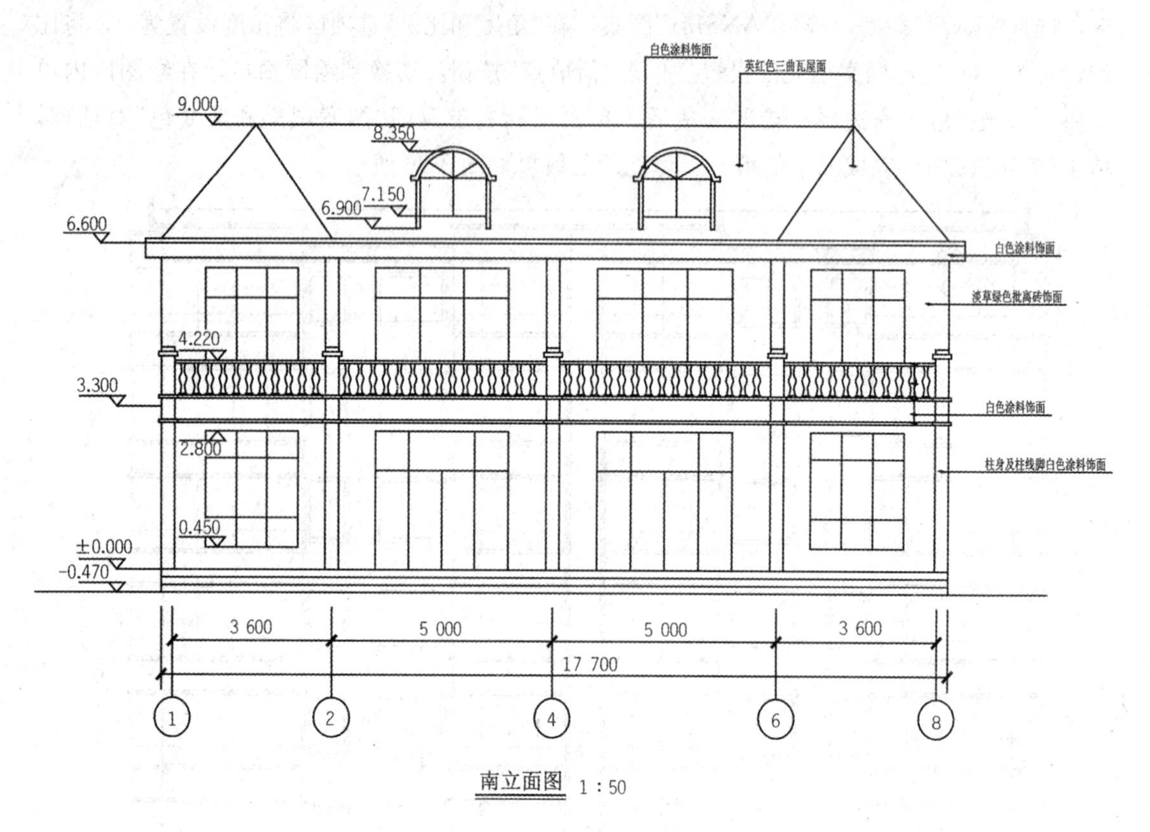

图 3-27　住宅楼南立面图

任务二　住宅楼建筑立面图标注

任务描述

对任务一中画好的住宅楼立面图进行尺寸标注、标高标注及文字说明标注，其绘图效果如图 3-28 所示。

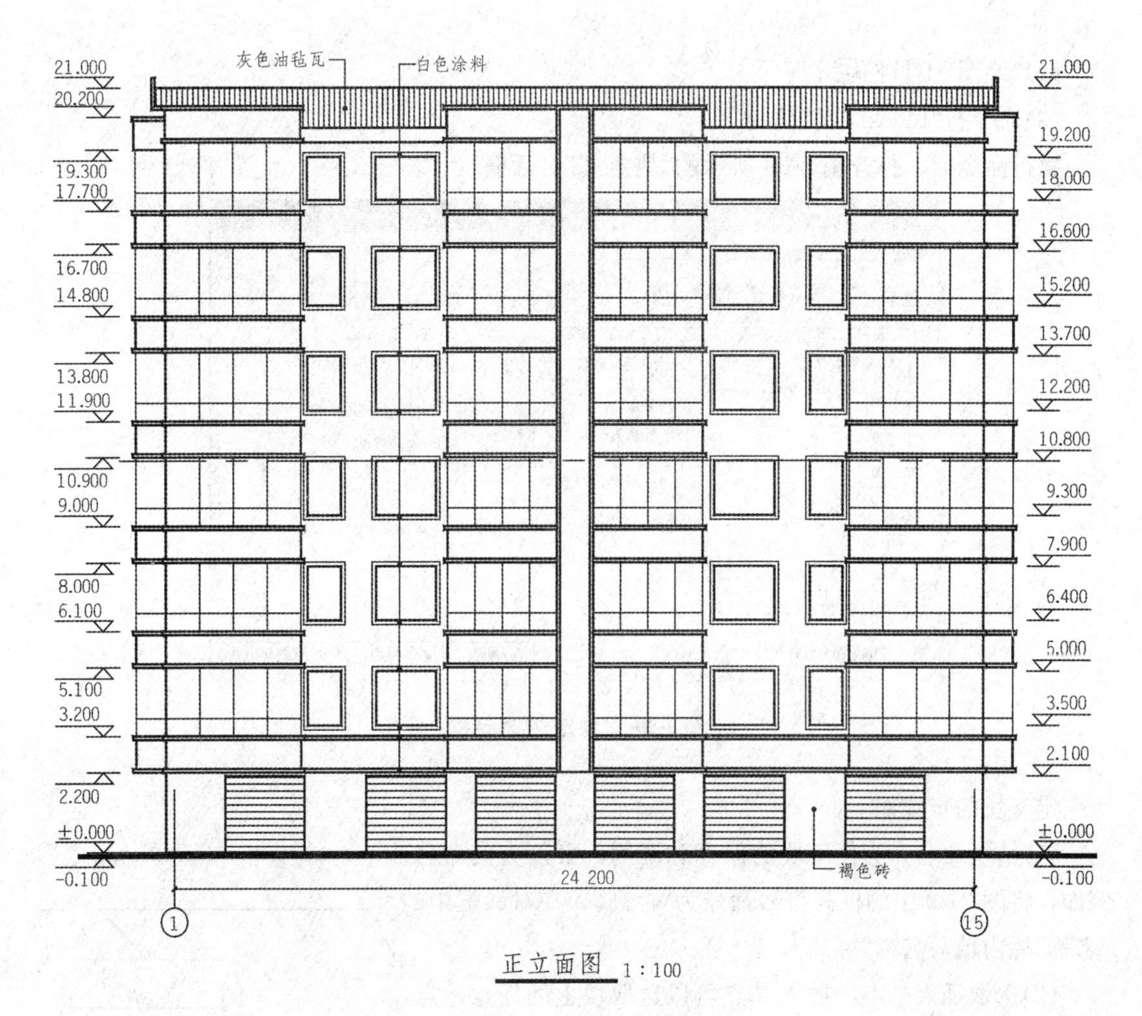

图 3-28 住宅楼正立面图

任务分析

本任务学习建筑立面图的标注。

相关知识

一、块的创建与插入

块是由一组图形对象构成并被赋予名称的一个整体，常用于绘制复杂、重复的图形。用户可以根据作图需要按不同的比例和旋转角度将其插入到相关图形中任意指定的位置，以提高速度。另外，用户还可以根据需要，为块创建属性，用来指定块附带的文字信息。

1. 创建块

“创建块”命令的启动方法如下：

(1)菜单“绘图”→“块”→“创建”。

(2)“绘图”工具栏。

(3)命令行“block”或快捷键 B。

执行命令后，打开图 3-29 所示的“块定义”对话框。

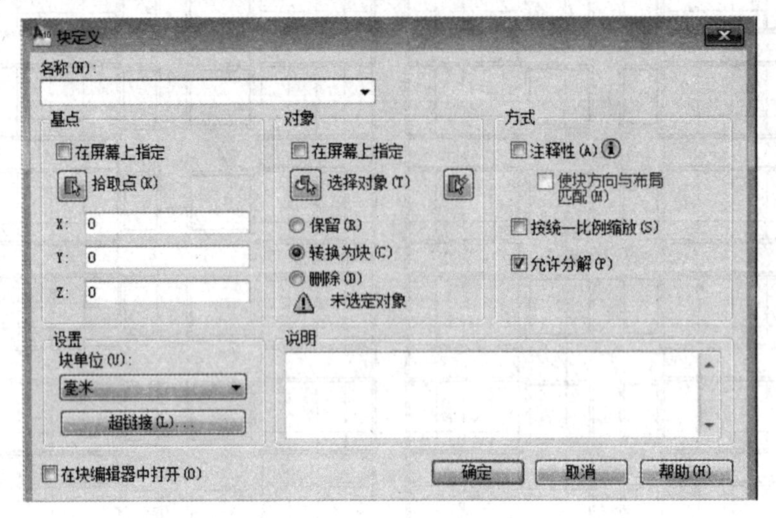

图 3-29 “块定义”对话框

定义块的步骤如下：

(1)给块命名。为便于块的保存和调用，必须为其命名。例如，将图 3-30 中的标高符号命令为“标高”，在对话框中的“名称”栏内填写名称“标高”。

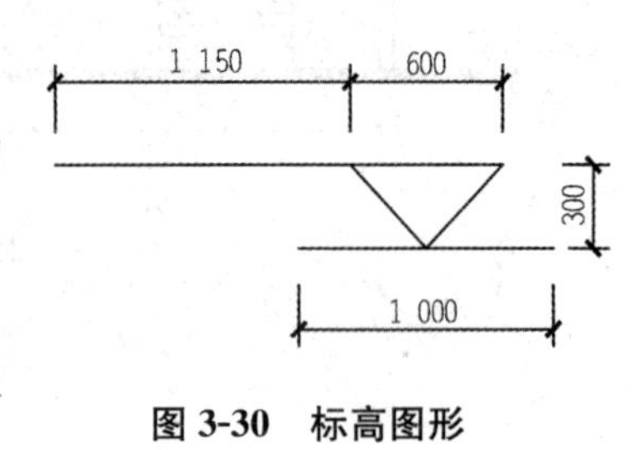

图 3-30 标高图形

(2)选取插入基点。插入基点可以选取块上的任意一点，但通常选取具有典型特征处，如块的中心点或左下角点。本例中选取标高的右下角点。

(3)选择构成块的对象。单击“选择对象”按钮，切换到作图窗口，可以使用任何一种标准的对象选择方式选取构成块的对象。

2. 插入块

可以在当前图形中，可将已定义好的块或任意图形文件以不同的比例、旋转角度插入到任意指定位置。

“块”命令的启动方法如下：

(1)菜单“插入”→“块”→“创建”。

(2)“绘图”工具栏。

(3)命令行“insert”或快捷键 I。

执行命令后，打开图 3-31 所示的“插入”对话框。

在该对话框中可以进行以下操作：

(1)确定插入块名或图形文件名。插入的块分两种情况：一种是当前图形中定义的块，一种是任意一个图形文件。

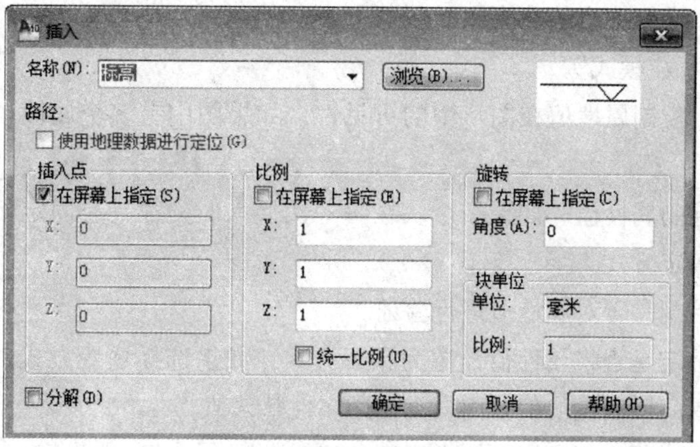

图 3-31 “插入”对话框

(2)选择插入点。根据插入图形的放置位置，确定插入点。

(3)确定插入的缩放比例。插入块时在 X、Y、Z 三个方向可以采用不同的缩放比例，也可以通过拾取“统一比例”来选择插入的块在 X、Y、Z 三个方向使用相同的缩放比例。

(4)设置旋转角度。在该区域，用户可以指定块插入时的旋转角度值，也可以直接在屏幕上指定。

3. 属性块的定义及使用

用来对块进行说明的非图形信息称为属性。属性是块的一个组成部分，是对块的文字说明。

(1)属性定义。属性定义是创建属性的样板，它指定属性的特性及插入属性块时将显示的提示信息。

单击菜单“绘图”→“块”→“定义属性”，打开“属性定义”对话框，如图 3-32 所示。在该对话框中，可以选择属性生成模式、确定属性参数、指定插入点、设置文字等。

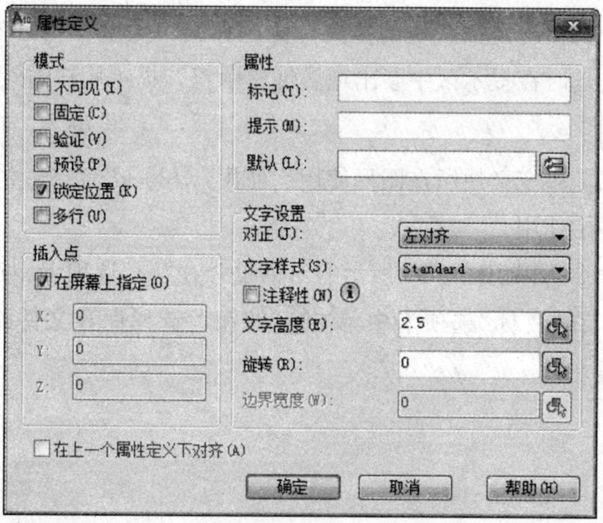

图 3-32 “属性定义”对话框

"属性定义"对话框选型的功能如下：

1)选择属性生成"模式"。

①"不可见"：控制属性值在图形中的可见性。如果图中有多个属性，一般可以将此项属性设为不可见。

②"固定"：控制属性值。如果一个块在每一次插入时，都具有固定不变的属性值，则可将该属性设为固定方式。

③"验证"：控制是否对属性值进行验证。

④"预置"：确定是否将属性值设置为预置方式。如果选择预置方式，当向图中插入该块时，系统不再询问该属性的值，而自动使用属性默认值。

⑤"锁定位置"：用来固定插入块中属性的位置。

⑥"多行"：用来使用多行文字来标注块的属性值。

2)确定"属性"参数。

①"标记"：其是属性的名字，提取属性时要用此标记，属性标记不能为空值。

②"提示"：其是定义属性时确定的一串文本信息。

③"值"：指定属性默认值，一般都以一个使用次数较多的属性值作为默认属性值，可以为空值。

3)确定属性插入位置及文字选项。

①"文字样式"：在下拉列表中选择标注属性文字的文字样式。

②"对正"：控制属性文字的对正方式。

③"高度"：控制属性文字的高度。

④"旋转"：控制属性文字的旋转角度。

(2)定义属性块。属性只有和块一起使用才有意义，创建块命令将图形和属性一起定义为块。建立属性块的方法和建立一般块的方法相同。

(3)属性块的插入。与插入普通图形块一样，使用"插入"(insert)命令弹出"插入块"对话框，在该对话框中需要确定插入块的位置、比例和旋转角度，然后单击"确定"按钮，退出"插入块"对话框，这时在提示区中会出现属性提示符，提示用户输入属性值。

4. 创建外部块

上述定义的块只能由定义块所在图形使用。使用"wblock"命令建立的块叫作"外部块"，可以在任意图形文件中使用。

执行"wblock"命令，弹出图3-33所示的对话框，在"源"选项卡中选"块"，在文本框中输入块名称"标高"，在"目标"选项卡中单击...按钮，选择保存文件路径，单击"确定"按钮，完成外部块的建立。

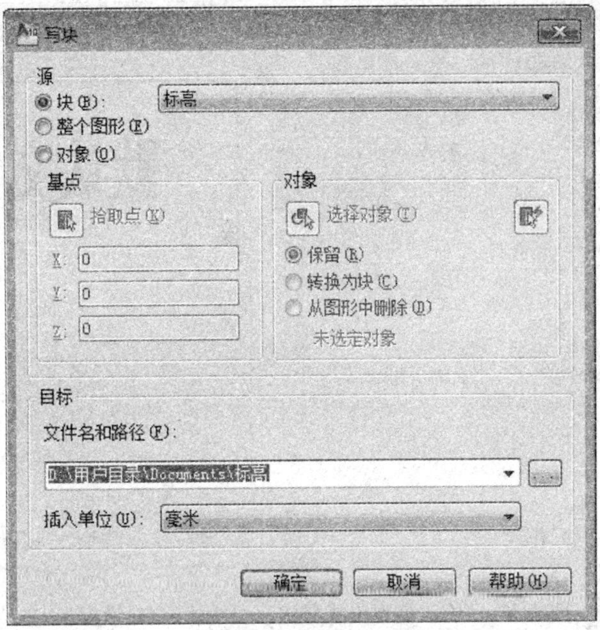

图 3-33 “写块”对话框

二、多重引线标注

利用多重引线标注，用户可以标注(标记)注释、说明等。

1. 设置多重引线样式

多重引线样式的创建方法如下：

(1)菜单“格式”→“多重引线样式”。

(2)命令行“mleaderstyle”或快捷键 MLS。

打开“多重引线样式管理器”对话框，如图 3-34 所示。单击“新建”按钮，弹出图 3-35 所示“创建新多重多线样式”对话框，在“新样式名”文本框内输入新建样式名“引线标注”，单击“继续”按钮，弹出图 3-36 所示“修改多重引线样式：引线标注”对话框。

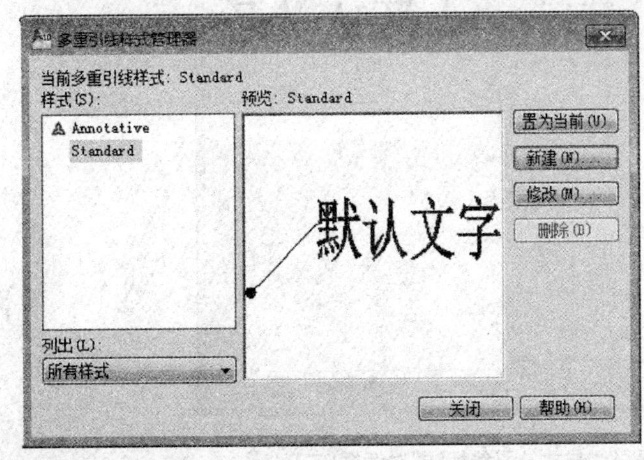

图 3-34 “多重引线样式管理器”对话框

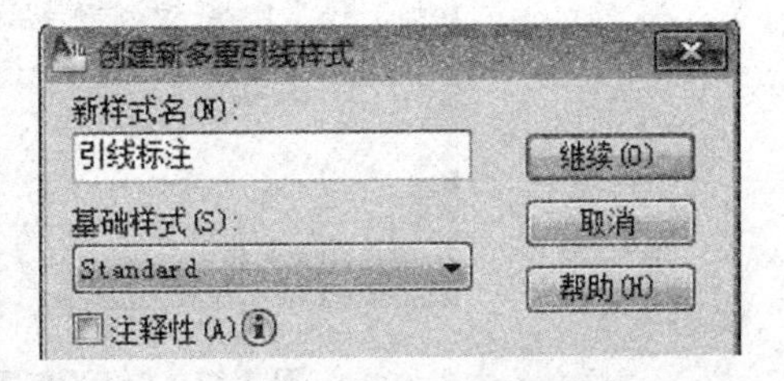

图 3-35 “创建新多重引线样式”对话框

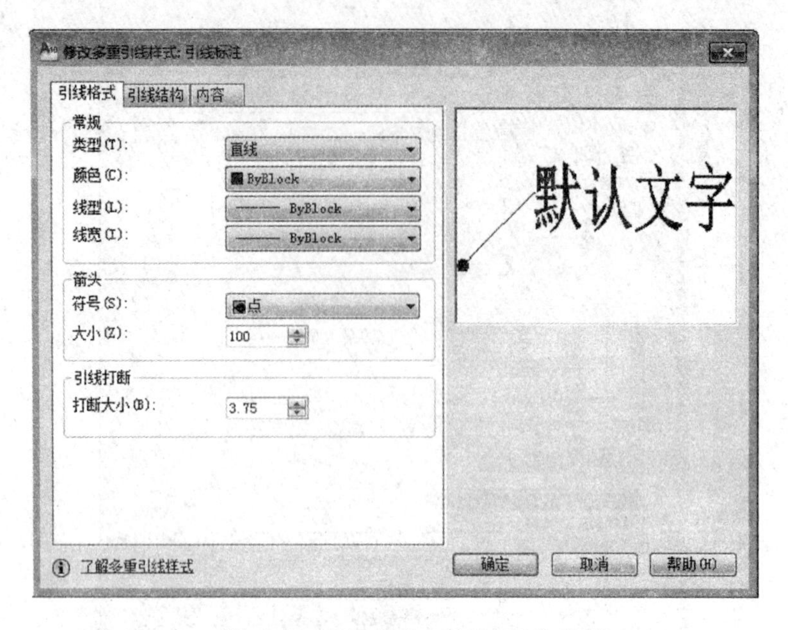

图 3-36 “修改多重引线样式：引线标注”对话框(一)

(1)创建引线和箭头的外观形式。

1)“常规”选项卡。

①类型。在下拉列表框中用户根据需要选择引线样式。

②对于颜色、线型、线宽，选择随层。

2)“箭头”选项卡。箭头类型在下拉列表框中选择。

(2)创建引线结构。单击引线结构选项按钮，弹出图 3-37 所示的对话框，设置引线结构形式。

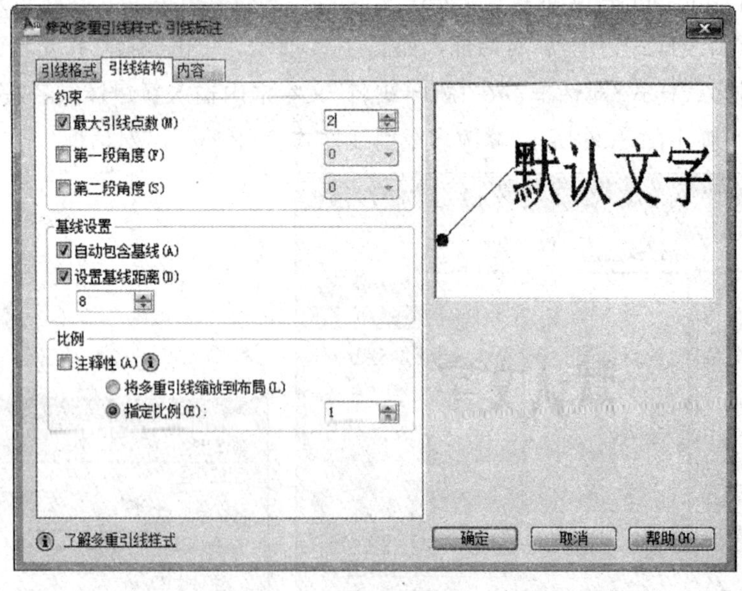

图 3-37 “修改多重引线样式：引线标注”对话框(二)

"约束"选项卡：

1)最大引线点数。在下拉列表中选取引线形成的点数。

2)第一段角度。控制引线与水平方向 X 坐标轴的夹角。

3)第二段角度。控制引线中的第二段角度。

(3)引线标注文字的外观形式。单击内容按钮，弹出图 3-38 所示的对话框，设置标注文字的外观形式。

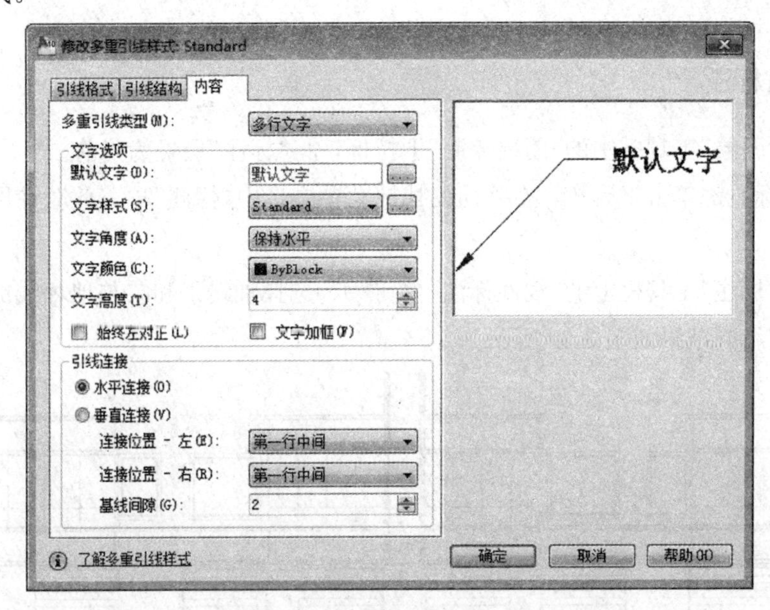

图 3-38 "修改多重引线样式：引线标注"对话框(三)

1)"多重引线类型"选项卡。在下拉列表框中选择引线标注文本类型。

①选择"多行文字"，注释是多行文字。

②选择"块参照"，注释是插入的块。

③选择"无"，没有注释。

2)"文字选项"选项卡。控制设置多行文字的格式。

①文字样式。在下拉列表框中选择引线标注文本文字的样式。

②文字角度。其指标注的文本文字与水平方向的夹角。

③始终左对正。若选择该选项，则多行文字注释第 1 行的中间部位与引线终点对齐。

④文字加框。选择该项给多行文字注释加边框。

3)"引线连接"选项卡。控制文本相对于引线终端的位置。

①连接位置-左。在最后一行引线左侧标注文字，在下拉列表框中选择文本相对于最后一段引线的位置。

②连接位置-右。在最后一行引线右侧标注文字，在下拉列表框中选择文本相对于最后一段引线的位置。

③基线间隙。其指最后一段引线终端距离文字的距离。

2. 引线标注

“引线”命令的启动方法如下：

(1)菜单“标注”→“多重引线”。

(2)命令行“leader”或快捷键 LE。

任务实施

一、尺寸标注

(1)单击“图层”工具条中的“图层控制”下拉框，将“标注”层置为当前。

(2)用鼠标右键单击工具栏，在弹出的快捷菜单中选中“标注”项，此时在屏幕上会显示“标注”工具栏。

(3)单击“标注”工具栏上的“线性标注”按钮，选择轴线①和⑮与地坪线的交点，标注立面宽度，其绘制结果如图 3-39 所示。

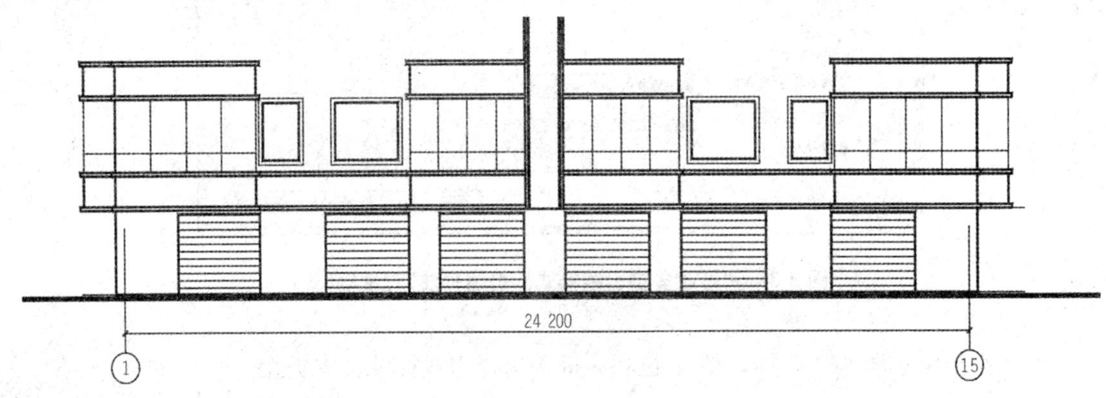

图 3-39　标注立面宽度

二、标高标注

(1)执行“偏移”命令，依次输入 100、2 200、1 000、900，选中地坪线位置线，向上作偏移；执行“复制”命令，选中偏移生成的阳台窗上、下两条水平线，在“指定基点”的提示下，指定图 3-40 所示的 A 点为基点，向上移动光标，在 B 点处单击鼠标左键。以同样步骤再复制三次。

(2)再次执行“偏移”命令，把上一步画的最上面的水平轴线进行偏移，偏移距离依次是 1 000、1 600、900、800，完成辅助水平轴线的绘制，其绘制结果如图 3-40 所示。

(3)单击“插入”按钮，打开“插入图块”对话框，选择已做好的标高图块，插入点在屏幕上指定，插入比例不变，插入角度为 0，完成选择后单击“确定”按钮，捕捉地坪线水平轴线端点，命令行窗口提示“标高：”，输入－0.100。

(4)执行“复制”命令，将插入的标高复制到绘制好的水平辅助轴线的端点，得到图 3-41 所示的标高尺寸。

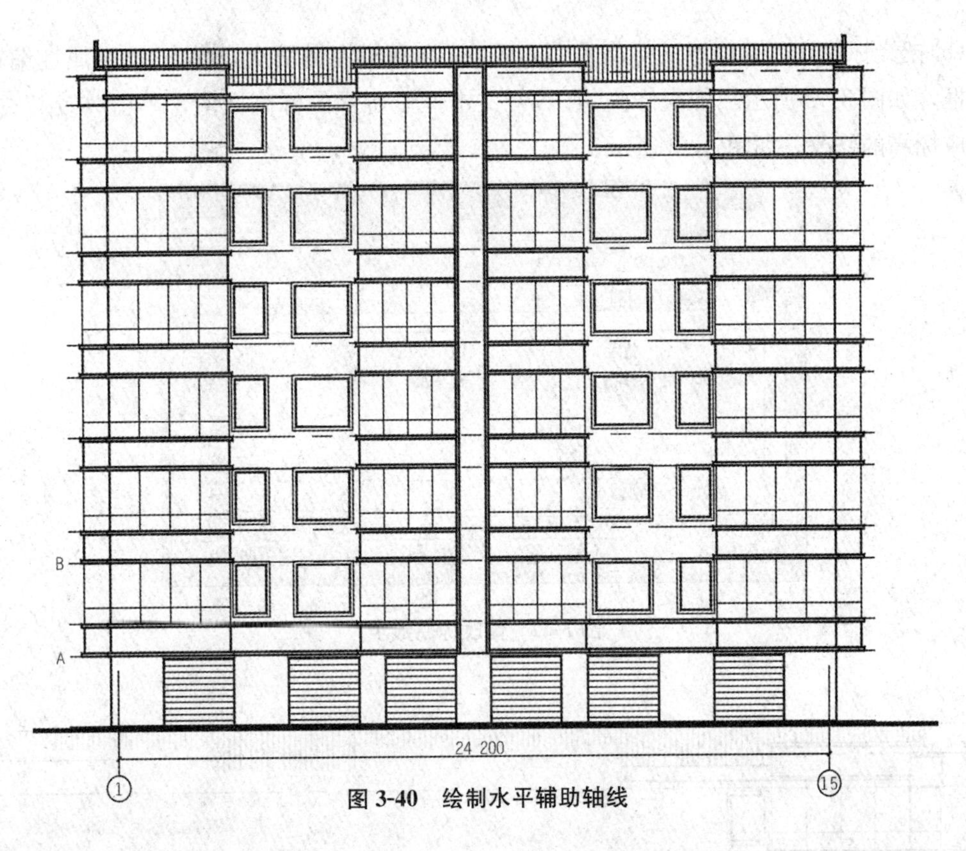

图 3-40　绘制水平辅助轴线

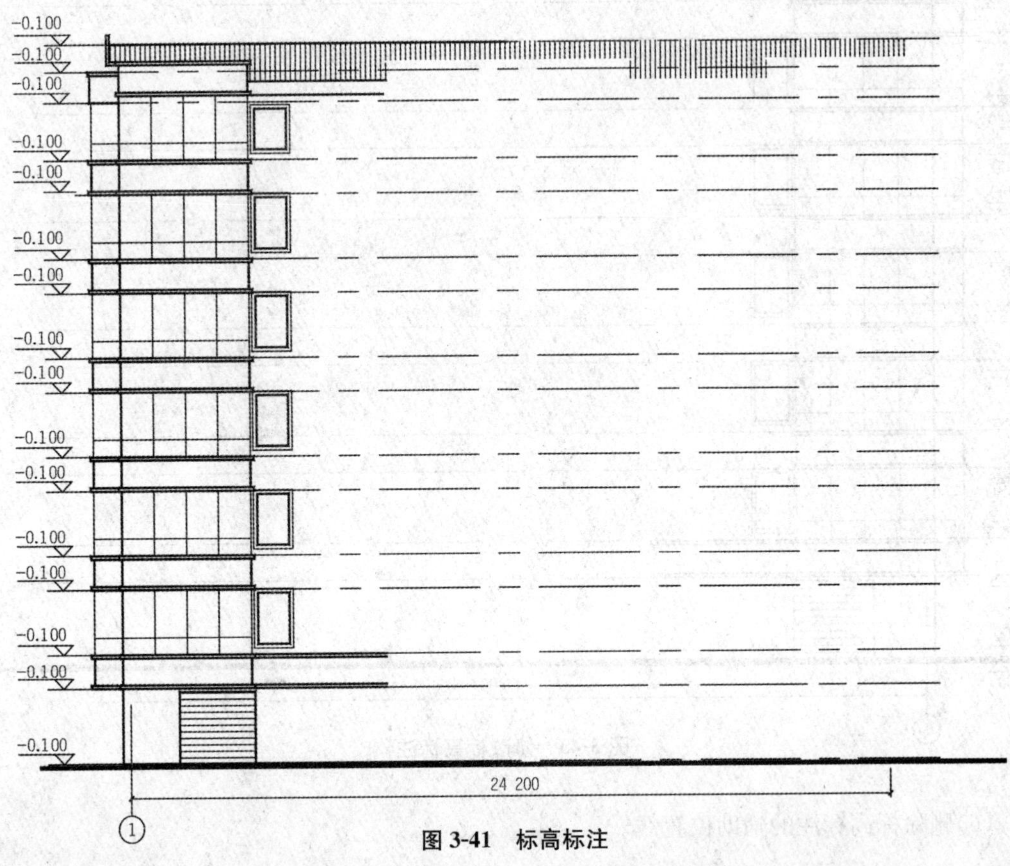

图 3-41　标高标注

(5)把光标放在需要修改的标高数字上面，单击鼠标左键两次，弹出“增强属性编辑器”对话框，如图 3-42 所示，依次修改“值(V)”文本框里所示的标高数值，单击“应用”按钮完成相应标高的修改，如图 3-43 所示。

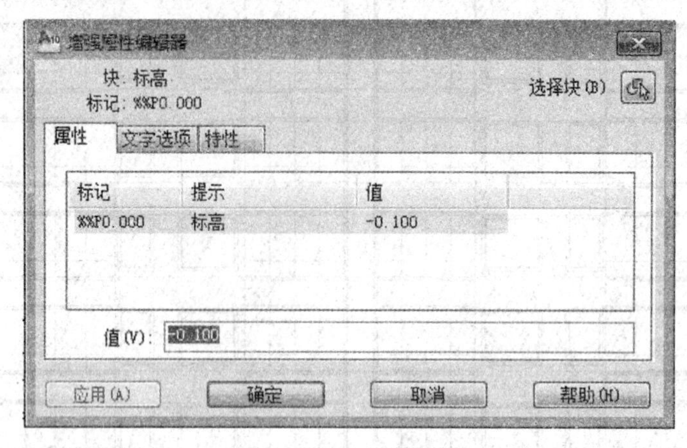

图 3-42　修改标高数字

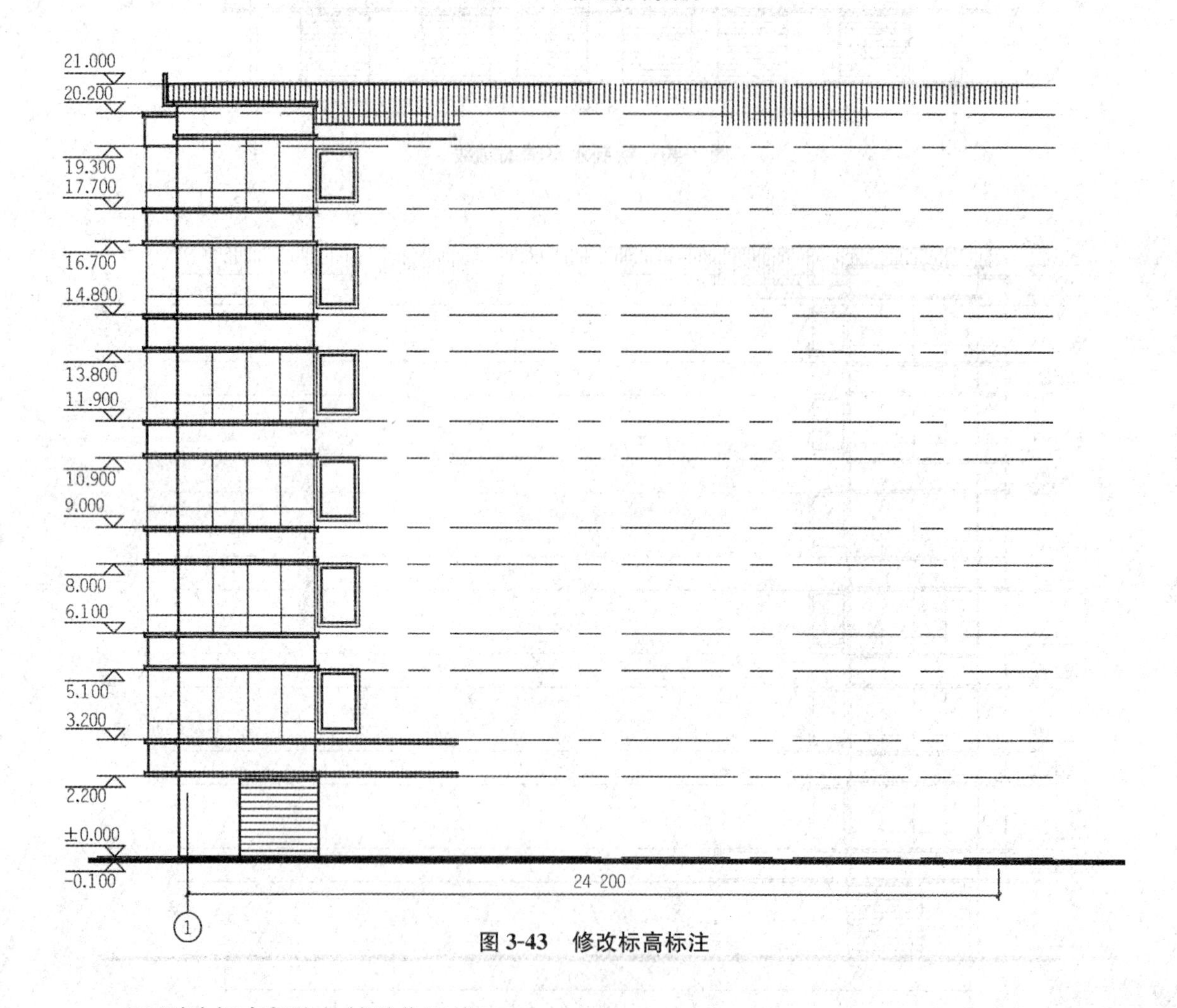

图 3-43　修改标高标注

(6)删除标高标注的辅助位置线。

(7)使用同样的方法，重复执行步骤(3)～(6)，标注出右侧标高，如图 3-44 所示。

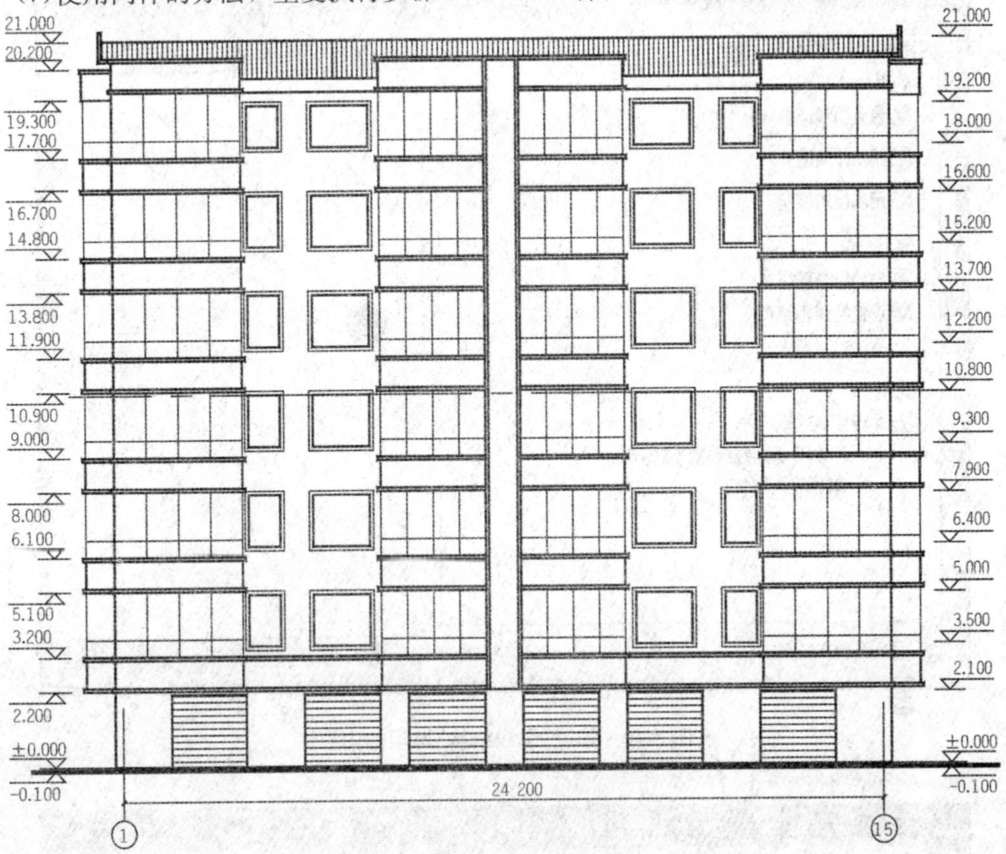

图 3-44　标注右侧标高

三、引线标注

(1)创建“两点引线标注”样式，打开引线标注样式，修改“引线格式”“引线结构”“内容”选项的内容，分别如图 3-45、图 3-46、图 3-47 所示，将其置为当前。

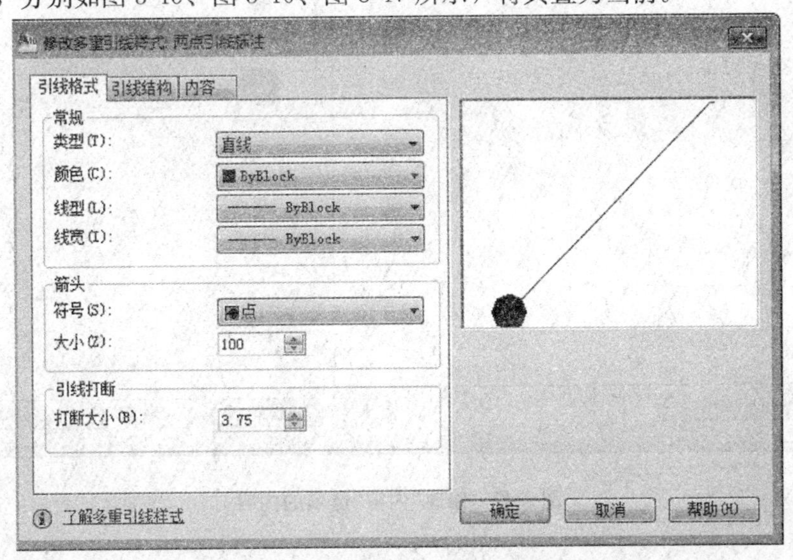

图 3-45　修改“引线格式”选项的内容

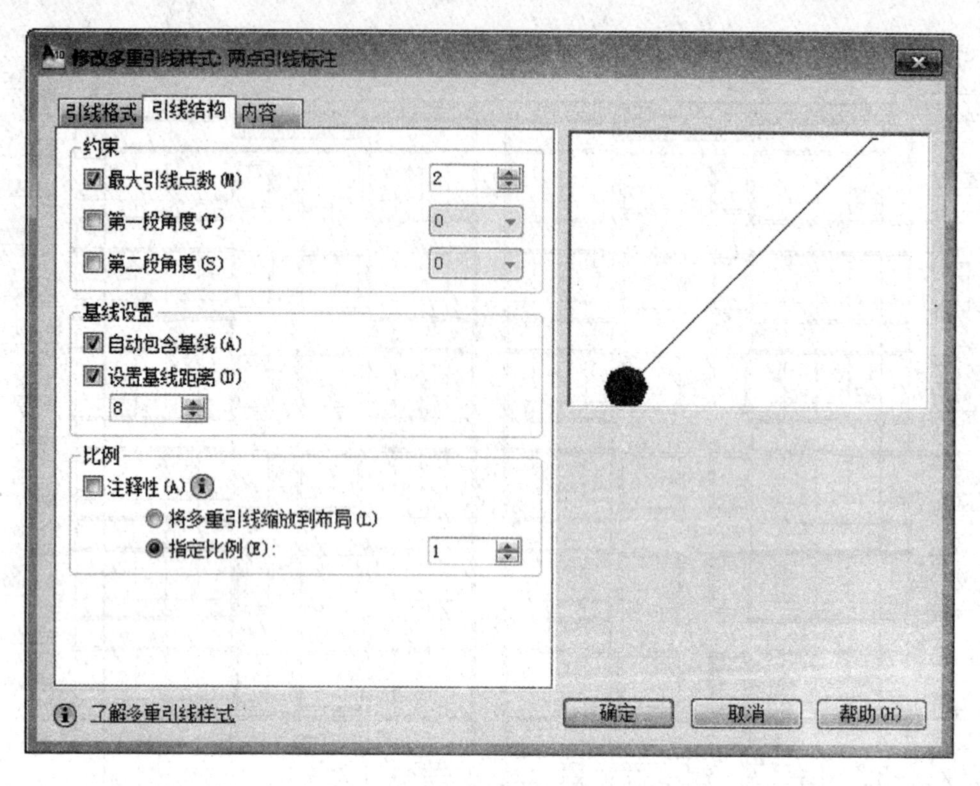

图 3-46 修改“引线结构”选项的内容

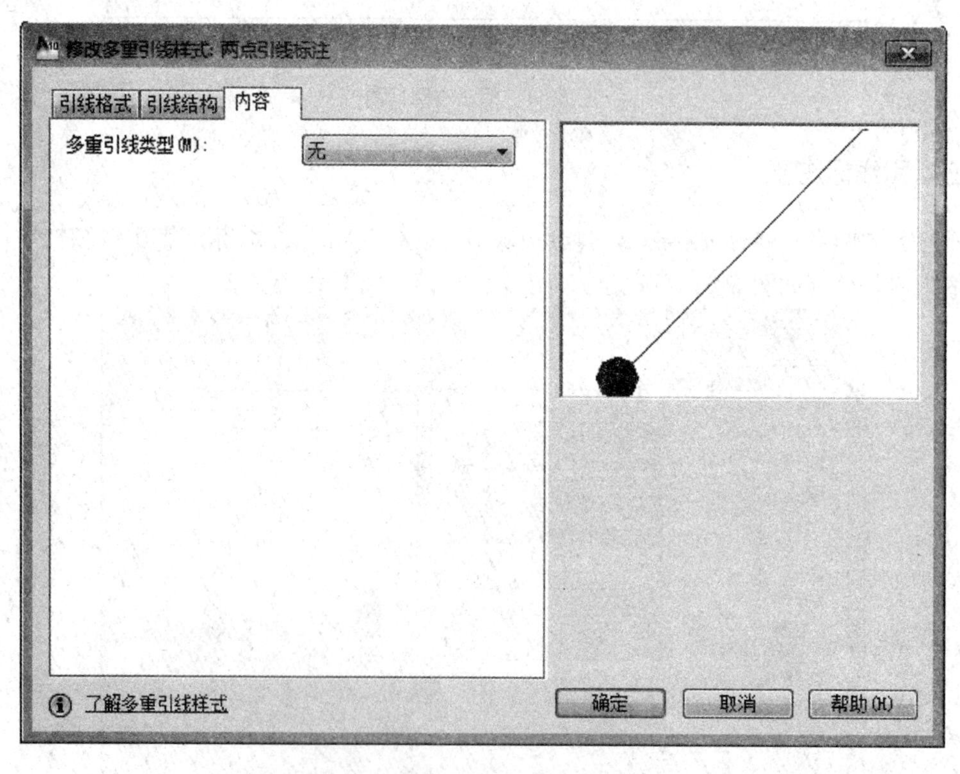

图 3-47 修改“内容”选项的内容

(2)在菜单中选择“标注”→“多重引线”，启动“引线标注”命令。命令行窗口提示“指定引线箭头位置:”，单击图 3-48 中的 A 点，确定引线的起点。命令行窗口提示“指定下一点:”，单击图 3-48 中的 B 点，确定引线标注的第二点，完成不带文字的引线 AB。

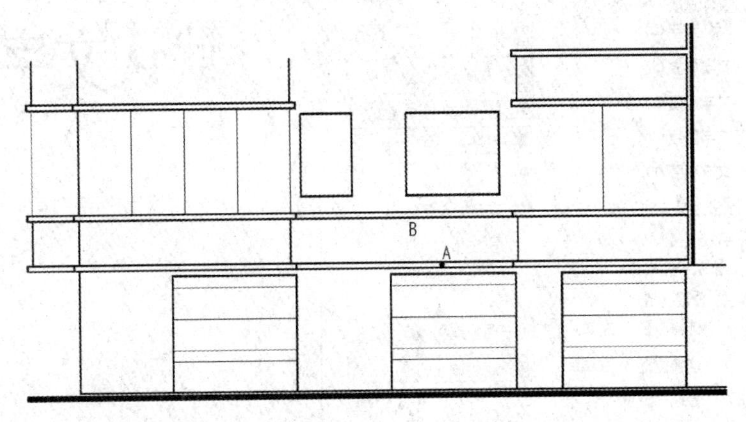

图 3-48　AB 两点引线标注

(3)用同样的方法完成其余两点引线，剩下带文字的三点引线标注。

(4)创建带文字的“三点引线标注”样式，打开引线标注样式，修改“引线结构”和“内容”选项的内容，分别如图 3-49、图 3-50 所示，将其置为当前。

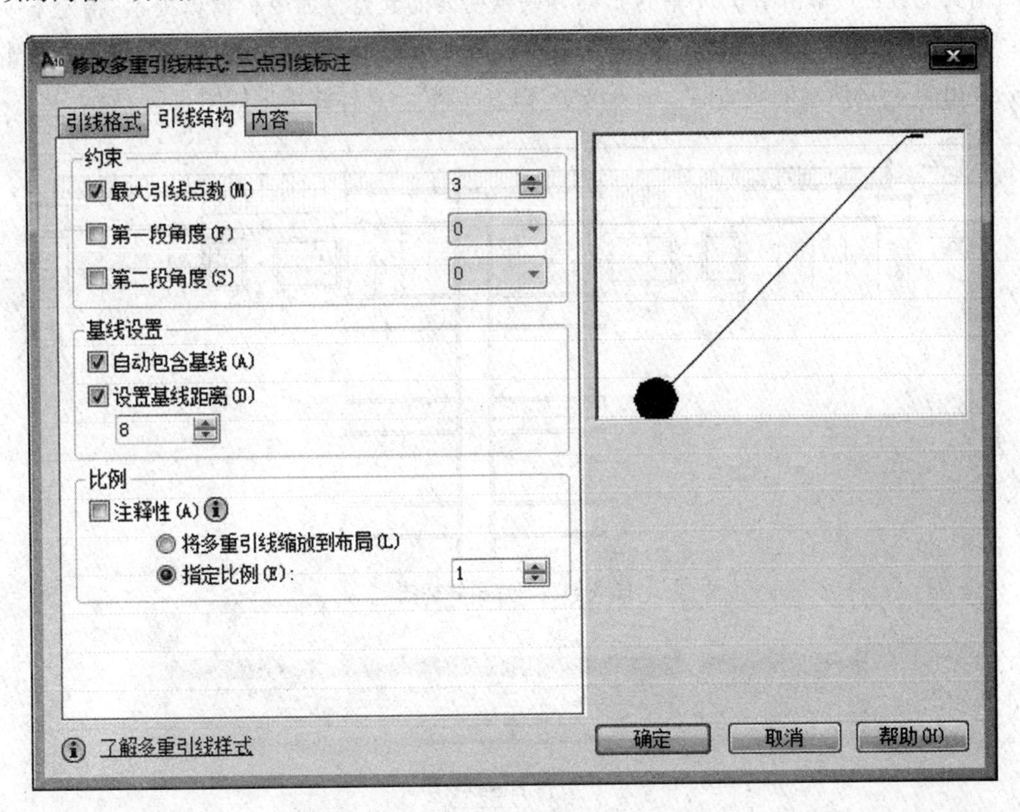

图 3-49　修改“引线结构”选项的内容

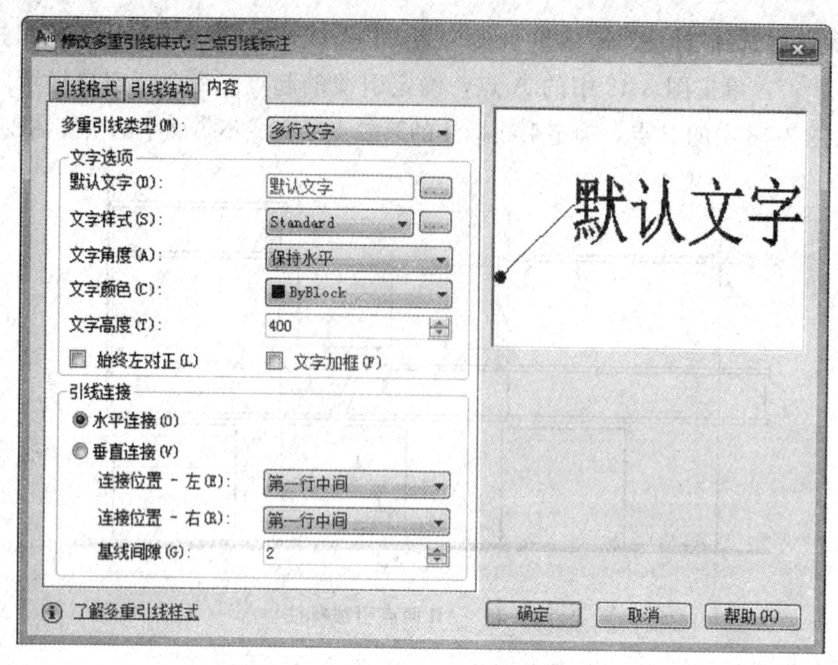

图 3-50 修改“内容”选项的内容

(5)在菜单中选择“标注”→“多重引线”，启动“引线标注”命令。命令行窗口提示“指定引线箭头位置:”，单击图 3-51 中的 C 点，确定引线的起点。命令行窗口提示“指定下一个点:”，单击 D 点，确定引线标注的第二个点，命令行提示“指定引线基线位置:”，单击 E 点，弹出图 3-52 所示的对话框，输入文字“白色涂料”，其标注结果如图 3-51 所示。

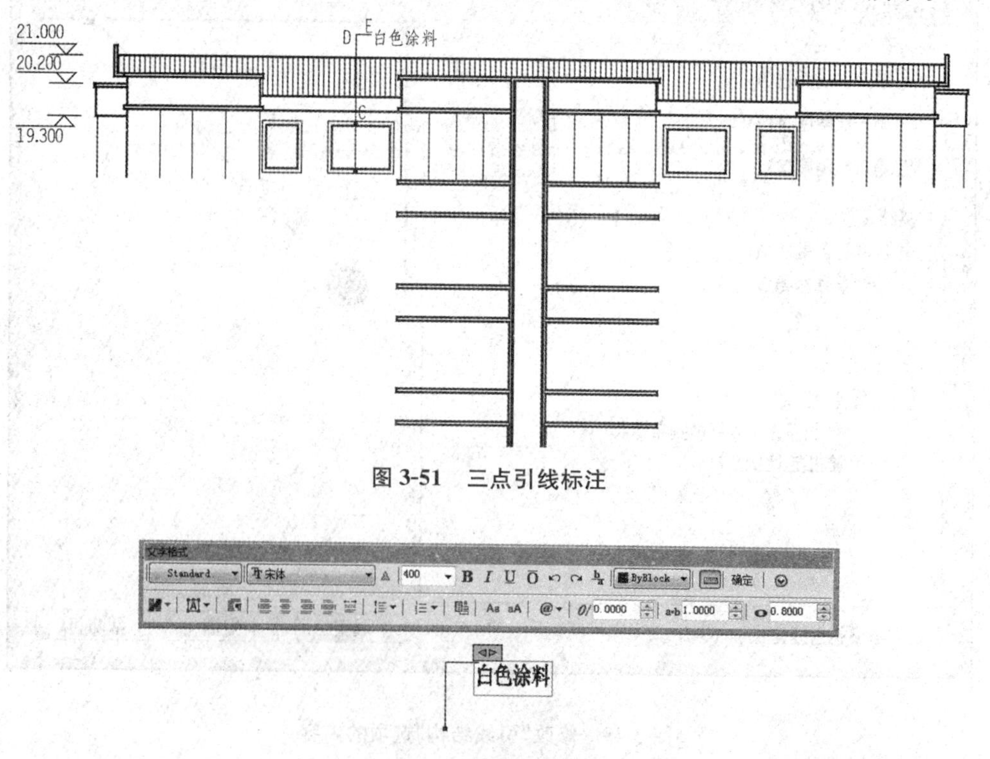

图 3-51 三点引线标注

图 3-52 标注引线文字

(6)用同样的方法完成其他引线的标注。

四、标注图名

单击“多行文字”按钮A，在图形下部写“正立面图”；利用“多段线”命令，绘制下划线，将线宽设置为50，长度比图名略长。正立面图的最后绘制效果如图3-53所示。

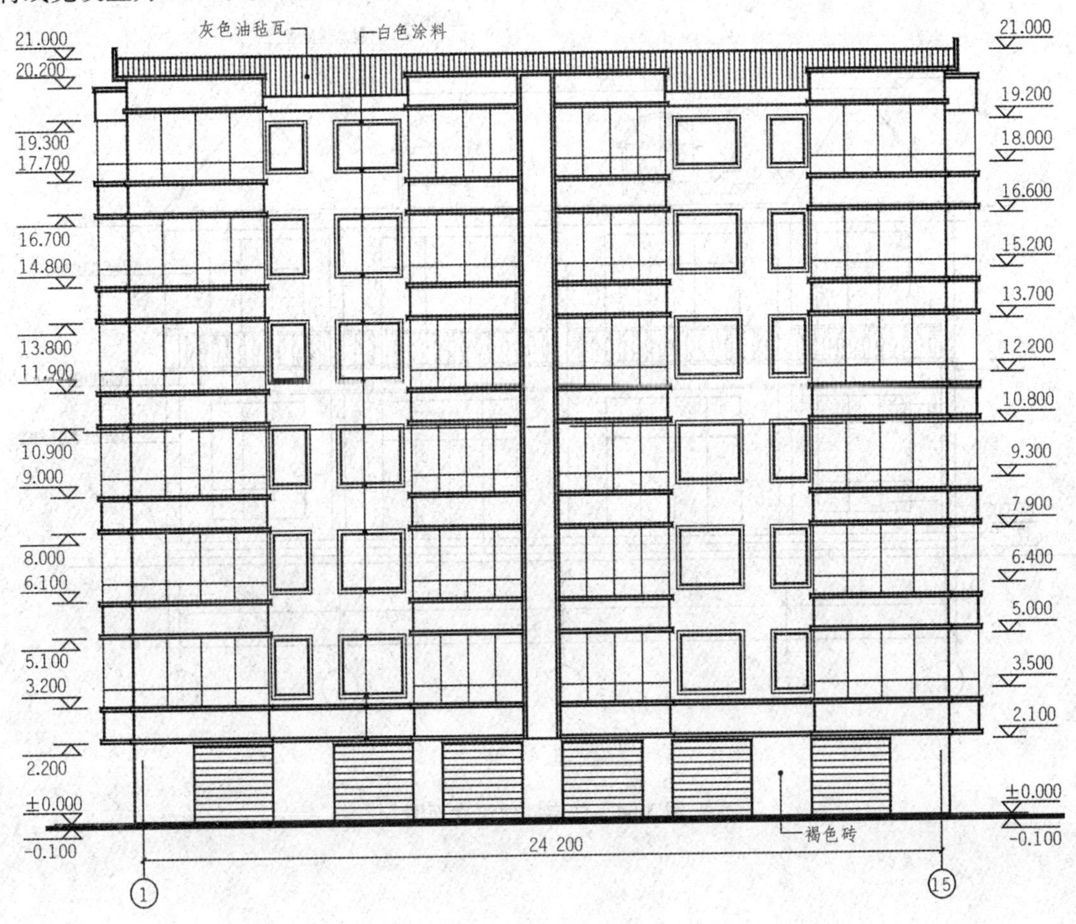

图3-53 正立面图的最后绘制效果

五、保存住宅楼建筑立面图

单击“保存”按钮，弹出“图形另存为”对话框，在“保存于”下拉列表中选择保存图形文件目录，在“文件名”文本框中输入“住宅楼建筑立面图”，单击“保存”按钮，完成图形文件的保存。

能力训练

标注图 3-54 所示的住宅楼建筑立面图。

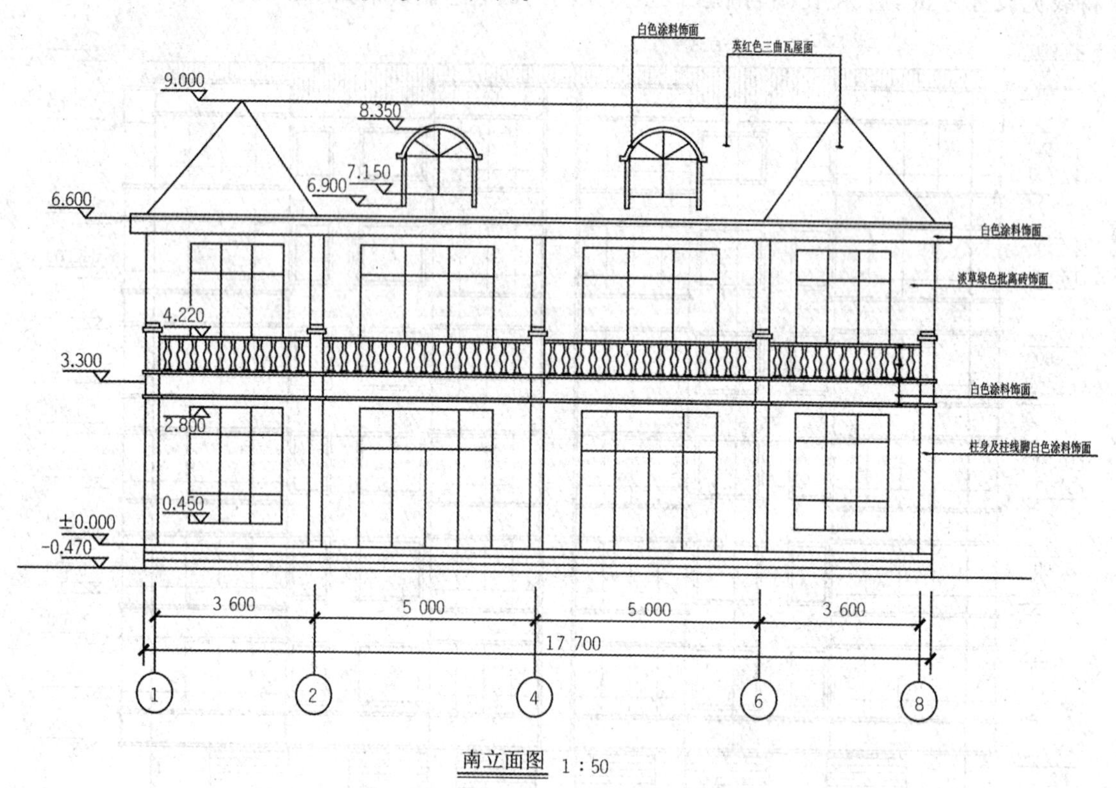

图 3-54　住宅楼建筑立面图

项目四　绘制建筑剖面图

教学目标

知识目标

1. 掌握建筑剖面图的绘制步骤和绘图技巧。

2. 掌握图案填充的方法与编辑操作。

3. 掌握剖面图的标注。

能力目标

具有熟练使用CAD绘制建筑剖面图的操作能力及相关绘图技巧。

素质目标

1. 具有良好的职业道德和职业操守。

2. 具有高度的社会责任感、严谨的工作作风、爱岗敬业的工作态度和自主学习的良好习惯。

3. 具有团队意识、创新意识、动手能力、分析解决问题的能力和收集处理信息的能力。

教学重点

1. 建筑剖面图的绘制步骤。

2. 图案填充的编辑。

教学建议

本项目的学习建议教师借助多媒体课件，采用项目教学法，使用一张现有的剖面图，讲解剖面图的组成、绘图步骤、绘图方法和绘图技巧，锻炼学生绘制施工图的能力。

任务一　绘制建筑剖面图

任务描述

在设置好的图幅为A2(59 400×42 000)的图纸上绘制图4-1所示的住宅楼剖面图，要求绘图比例为1∶1。

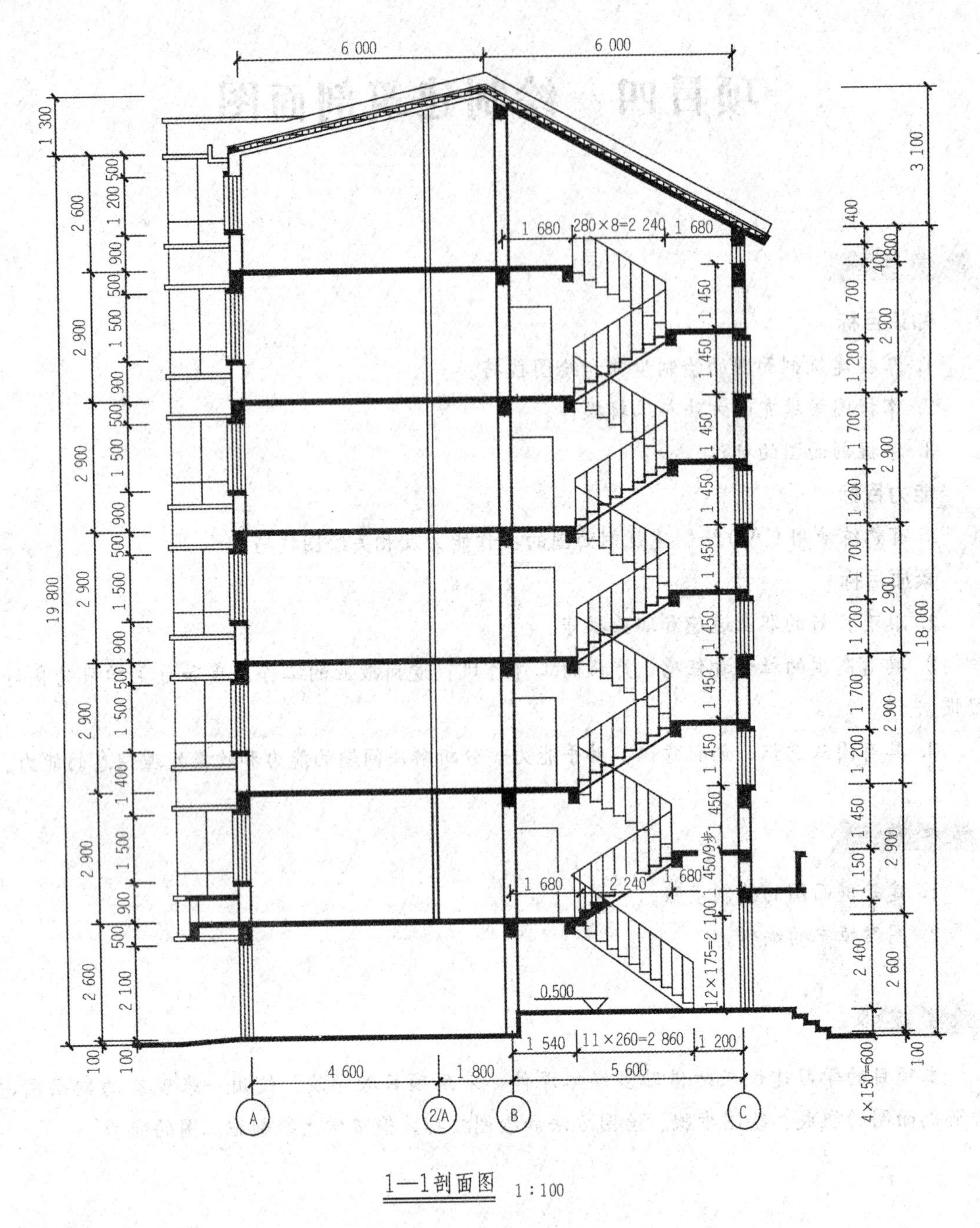

图 4-1 住宅楼剖面图

任务分析

本任务学习建筑剖面图的绘制过程及相关绘图与编辑命令的使用。

相关知识

一、建筑剖面图概述

1. 建筑剖面图的绘制内容

(1)图名和比例。

(2)被剖切到的墙、柱及其定位轴线。

(3)被剖切到建筑物的部位，如室内外地面、楼地面层、屋顶、内外墙、门窗、楼梯、阳台、散水、雨篷等的构造做法。

(4)未被剖切到的可见部分，如看到的墙面及其凹凸轮廓、梁、柱、阳台、雨篷、踢脚、勒脚、台阶、雨水管等。

(5)用索引符号、图例或文字说明屋顶、楼面、地面的构造和内墙粉刷装饰等内容。

(6)竖直方向的尺寸和标高。

2. 建筑剖面图的绘制要求

在绘制建筑剖面图时，也有相关的规定和要求。

(1)比例。绘制剖面图时，通常采用1∶100的比例，也可以选择1∶50和1∶200的比例。

(2)定位轴线。在剖面图中一般只画出两端的定位轴线及其编号，以方便与平面图对照阅读。

(3)图线。室外地坪线用加粗实线画出；被剖切到的墙身、梁、楼板、屋面板、楼梯板、楼梯平台等处的轮廓线用粗实线画出；未被剖切到的，但是可见的门窗洞、楼梯段、楼梯扶手内外墙的轮廓线用中粗实线画出；门窗扇及分格线、尺寸标注、引出线和标高符号等用细实线画出。

(4)图例。与立面图和平面图相同，剖面图中的门窗一般采用国家有关标准规定的图例来绘制，砖墙和钢筋混凝土的材料图例画法与平面图相同。

(5)尺寸标注。在建筑剖面图中应标出被剖切到部分的必要尺寸，主要有竖向尺寸和标高。

3. 建筑剖面图的绘制步骤

(1)设置绘图环境，或选用符合要求的样板文件。

(2)参照平面图，绘制竖向定位轴线；参照立面图，绘制水平轴线。

(3)绘制室内外地坪线、外墙轮廓、楼面线和屋面线。

(4)绘制梁板、楼梯、门窗、屋顶、檐口等构件。

(5)绘制标注尺寸、标高、索引符号和文字说明。

二、图案填充与编辑

在绘图过程中，常常需要用某种图案填充某一区域，不同的填充图案有助于表现不同对象或不同部位所用的不同材料，或表现表面纹理或涂色的不同，或用于绘制各种剖面图。为此，AutoCAD 提供了大量的填充图案供用户选择。

1. 图案填充

启动"图案填充"命令的方法如下：

(1)菜单"绘图"→"图案填充"。

(2)"绘图"工具栏 。

(3)命令行"hatch"或快捷键 H。

执行命令后，可打开图 4-2 所示的"图案填充和渐变色"对话框，该对话框中有两个选项卡："图案填充"和"渐变色"选项卡。在默认状态下，系统显示"图案填充"选项卡，在该选项卡中可以设置图案填充时的类型和图案、角度和比例等特性。"图案填充"选项卡主要包括确定填充的图案及填充边界，其操作及相关说明如下：

"图案填充"各选项功能如下：

(1)"类型和图案"选项卡，可以确定填充图案的类型。

1)类型。在下拉列表框中选择"预定义"。

2)图案。控制填充图案。单击"选择"按钮 ...，弹出图 4-3 所示的对话框，选择需要的图案。

3)样式。在"图案"中选中的图案样式会在该显示框中显示出来，以方便用户查看所选图案是否合适。单击"图案"中的图案，弹出图 4-3 所示的对话框。

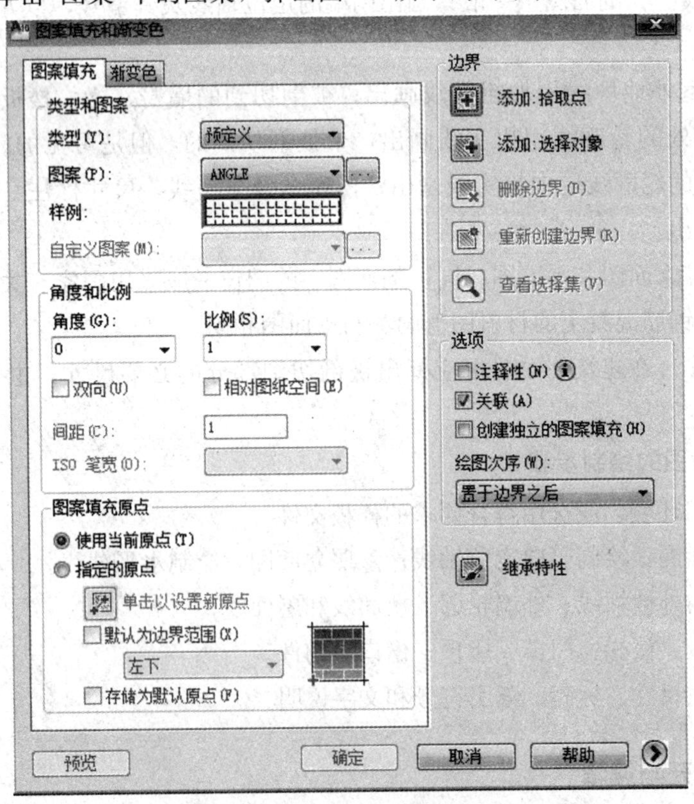

图 4-2 "图案填充和渐变色"对话框

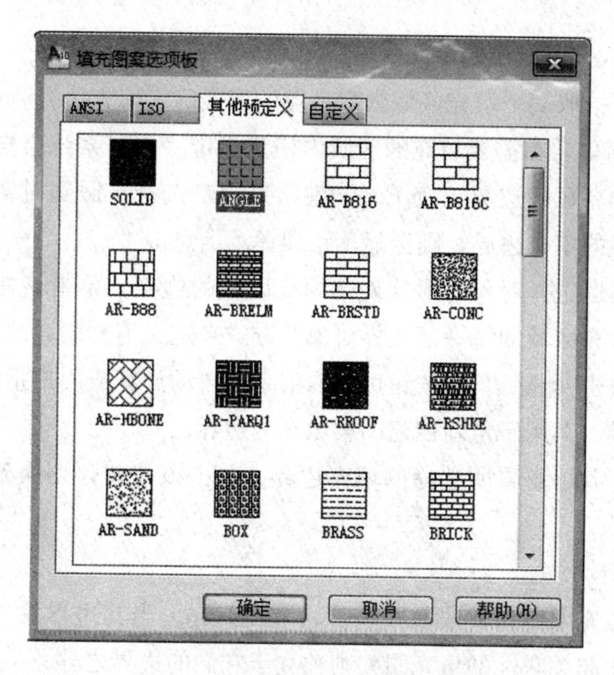

图 4-3 "填充图案选项板"对话框

(2)"角度和比例"选项卡，可以控制图案的视觉效果。

1)角度。确定图案填充时的旋转角度。图 4-4 所示为图案"ANSI31"角度为 0°和 45°时的倾斜情况。

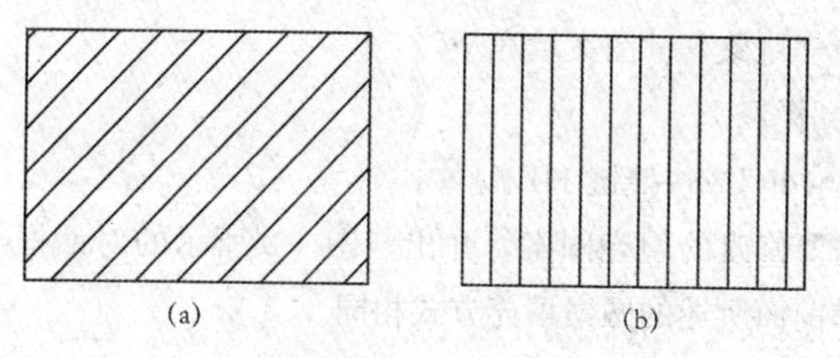

图 4-4 采用不同旋转角度的填充效果

(a)填充角度为 0°；(b)填充角度为 45°

2)比例。确定图案填充时的比例，即控制填充的疏密程度。比例越大，填充图案越疏；反之，则越密。图 4-5 所示为图案"AR-CONC"比例选 1 和选 2 时的填充情况。

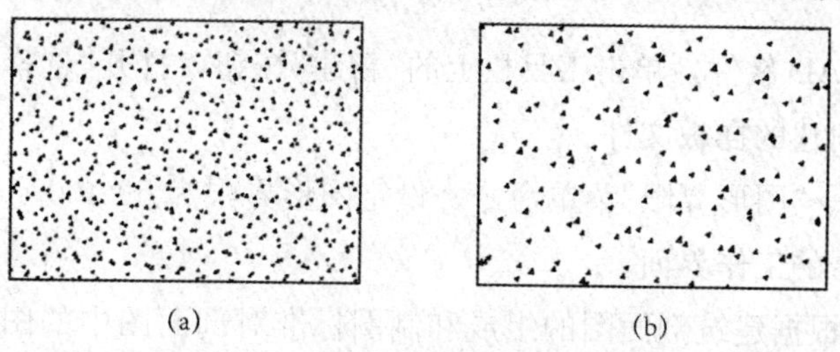

图 4-5 采用不同填充比例的填充效果

(a)填充比例为 1；(b)填充比例为 2

(3)“边界”选项卡，可以控制填充区域。

1)拾取点。其以拾取某个填充区域内部一点的形式确定填充边界。单击该按钮后，AutoCAD 切换到绘图窗口，在需要填充的区域内任意指定一点，系统会自动计算包围该点的封闭填充边界，同时亮显该边界，按 Enter 键结束编辑选择，回到对话框。如果在拾取点后系统不能形成封闭的填充边界，则会显示错误提示信息。

2)选择对象。其以选择对象的形式确定填充区域的边界。单击该按钮将切换到绘图窗口，通过选择围成填充区域的每一条边界对象的方式来定义填充区域的边界。

3)删除边界。单击“删除边界”按钮可以取消系统自动计算或用户指定的边界。

4)重新创建边界。其用于重新创建图案填充的边界。

5)查看选择集。其可查看所选择的填充边界。单击该按钮，切换到绘图窗口，已定义的填充边界将亮显。

(4)“选项”选项卡。

关联，其控制填充图案和其他边界是否联系在一起。当其边界发生改变时会自动更新以适应新的边界，而非关联性的填充图案则独立于它们的边界之外。

2. 填充图案的编辑

在完成图案填充的操作后，如果对填充图案或区域不满意，用户可以使用 AutoCAD 提供的“修改图案填充”命令对已填充的图案和区域进行编辑、修改。

启动“修改图案填充”命令的方法如下：

(1)菜单“修改”→“对象”→“图案填充…”。

(2)“修改Ⅱ”工具栏。

(3)命令行“hatchedit”或快捷键 HE。

用拾取框选择需要修改的填充图案，弹出与图 4-2 所示的对话框类似的“图案填充”对话框，修改的方式和前面所述的图案填充方式相同。

任务实施

绘制住宅建筑剖面图

一、设置绘图环境

(1)启动 AutoCAD 软件，单击工具栏上的“新建”按钮，打开“选择样板”对话框，然后选择“acadiso”作为新建的样板文件。

(2)选择“格式”→“图形界限”菜单命令，设定图形界限为 59 400×42 000，并将设置的绘图界限设为显示器的工作界面。

(3)创建图层。根据建筑剖面图的组成和制图标准对剖面图中的图形线宽、线型要求，建立剖面图所需的图层系统，并进行图层颜色、线型、线宽等特性的设置，其结果如图 4-6 所示。

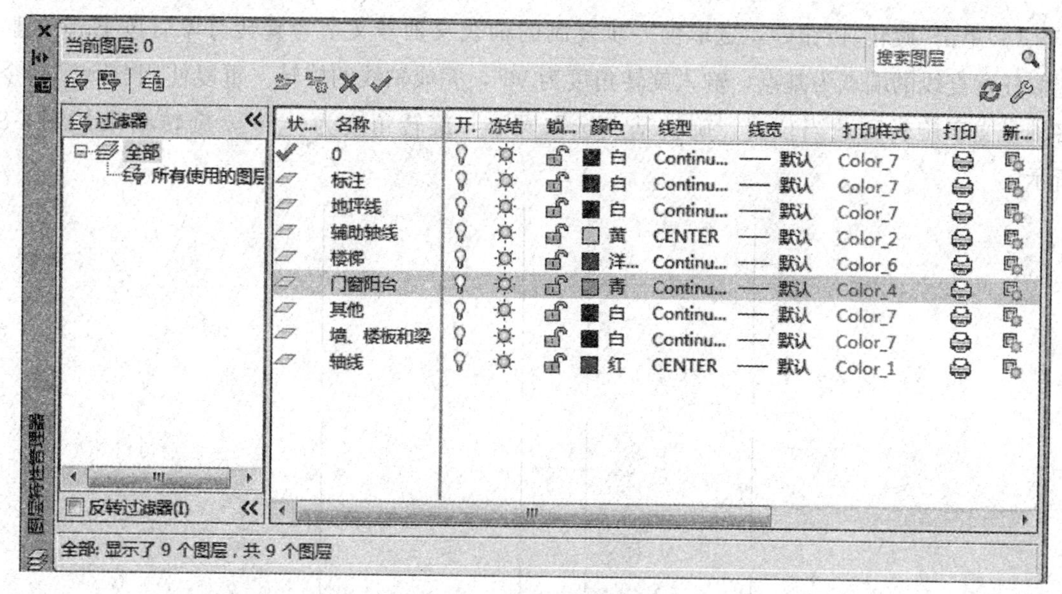

图 4-6　建筑剖面图图层

(4)在命令行中输入“ADC”，打开“设计中心”对话框，在“设计中心”对话框中，拖动复制建筑平面图中已创建的“仿宋体”文字样式和平面图标注样式。

二、绘制定位轴线

为了能快速、准确地定位建筑剖面轮廓，首先需要绘制辅助定位线。辅助定位线由竖直轴线和标识层高的水平线组成，竖直轴线的绘制要依据建筑平面中与剖切方向垂直的轴线尺寸，从建筑平面中选用，标识层高的水平线从建筑立面中获取。

(1)打开图形文件“住宅楼建筑平面图”，单击“图层”工具条的“图层控制”下拉框，关闭除“轴线”和“标注”之外的所有图层。

(2)选择“编辑”→“复制”菜单命令，依据提示选取轴号为Ⓑ、2/A、Ⓑ、Ⓒ的水平轴线及轴号文字，关闭图形文件“住宅楼建筑平面图”。

(3)在图形文件“住宅楼建筑剖面图”绘图区的任意位置单击鼠标右键，在弹出的快捷菜单中选择“粘贴”命令，然后选择插入点，把图形复制到相应位置，如图 4-7 所示。

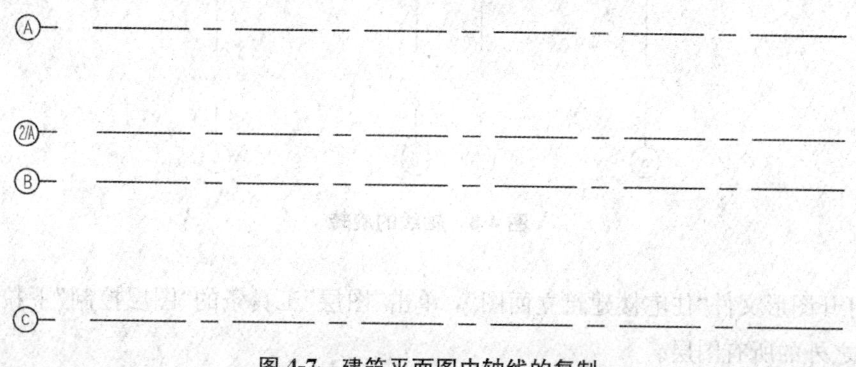

图 4-7　建筑平面图中轴线的复制

(4)单击“旋转”按钮，选取前一步复制的轴线及轴号文字为旋转对象后按 Enter 键，选取任意直线的端点为基点，输入旋转角度为 90°，完成轴线的旋转。重复使用“旋转”命令将轴号文字旋转到适当位置，旋转基点选取圆心，旋转角度为－90°，旋转结果如图 4-8 所示。

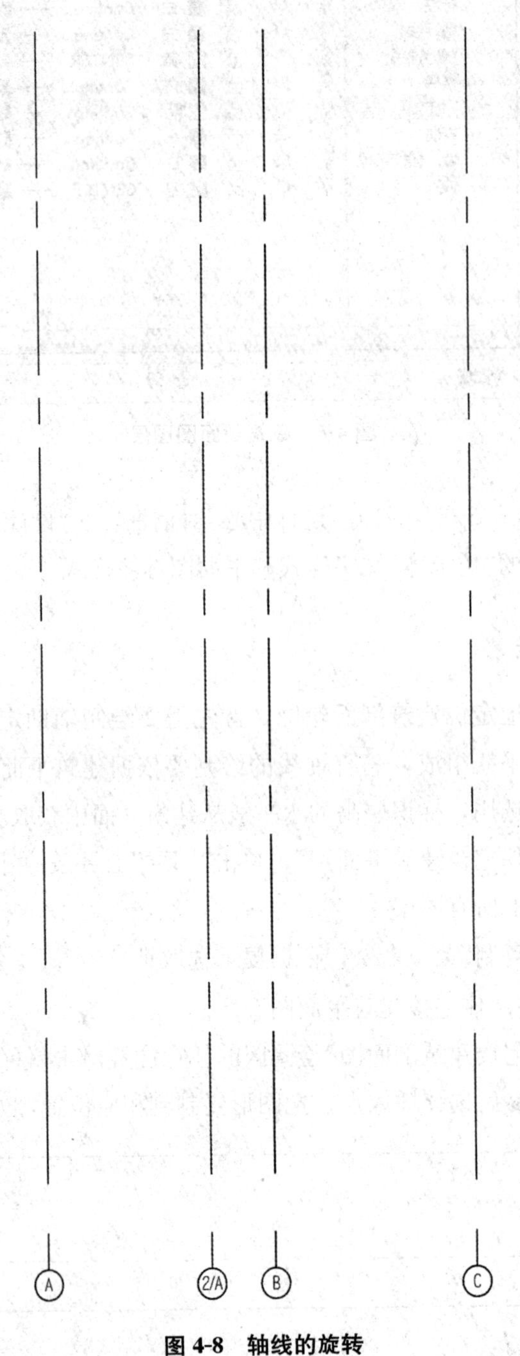

图 4-8　轴线的旋转

(5)打开图形文件“住宅楼建筑立面图”，单击“图层”工具条的“图层控制”下拉框，关闭除“轴线”之外的所有图层。

(6)选择“编辑”→“复制”菜单命令，选择所有标识层高的直线。

(7)在图形文件“住宅楼建筑剖面图”绘图区的任意位置单击鼠标右键，在弹出的快捷菜单中选择“粘贴”命令，然后选择插入点，把图形复制到相应位置，使用“修剪”命令把轴线多余部分剪掉，如图 4-9 所示。

(8)利用“偏移”命令将轴线Ⓑ向右偏移 1 540，将轴线Ⓒ向左偏移 1 200，将编号为 H8 的直线向上移动 800，如图 4-10 所示。

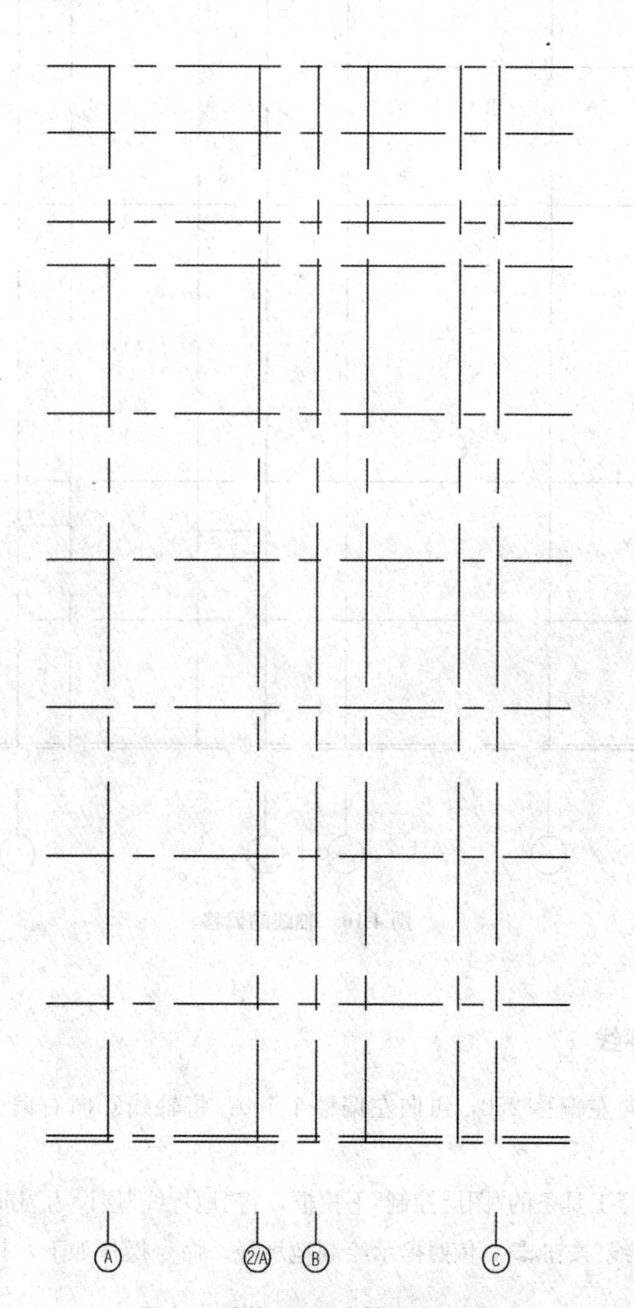

图 4-9 建筑立面图中轴线的复制

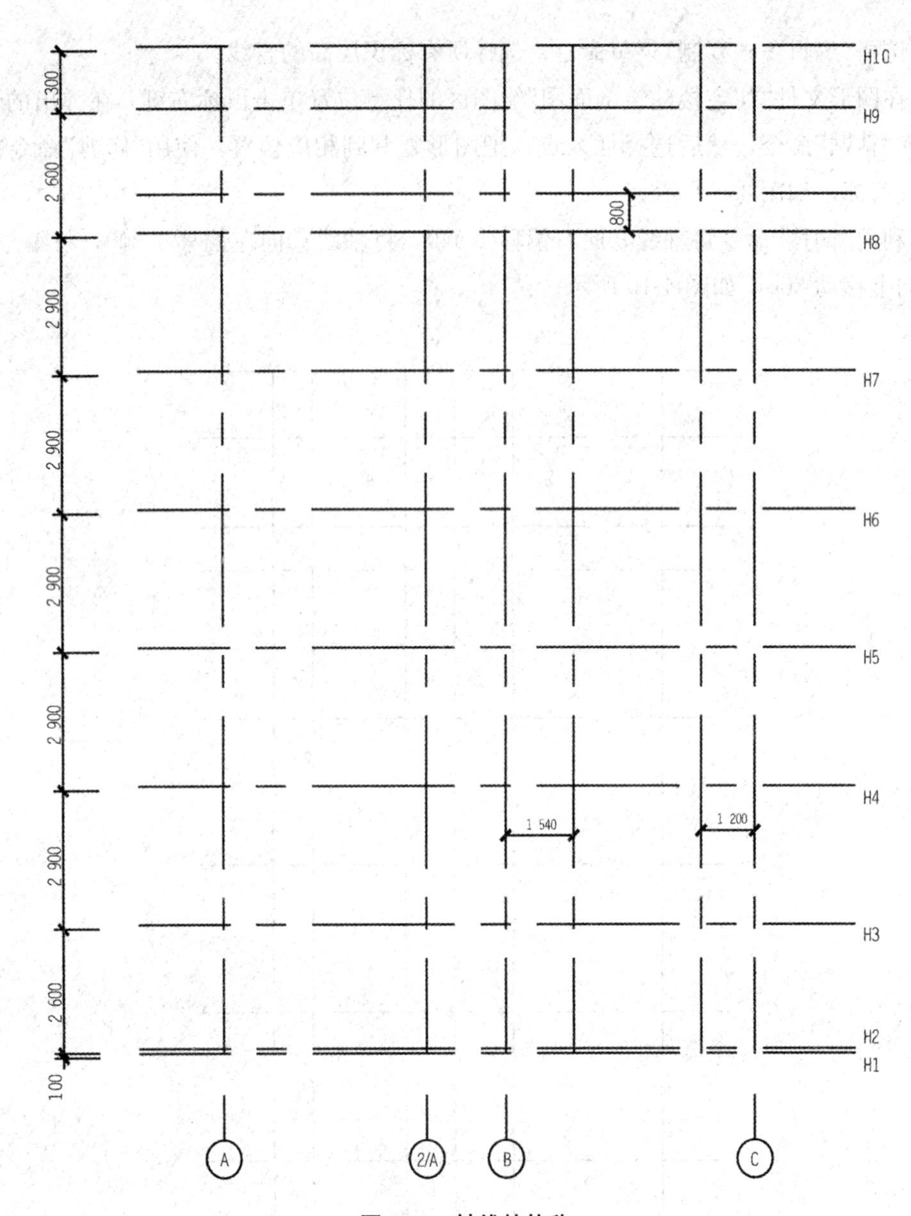

图 4-10　轴线的偏移

三、绘制地坪线

(1)将轴线Ⓐ向左偏移 250，再向左偏移 1 500；将轴线Ⓒ向右偏移 1 250，如图 4-11 所示。

(2)单击“图层”工具条的“图层控制”下拉框，将“地坪线”层设为当前层。

(3)单击“多段线”按钮，依照提示绘制地坪线。命令操作如下，其绘制结果如图 4-12 所示。

命令：_pline

指定起点：　　　　　　　　//从图中 A 点向左作临时追踪，追踪 1 200，确定多段线的起点

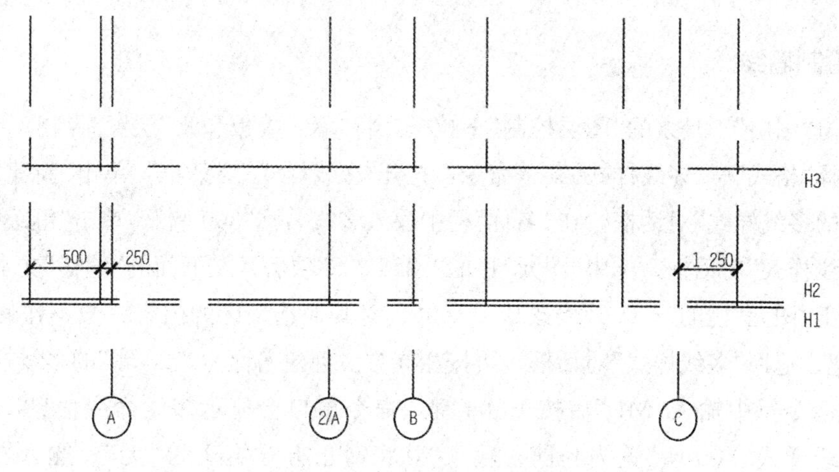

图 4-11　偏移轴线

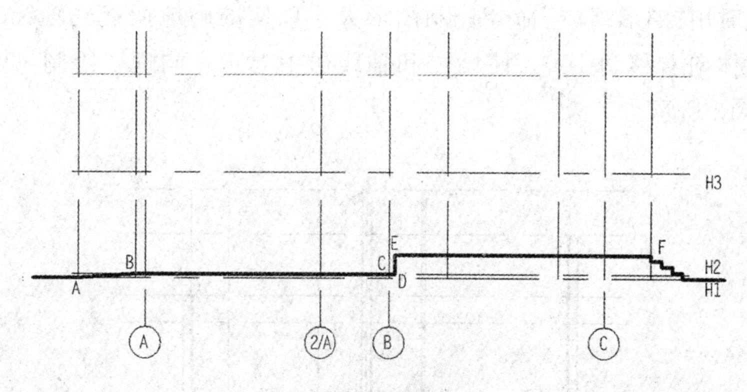

图 4-12　绘制地坪线

当前线宽为 0.0000

指定下一个点：　　　　//向右移动光标，捕捉 A 点

指定下一个点：　　　　//向右移动光标，捕捉 B 点

指定下一个点：　　　　//继续向右移动光标，捕捉 C 点

指定下一个点或：150　　　　//向右移动光标，输入 150 后按 Enter 键

指定下一个点：500　　　　//向上移动光标，输入 500 后按 Enter 键

指定下一个点：　　　　//向右移动光标，捕捉 F 点

指定下一个点：150　　　　//向下移动光标，输入 150 后按 Enter 键

指定下一个点：280　　　　//向右移动光标，输入 280 后按 Enter 键

指定下一个点：150　　　　//向下移动光标，输入 150 后按 Enter 键

指定下一个点：280　　　　//向右移动光标，输入 280 后按 Enter 键

指定下一个点：150　　　　//向下移动光标，输入 150 后按 Enter 键

指定下一个点：280　　　　//向右移动光标，输入 280 后按 Enter 键

指定下一个点：150　　　　//向下移动光标，输入 150 后按 Enter 键

指定下一个点：1200　　　　//向右移动光标，输入 1 200 后按 Enter 键

指定下一个点：　　　　//按 Enter 键结束多段线的绘制

(4)删除第一步偏移得到的直线。

四、绘制墙线

(1)单击“图层”工具条的“图层控制”下拉框，将“墙、楼板和梁”层置为当前。

(2)选择“格式”→“多线样式”菜单命令，打开“多线样式”对话框，单击“新建”按钮，打开“创建新的多线样式”对话框，在“名称”栏中输入多线名称“300 墙”，单击“继续”按钮，打开“新建多线样式”对话框，选中“图元”栏的“偏移 0.5”项后，在下面的“偏移”文本框中输入 250，同样把“图元”栏的“－0.5”修改成“－50”，对其他选型区的内容一般不作修改，单击“确定”按钮，返回“多线样式”对话框。再按相同方法创建名称为“120 墙”的多线样式。

(3)在命令行中输入“ML”后按 Enter 键，命令窗口会显示多线命令信息，然后输入“ST”将多线样式“300 墙”置为当前；输入“J”将对正方式定义为“无”；输入“S”设定多线比例为 1。设置“对象捕捉”状态，移动鼠标捕捉轴线交点绘制 300 墙体，在绘制过程中，注意随时用“图形缩放”命令控制图形大小以便准确地捕捉到轴线交点，把轴线Ⓑ上绘制的墙体向右移动 100，使墙体和轴线居中对正。同理，绘制 120 墙体。其绘制结果如图 4-13 所示。

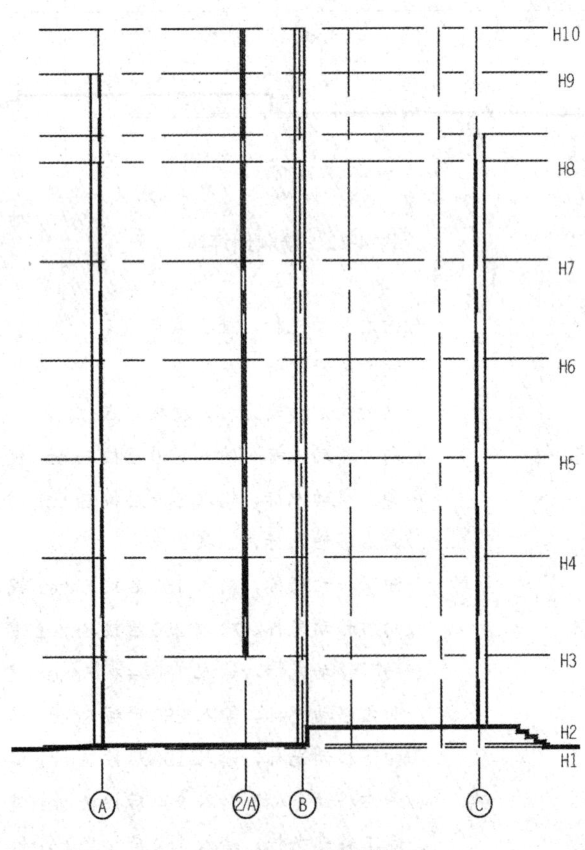

图 4-13　绘制的墙体

五、绘制楼板、休息平台板、屋面板和梁

1. 绘制楼板

(1)选择“格式”→“多线样式”菜单命令，打开“多线样式”对话框，单击“新建”按钮，打开“创建新的多线样式”对话框，在“名称”栏中输入多线名称“楼板”，单击“继续”按钮，打开“新建多线样式”对话框，选中“图元”栏的“偏移 0.5”项后，在下面的“偏移”文本框中输入0，同样把“图元”栏的“－0.5”修改成“－100”，勾选“多线起点”“端点封口”，单击“确定”按钮，完成“楼板”多线样式定义。

(2)单击“偏移”按钮，依照提示输入偏移距离 1 680，选取轴线Ⓑ为偏移对象，在右侧单击给出偏移方向，按 Enter 键结束偏移命令，其结果如图 4-14 所示。

(3)在命令行中输入“ML”后按 Enter 键，命令窗口会显示多线命令信息，然后输入“ST”将多线样式“楼板”置为当前，输入“J”将对正方式改为“上”。设置“对象捕捉”状态，从图 4-14 所示的 A 点向左作临时追踪，追踪距离为 1 000，单击鼠标左键确定多线的起点，向右移动光标到 B 点绘制一层楼板。

(4) 用同样的方法绘制 H4 轴上从 C 点到 D 点的楼板。

(5)删除第(2)步偏移得到的直线。

2. 绘制休息平台板

(1)单击“偏移”按钮，把轴线Ⓒ向左偏移 1 680。

(2)在命令行中输入“ML”后按 Enter 键，从图 4-14 所示的 E 点向上作临时追踪，追踪距离为 1 350，确定多线的起点，向左移动光标到 F 点绘制休息平台板。

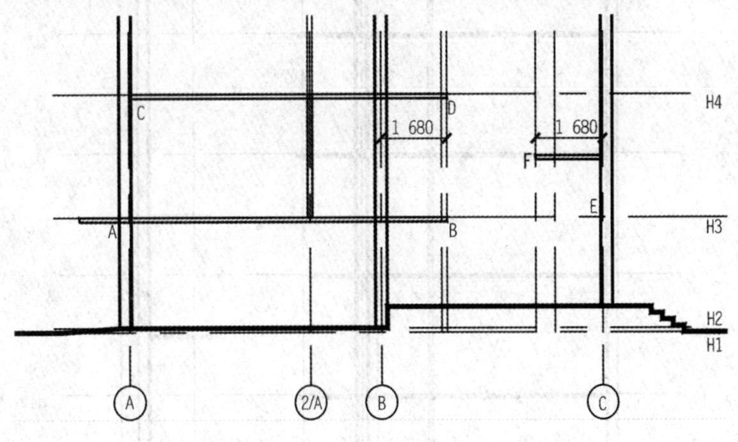

图 4-14　绘制楼板和休息平台板

(3)删除第(1)步偏移得到的直线。

(4)单击“图案填充”按钮，打开“图案填充和渐变色”对话框，在“类型和图案”选项区，选择“预定义”类型，选择“SOLID”图案，完成图案填充的设置。单击“拾取点”按钮，切换到绘图窗口，在绘图区内单击楼板和休息平台板内拾取填充边界，单击鼠标右键返回“图案填充和

渐变色"对话框，单击"确定"按钮，完成图案的填充。填充后的效果如图 4-15 所示。

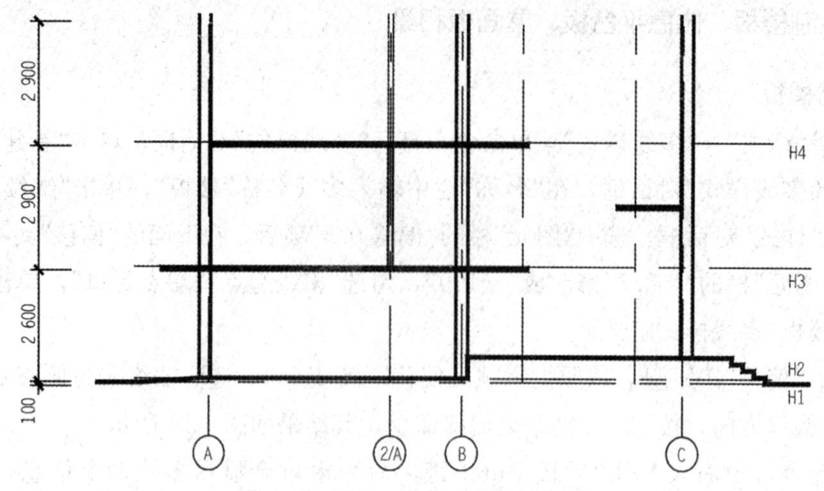

图 4-15　楼板、休息平台板的填充

(5)单击"阵列"按钮，在绘图区选取绘制完的楼板和休息平台板，按照命令行提示信息设置行数和列数，分别输入 5 和 1，设置行间距为 2 900，完成阵列操作，其阵列结果如图 4-16 所示。

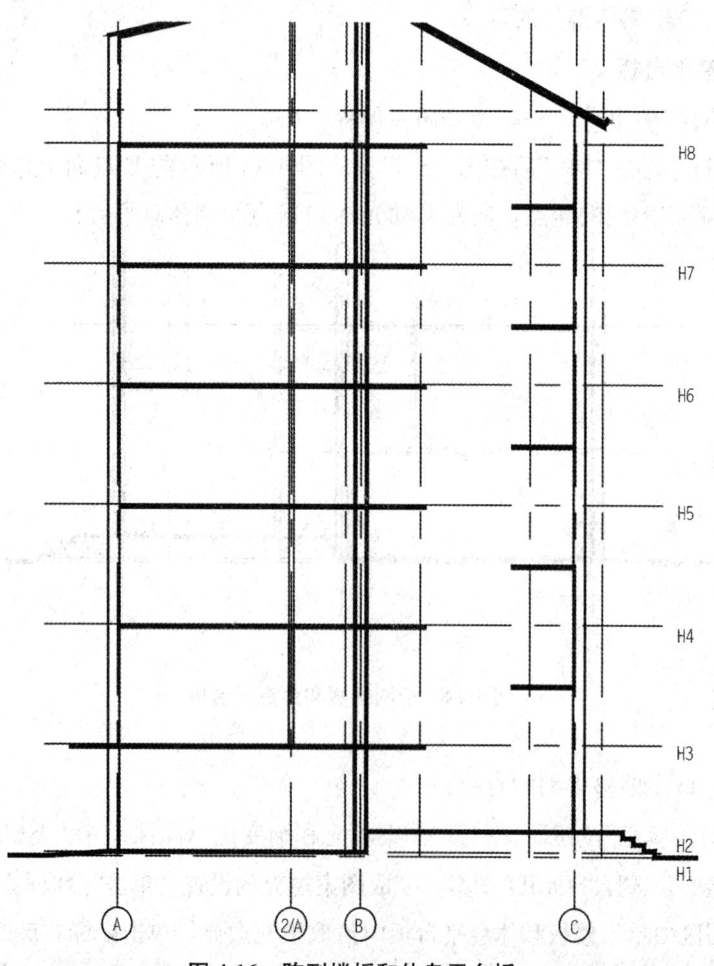

图 4-16　阵列楼板和休息平台板

3. 绘制屋面板

(1)单击“偏移”按钮，把轴线Ⓐ向右偏移 6 000，把轴线Ⓒ向右偏移 700。

(2)在命令行中输入“ML”后，按 Enter 键，命令操作如下：

```
命令：_mline
当前设置：对正=上，比例=1.00，样式=楼板
指定起点或[对正(J)/比例(S)/样式(ST)]：        //捕捉 A 点为多线起点
指定下一个点：                                //捕捉 B 点
指定下一个点或[放弃(U)]：                      //捕捉 C 点(C 点为水平轴线和轴线 C 交点向下 38 mm)
指定下一个点或[闭合(C)/放弃(U)]：              //捕捉 D 点
指定下一个点或[闭合(C)/放弃(U)]：150           //移动光标，与绘制的多线垂直，输入 150
指定下一个点或[闭合(C)/放弃(U)]：              //按 Enter 键结束多线绘制
```

绘制结果如图 4-17 所示。

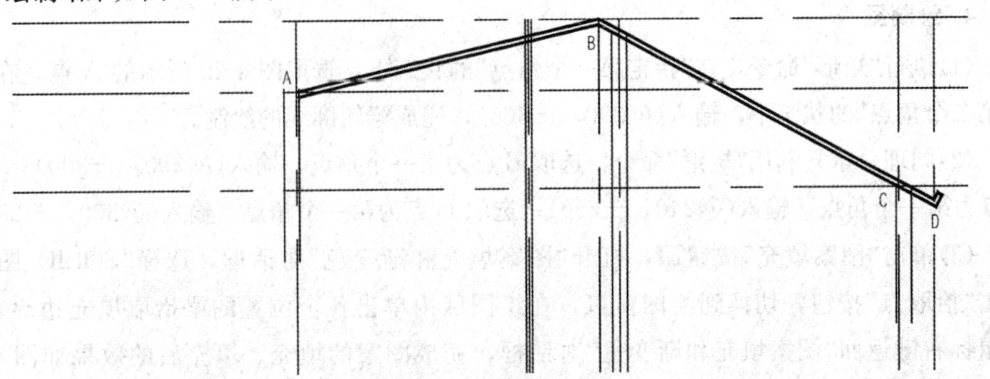

图 4-17　绘制屋面板

(3)修剪屋面板与墙体交接处，删除第(1)步偏移生成的直线，其绘制结果如图 4-18 所示。

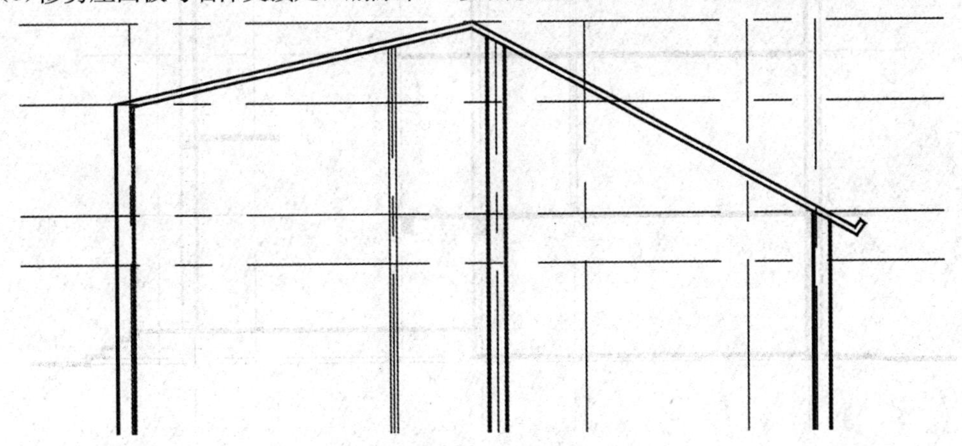

图 4-18　修剪墙体与屋面板交接处

(4)单击“图案填充”按钮，打开“图案填充和渐变色”对话框，选择“SOLID”图案，在绘图区内单击屋面板内拾取填充边界，单击鼠标右键返回“图案填充和渐变色”对话框，单击“确定”按钮，完成图案的填充。填充后的效果如图 4-19 所示。

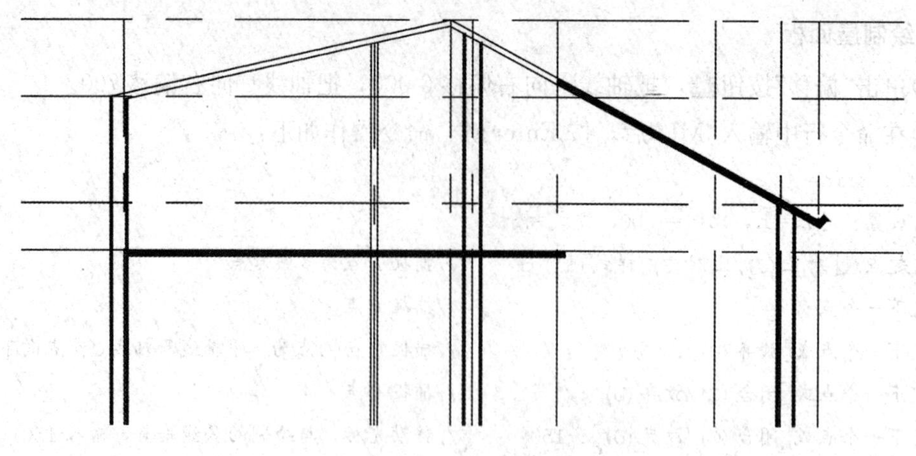

图 4-19　填充屋面板

4. 绘制梁

(1)执行“矩形”命令，在“指定第一个角点”的状态下，选取图 4-20 所示的 A 点，在“指定第二个角点”的状态下，输入(@300，−500)，完成梁轮廓线的绘制。

(2)同理，重复利用“矩形”命令，选取 B 点为第一个角点，输入(@300，−300)；选取 C 点为第一个角点，输入(@240，−250)；选取 D 点为第一个角点，输入(@300，−250)。

(3)单击“图案填充”按钮，打开“图案填充和渐变色”对话框，选择“SOLID”图案，单击“拾取点”按钮，切换到绘图窗口，在绘图区内单击各个位置的梁拾取填充边界，单击鼠标右键返回“图案填充和渐变色”对话框，完成图案的填充。填充后的效果如图 4-20 所示。

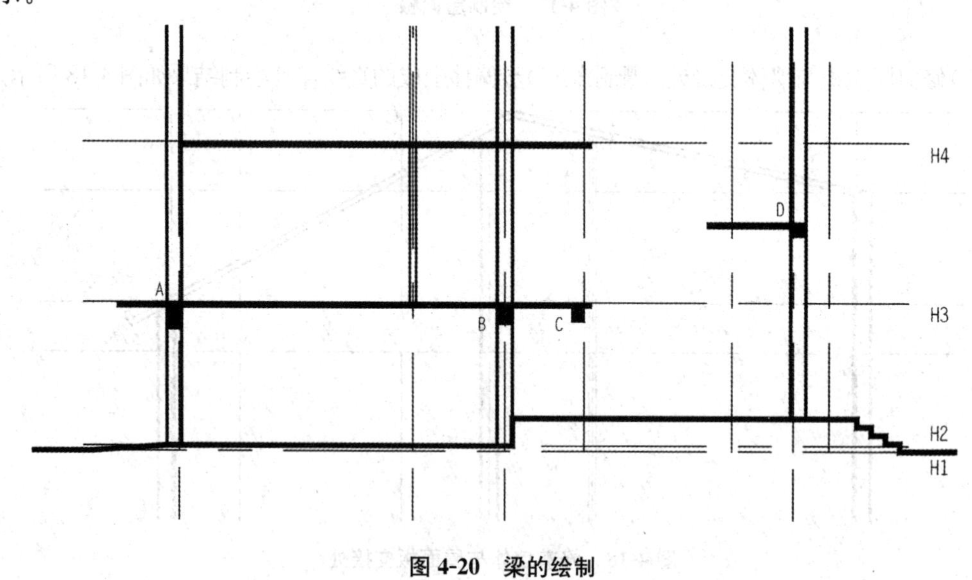

图 4-20　梁的绘制

(4)单击“复制”按钮，分别选取 A、B、C 三处的梁，复制到图 4-21 所示的位置。

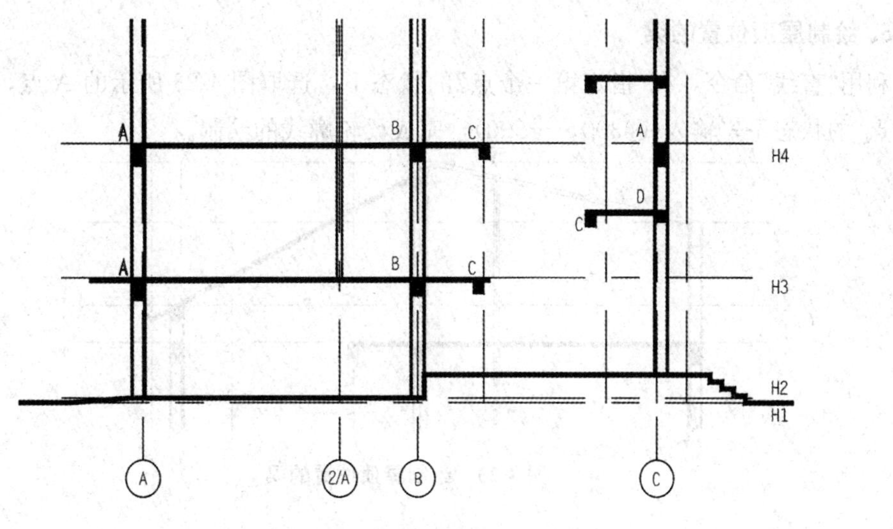

图 4-21　复制梁

(5)单击"阵列"按钮，在绘图区选取水平轴线 H4 上的 A、B、C 梁和休息平台梁 C、D，按照命令行提示信息设置行数和列数，分别输入 5 和 1，设置行间距为 2 900，完成阵列操作，其阵列结果如图 4-22 所示。

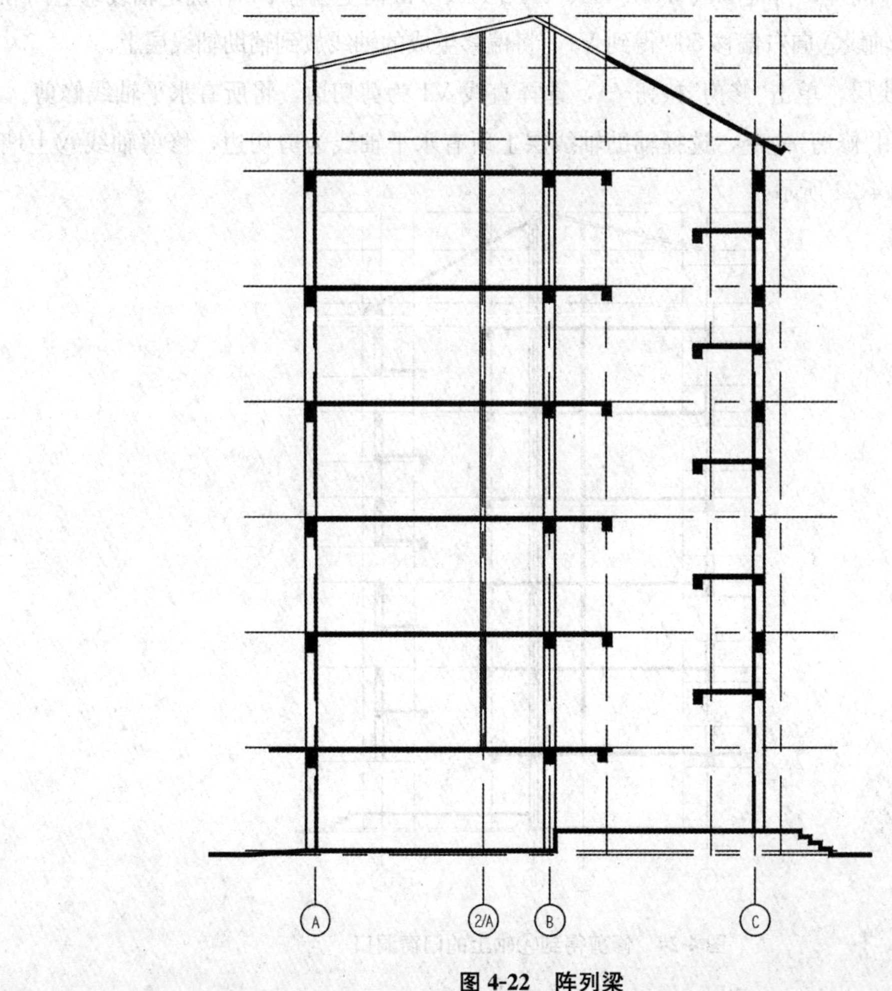

图 4-22　阵列梁

5. 绘制屋顶位置的梁

利用“直线”命令，在“指定第一个点”的状态下，选取图 4-23 所示的 A 点，在“指定第二个点”的状态下，输入(@300，－500)，完成梁轮廓线的绘制。

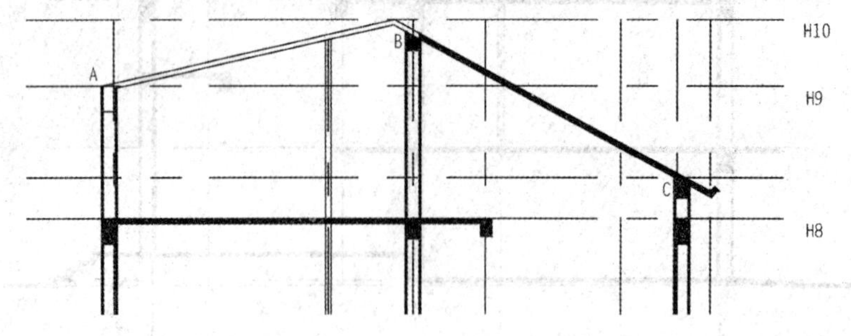

图 4-23　绘制屋顶位置的梁

六、绘制门窗和阳台

1. 开门窗洞口

(1)单击“偏移”按钮，输入偏移距离 500，分别将 H3、H4、H5、H6、H7、H8、H9 各向下偏移 500；同理，再将 H3、H4、H5、H6、H7、H8 向上偏移 900，确定轴线Ⓐ上门和窗洞的尺寸；将轴线Ⓐ向右偏移 500 得到 V1，将偏移生成的轴线放到辅助轴线层上。

(2)关闭轴线层，单击“修剪”按钮，选择直线 V1 为剪切边，将所有水平轴线修剪。

(3)再次利用“修剪”命令，选择辅助轴线层上所有水平轴线为剪切边，修剪轴线Ⓐ上墙体门窗洞，如图 4-24 所示。

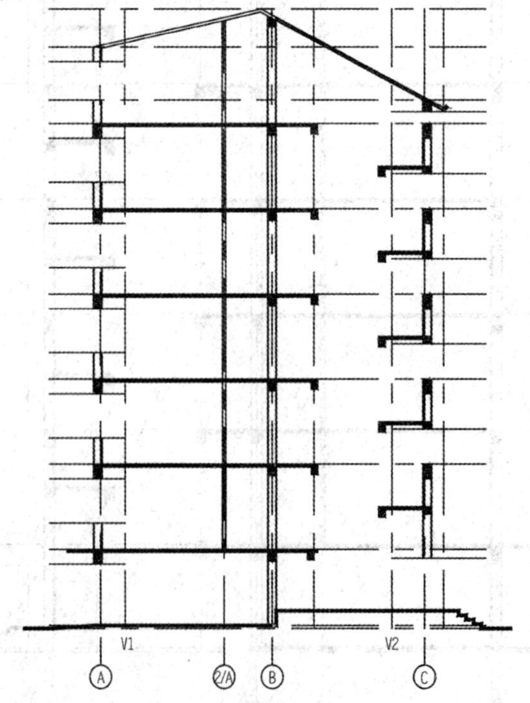

图 4-24　修剪得到Ⓐ轴上的门窗洞口

(4)删除第(1)步偏移生成的竖直轴线 V1。

(5)打开轴线层，单击“偏移”按钮，输入偏移距离 300，将 H3 向上偏移 300；再将 H4、H5、H6、H7 向上偏移 1 200；最后，将 H8 向上偏移 400，确定轴线Ⓒ上门和窗洞的尺寸，将偏移生成的轴线放到辅助轴线层上。

(6)单击“修剪”按钮，选择直线 V1 为剪切边，修剪所有偏移得到的水平轴线。

(7)再次利用“修剪”命令，选择所有水平轴线为剪切边，修剪轴线Ⓒ上的墙体门窗洞口，如图 4-25 所示。

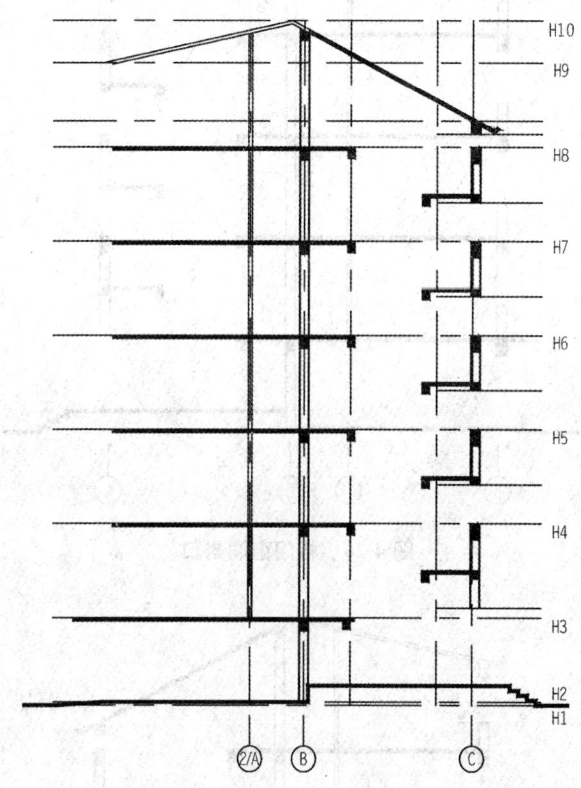

图 4-25　修剪得到Ⓒ轴上的门窗洞口

(8)关闭轴线层和辅助轴线层，将“墙、楼板和梁”置设为当前，单击“直线”按钮，将轴线Ⓐ和轴线Ⓒ墙上的所有门窗洞封口，其结果如图 4-26 所示。

2. 绘制窗台压顶和窗套

(1)将门窗阳台层设为当前层，单击“矩形”按钮，在剖面图 A 点处单击鼠标左键确定矩形第一点，然后输入相对坐标(@300，－100)绘制窗台压顶外框。再单击“图案填充”按钮，打开“图案填充和渐变色”对话框，在“类型和图案”选项区，选择“SOLID”图案，在绘图区内单击窗台压顶区域拾取填充边界，单击鼠标右键返回“图案填充和渐变色”对话框，单击“确定”按钮，完成图案的填充。

(2)单击“复制”按钮，将上一步绘制的窗台压顶复制到每一层的相应位置，其结果如图 4-27 所示。

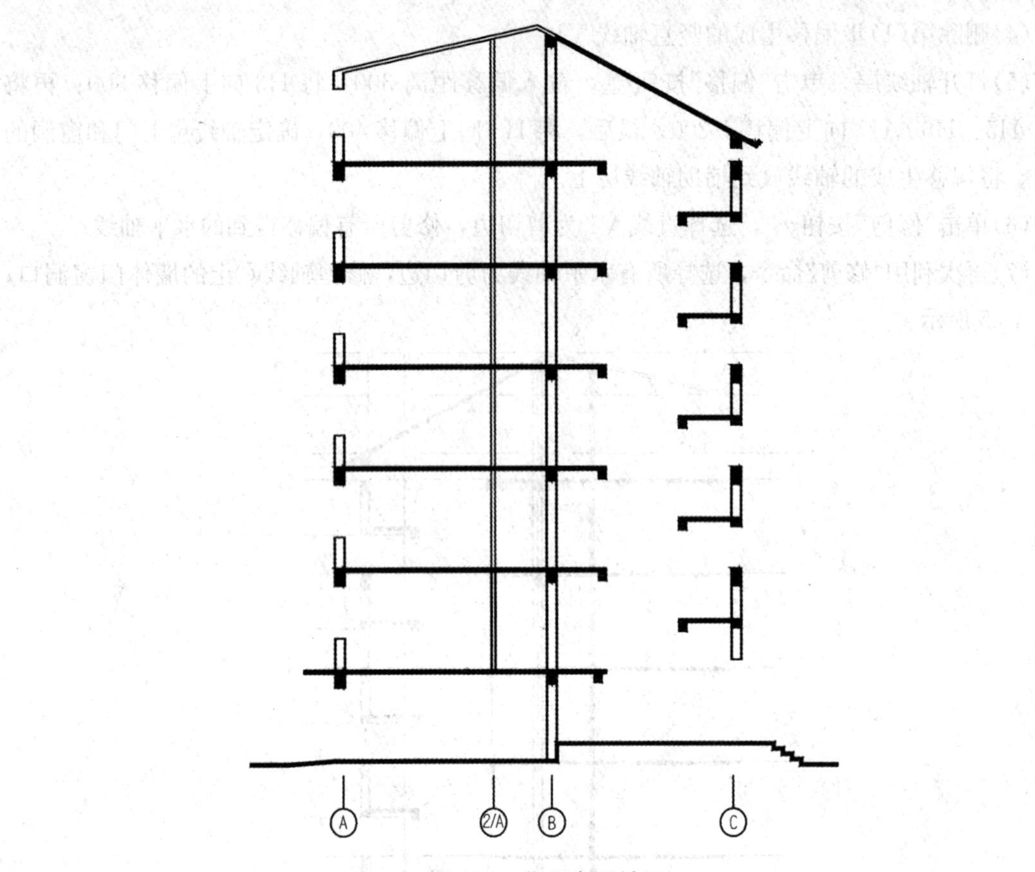

图 4-26 将门窗洞封口

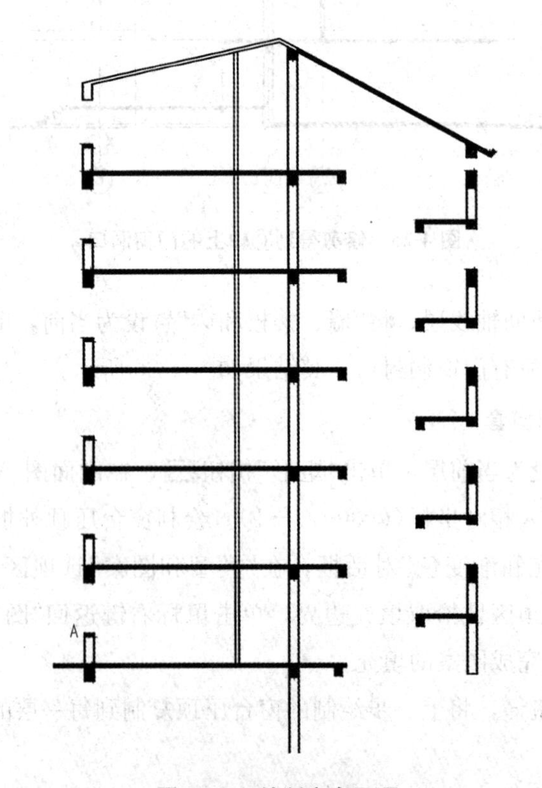

图 4-27 绘制窗台压顶

(3)再次利用“矩形”命令，在A点处单击鼠标左键确定矩形第一点，然后输入相对坐标(@－120，－100)绘制窗套外框；单击“图案填充”按钮，在绘图区内单击窗套区域拾取填充边界，完成图案的填充。

(4)再次利用“复制”命令，将上一步绘制的窗套复制到每一层窗的相应位置，其结果如图4-28所示。

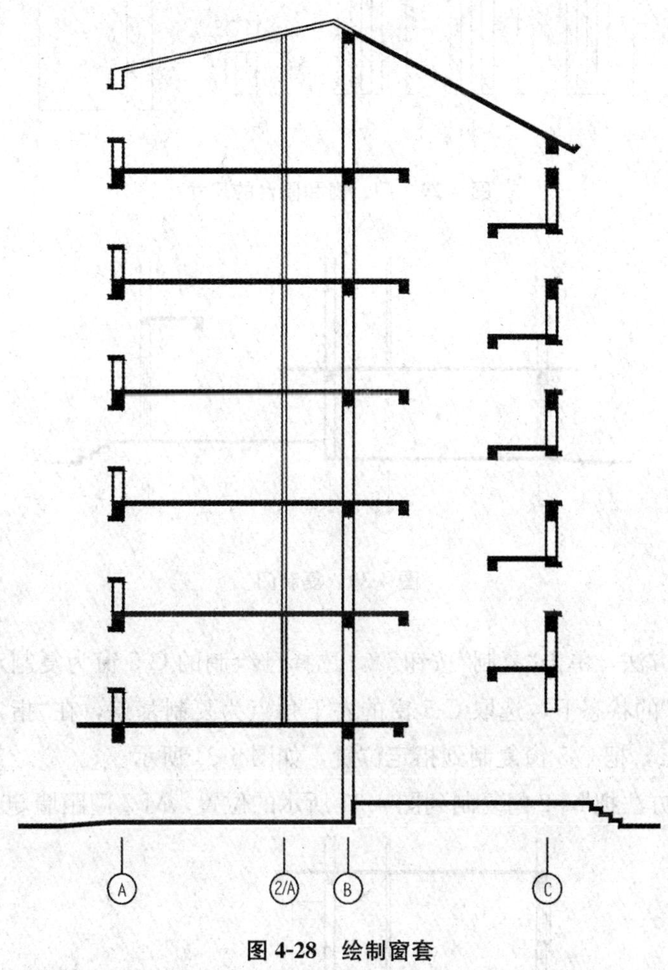

图4-28　绘制窗套

3. 绘制门、窗和阳台

利用“矩形”“直线”和“偏移”命令按图4-29所示的尺寸在绘图区空白处绘制M-1、M-4、C-5、C-1、C-5a、C-1a、M-2和阳台。

4. 门、窗、阳台的定位

(1)单击“复制”按钮，选择已绘制的M-1门为复制对象后，按Enter键，在“指定基点”的状态下，选取门的左上角点为门基点，在“指定第二个角点”的状态下，捕捉A点，把M-1门复制到指定位置。

(2)利用同样的方法，把M-4门插入到B点，其结果如图4-30所示。

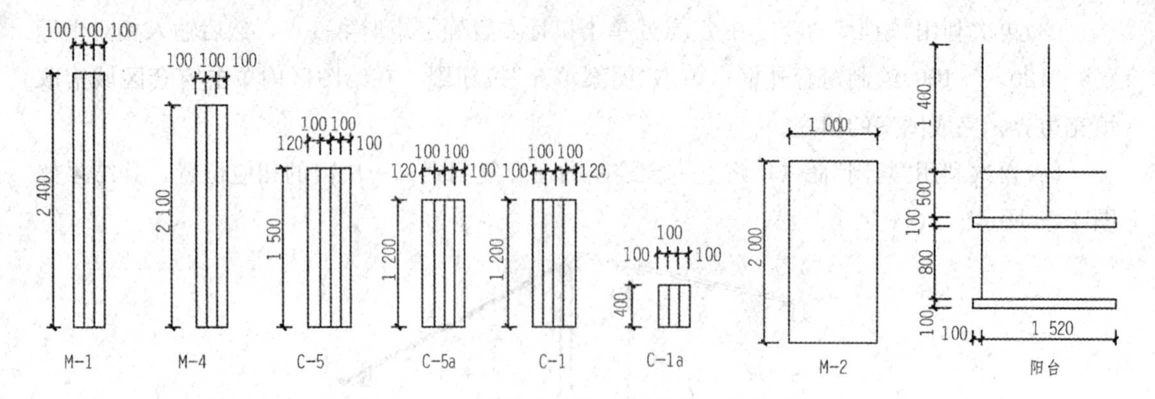

图 4-29　门、窗和阳台的尺寸

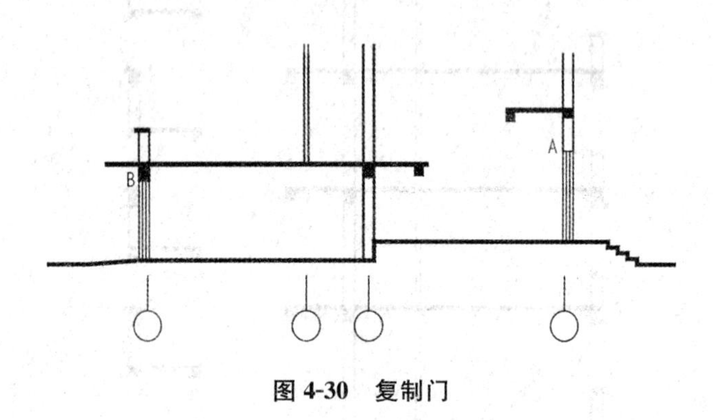

图 4-30　复制门

(3)用同样的方法，单击“复制”按钮，选择已绘制的 C-5 窗为复制对象后，按 Enter 键，在“指定基点”的状态下，选取 C-5 窗的左下角点为复制基点，在“指定第二个角点”的状态下，捕捉 C 点，把 C-5 窗复制到指定位置，如图 4-31 所示。

(4)用同样的方法把 M-2 门复制到图 4-31 所示的位置，M-2 门距墙 50 mm。

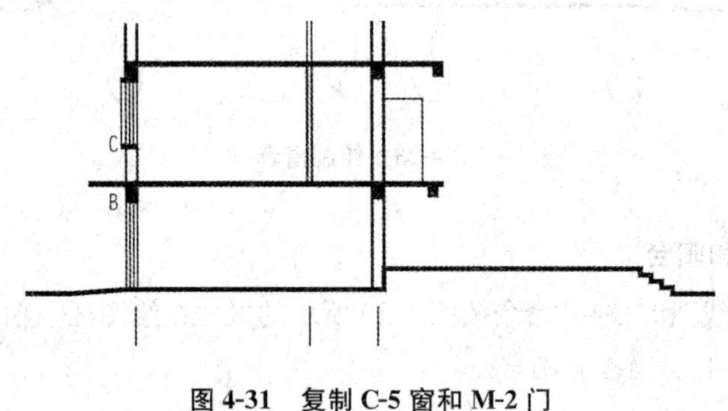

图 4-31　复制 C-5 窗和 M-2 门

(5)单击“阵列”按钮，在绘图区选取绘制完的 C-5 窗、M-2 门，按照命令行提示设置行数和列数，分别输入 5 和 1，设置行间距为 2 900，完成阵列操作，其阵列结果如图 4-32 所示。

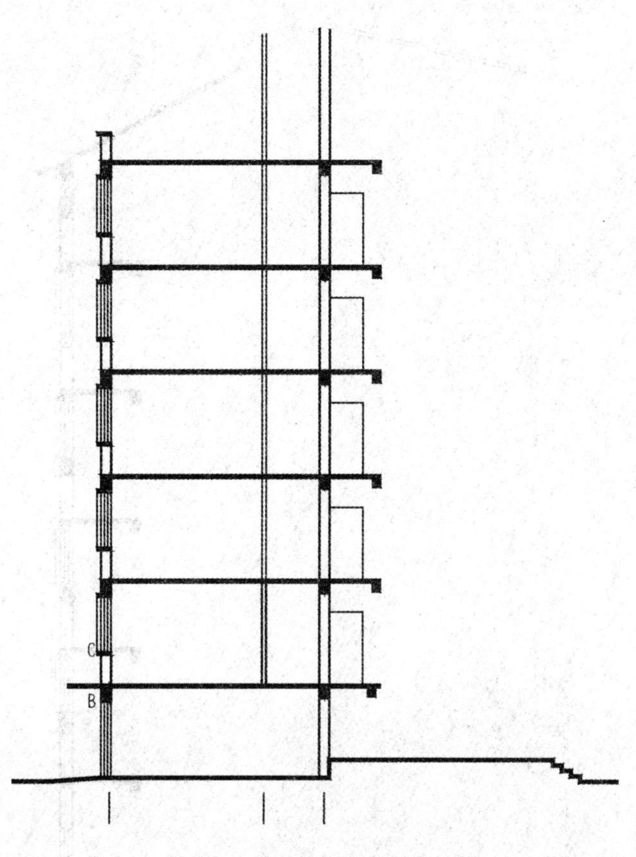

图 4-32　阵列 C-5 窗和 M-2 门

(6)执行"复制"命令，把 C-5a 窗和 C-1a 窗复制到阁楼对应的位置上，如图 4-33 所示。

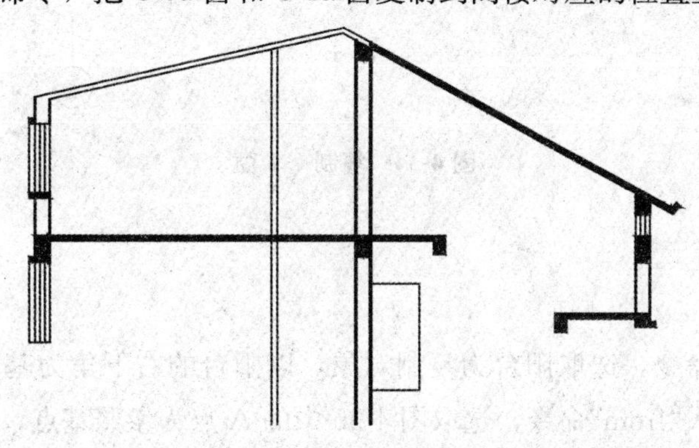

图 4-33　复制阁楼 C-5a 窗和 C-1a 窗

(7)执行"复制"命令，把 C-1 窗复制到轴线Ⓒ墙对应的位置上，如图 4-34 所示。

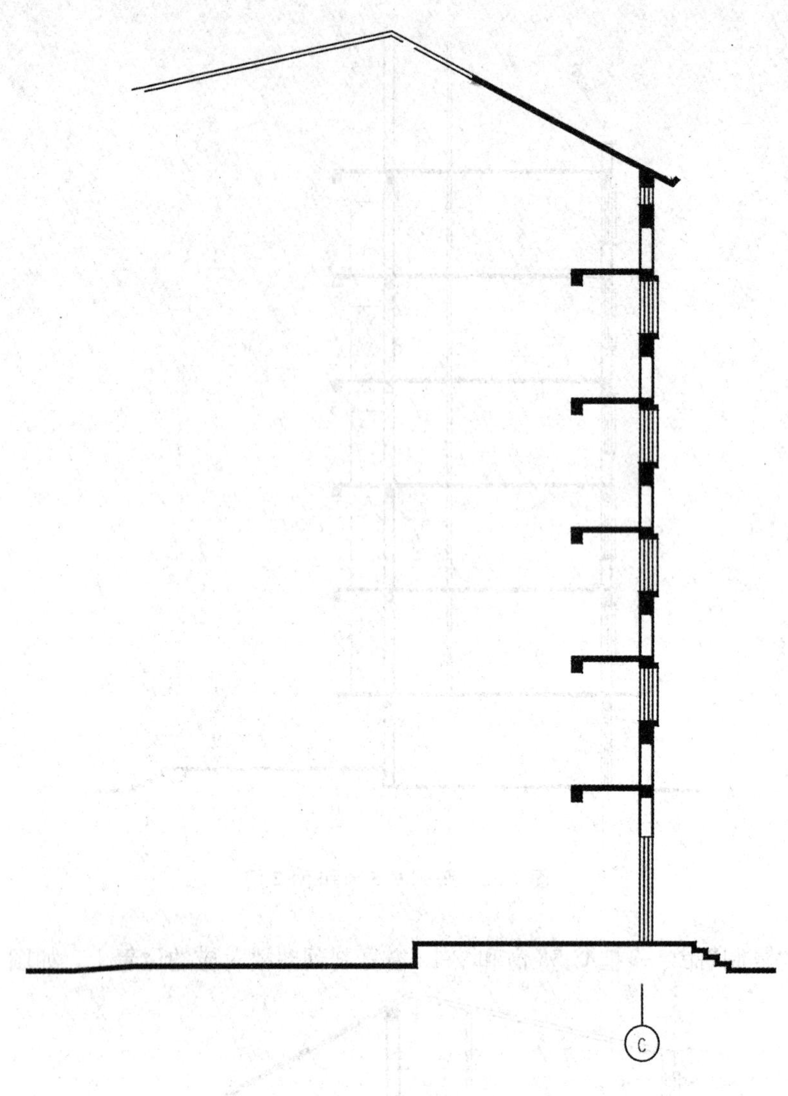

图 4-34　复制 C-1 窗

(8)执行“复制”命令，选取阳台为复制对象，以阳台的右下角为基点，在“指定第二个角点”的状态下，输入“from”命令，选取图 4-35 中的 A 点为参照基点，输入(@0，−400)，完成一层阳台的复制。

(9)单击“阵列”按钮，选取上一步复制的阳台，按照命令行提示信息设置行数和列数，分别输入 5 和 1，设置行间距为 2 900，完成阵列操作，其阵列结果如图 4-35 所示。

(10)复制五层阳台下部两个矩形和竖直直线到阁楼阳台顶部的对应位置，分解复制得到上面的矩形，删除矩形右侧竖直的直线；单击“延伸”按钮，选取阁楼屋顶线为延伸边界，把矩形的两条水平边延伸到和屋顶相交，其延伸结果如图 4-36 所示。

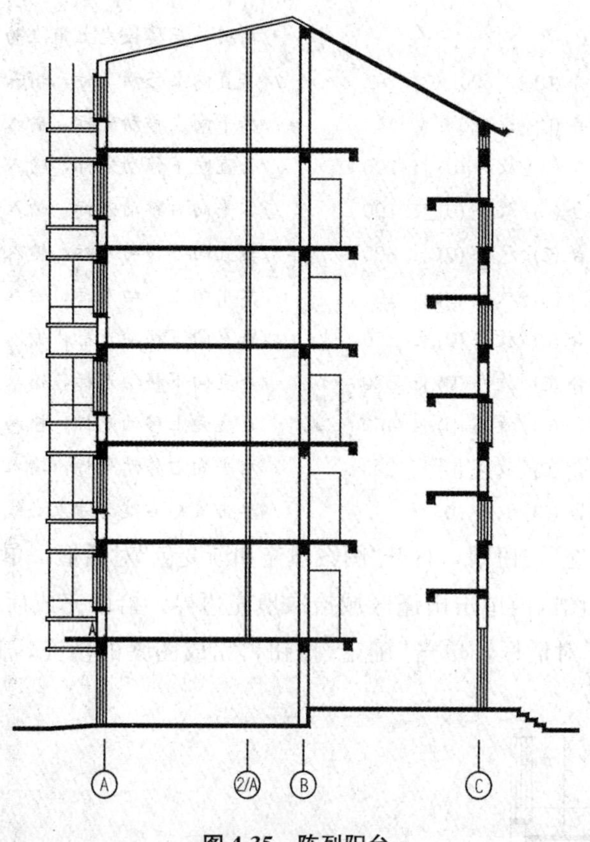

图 4-35　阵列阳台

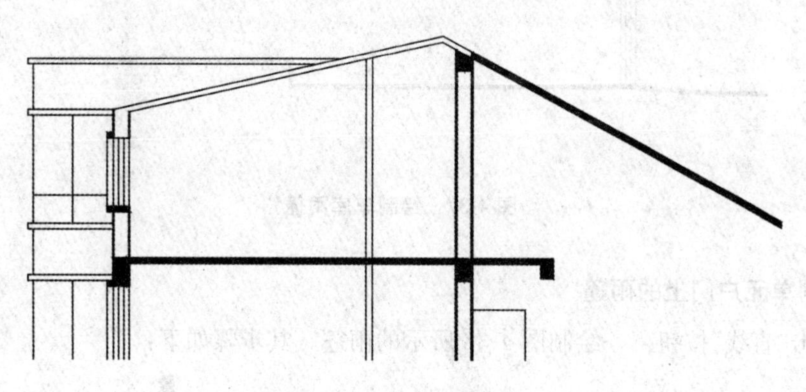

图 4-36　修改阁楼阳台

七、绘制雨篷和檐口

1. 绘制车库雨篷

(1)将“墙、楼板和梁”层设为当前层，单击“直线”按钮╱，绘制车库雨篷，其步骤如下：

```
line 指定第一个点:                              //捕捉一层楼板左上角点为直线的起点
指定下一个点或[放弃(U)]: 600                    //垂直向上移动光标，输入 600，按 Enter 键
指定下一个点或[放弃(U)]: 320                    //水平向左移动光标，输入 320，按 Enter 键
指定下一个点或[闭合(C)/放弃(U)]: 100            //垂直向下移动光标，输入 100，按 Enter 键
指定下一个点或[闭合(C)/放弃(U)]: 100            //水平向右移动光标，输入 100，按 Enter 键
指定下一个点或[闭合(C)/放弃(U)]: 800            //垂直向下移动光标，输入 800，按 Enter 键
指定下一个点或[闭合(C)/放弃(U)]: 100            //水平向左移动光标，输入 100，按 Enter 键
指定下一个点或[闭合(C)/放弃(U)]: 100            //垂直向下移动光标，输入 100，按 Enter 键
指定下一个点或[闭合(C)/放弃(U)]: 320            //垂直向下移动光标，输入 320，按 Enter 键
指定下一个点或[闭合(C)/放弃(U)]: 400            //垂直向上移动光标，输入 400，按 Enter 键
指定下一个点或[闭合(C)/放弃(U)]: 220            //水平向右移动光标，输入 100，按 Enter 键
指定下一个点或[闭合(C)/放弃(U)]:                //单击鼠标右键，结束直线绘制
```

(2)单击“图案填充”按钮，打开“图案填充和渐变色”对话框，单击“拾取点”按钮，切换到绘图窗口，在绘图区内单击雨篷区域拾取填充边界，拾取完成后，单击鼠标右键返回“图案填充和渐变色”对话框，单击“确定”按钮，完成图案的填充，其填充结果如图 4-37 所示。

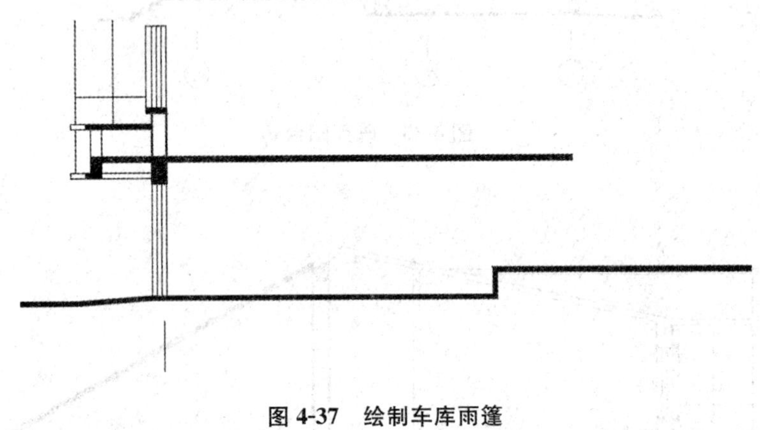

图 4-37　绘制车库雨篷

2. 绘制单元户门上的雨篷

(1)单击“直线”按钮，绘制图 4-38 所示的雨篷，其步骤如下：

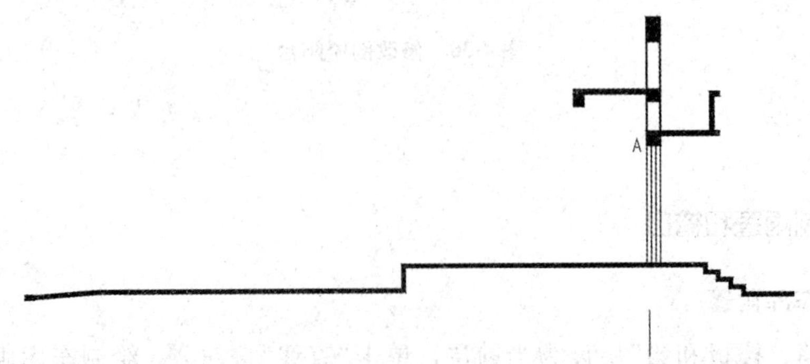

图 4-38　绘制单元户门上的雨篷

line 指定第一个点：　　　　　　　　　　//单击单元户门上梁的左上角 A 点为直线起点
指定下一个点或[放弃(U)]：1620　　　　　//水平向右移动光标，输入 1620，按 Enter 键
指定下一个点或[闭合(C)/放弃(U)]：100　　//垂直向下移动光标，输入 100，按 Enter 键
指定下一个点或[闭合(C)/放弃(U)]：　　　//水平向左移动光标和墙相交，按 Enter 键，结束直线绘制

(2)再次利用"直线"命令，其操作步骤如下：

命令：_line 指定第一个点：120　　　　　//从上一步画好的图形的右上角向左作临时追踪，追踪 120，确定直线起点
指定下一个点或[放弃(U)]：700　　　　　//垂直向上移动光标，输入 700，按 Enter 键
指定下一个点或[放弃(U)]：120　　　　　//水平向右移动光标，输入 120，按 Enter 键
指定下一个点或[闭合(C)/放弃(U)]：100　　//垂直向上移动光标，输入 100，按 Enter 键
指定下一个点或[闭合(C)/放弃(U)]：220　　//水平向左移动光标，输入 220，按 Enter 键
指定下一个点或[闭合(C)/放弃(U)]：800　　//垂直向下移动光标，输入 800，按 Enter 键
指定下一个点或[闭合(C)/放弃(U)]：　　　//按 Enter 键，结束直线绘制

3. 绘制阁楼屋顶檐口

(1)屋顶檐口的绘制过程同雨篷类似，其具体尺寸如图 4-39 所示。

(2)使用"修剪"命令修剪檐口与阁楼阳台，其最后结果如图 4-39 所示。

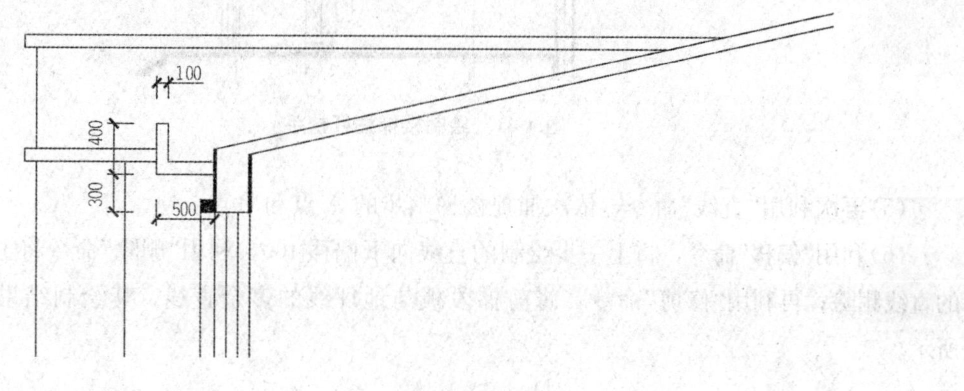

图 4-39　绘制阁楼屋顶檐口

八、绘制楼梯

1. 绘制第一梯段及其栏杆扶手

(1)单击"图层"工具条的"图层控制"下拉框，将"楼梯"层置为当前层。

(2)单击"直线"按钮，捕捉图 4-40 所示的 A 点，垂直向上移动光标，输入 175 后按 Enter 键，再水平向左移动光标，输入 260 后按 Enter 键，结束直线绘制；再次利用"直线"命令，捕捉楼梯踏面线和踢面线的交点，垂直向上移动光标，输入 900，绘制楼梯栏杆。

(3)单击"复制"按钮，选择上一步绘制的三条直线为复制对象后，按 Enter 键，在"指定基点"的状态下，选取 A 点为复制基点，在"指定第二个角点"的状态下，捕捉楼梯踏面线段的左端点，复制到指定位置，再次在"指定第二个角点"的状态下，连续 10 次捕捉楼

梯踏面线段的左端点，复制到指定位置，其绘制结果如图 4-40 所示。

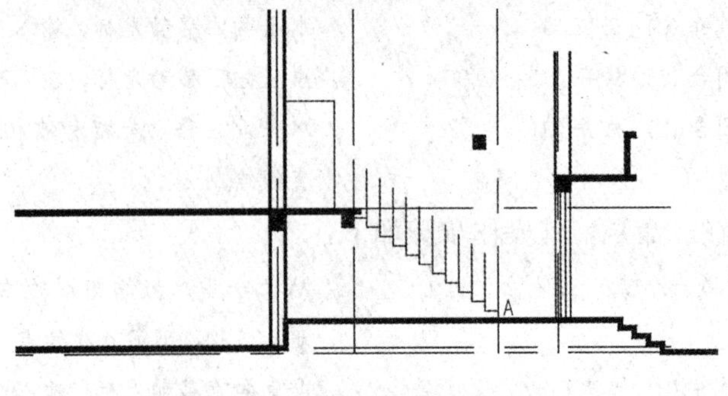

图 4-40　绘制楼梯踏步和栏杆

(4)利用“直线”命令，连接所有栏杆的上部端点，绘制楼梯栏杆扶手，如图 4-41 所示。

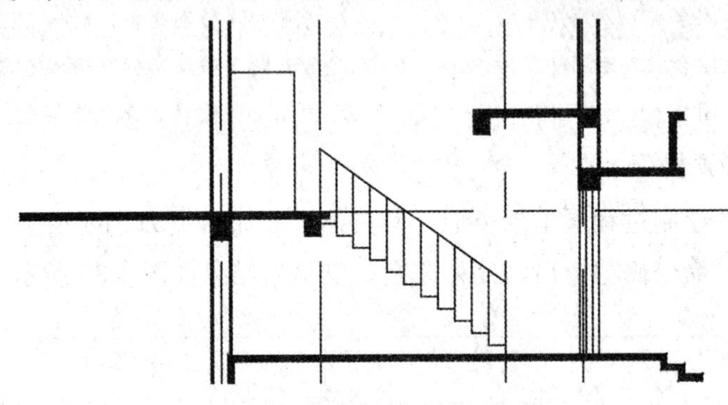

图 4-41　绘制楼梯栏杆扶手

(5)再次利用“直线”命令，依次捕捉楼梯踏步的 A 点和 B 点。

(6)利用“偏移”命令，将上一步绘制的直线向下偏移 100，利用“删除”命令将上一步绘制的直线删除；再利用“修剪”命令，修剪梯段板与地坪线的多余直线，其绘制结果如图 4-42 所示。

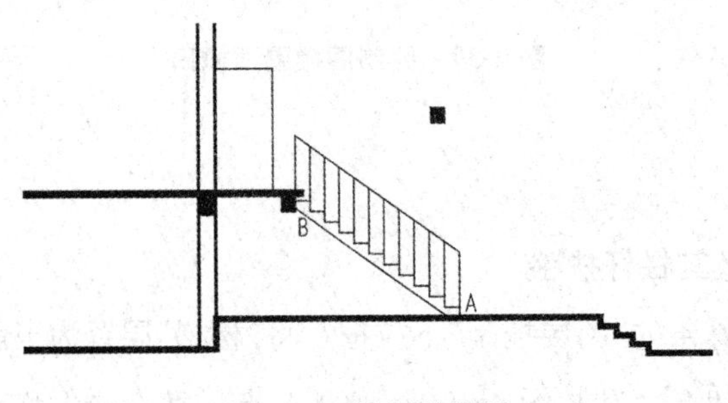

图 4-42　绘制梯段板

2. 绘制第二梯段及其栏杆扶手

(1)单击“多段线”按钮，依照提示绘制第二个楼梯踏步(图 4-43)。其命令操作如下：

```
命令：_pline
指定起点：                                      //捕捉 C 点
```

当前线宽为 0.0000

指定下一个点或[圆弧(A)/半宽(H)/长度(L)/放弃(U)/宽度(W)]: w

指定起点宽度 <0.0000>: 20

指定端点宽度 <20.0000>:

指定下一个点或[圆弧(A)/半宽(H)/长度(L)/放弃(U)/宽度(W)]: 161.11

//向上移动光标，然后输入 161.11

指定下一个点或[圆弧(A)/闭合(C)/半宽(H)/长度(L)/放弃(U)/宽度(W)]: 280

//向右移动光标，然后输入 280

指定下一个点或[圆弧(A)/闭合(C)/半宽(H)/长度(L)/放弃(U)/宽度(W)]:

//按 Enter 键结束多段线绘制

(2)利用"直线"命令捕捉踏面线和踢面线的交点，垂直向上移动光标，输入 900，结束栏杆的绘制。

(3)单击"复制"按钮，选择上两步绘制的三条直线为复制对象后，按 Enter 键，在"指定基点"的状态下，选取 C 点为复制基点，在"指定第二个角点"的状态下，捕捉楼梯踏面线段的右端点，复制到指定位置，再次在"指定第二个角点"的状态下，连续 7 次捕捉楼梯踏面线段的右端点，复制到指定位置，其绘制结果如图 4-43 所示。

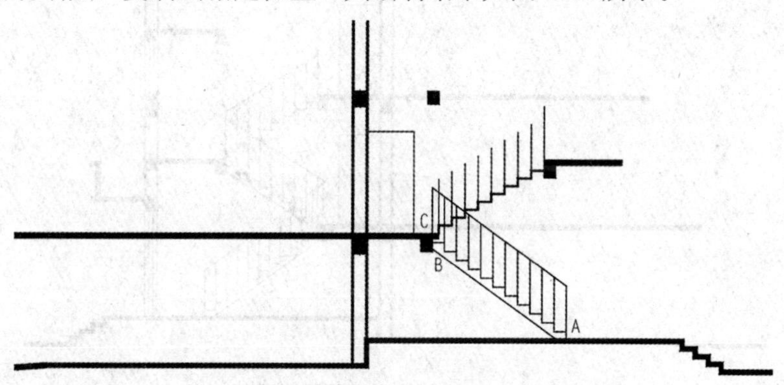

图 4-43　绘制第二梯段踏步和栏杆

(4)使用"多段线"命令，用与绘制第一梯段的步骤(4)～(6)相同的方法绘制梯段板，并对第一梯段和第二梯段扶手使用"延伸"命令，使之相交于一点，其绘制结果如图 4-44 所示。

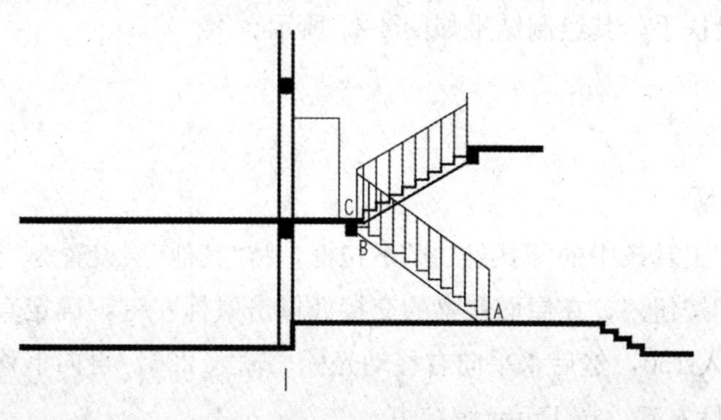

图 4-44　绘制梯段板和扶手

(5)单击“图案填充”按钮，打开“图案填充和渐变色”对话框，在“类型和图案”选项区，选择“预定义”类型，选择“SOLID”图案，单击“拾取点”按钮，切换到绘图窗口，在绘图区内单击图 4-45 所示的区域，拾取完成后，单击鼠标右键返回“图案填充和渐变色”对话框，单击“确定”按钮，完成图案的填充，其绘制结果如图 4-45 所示。

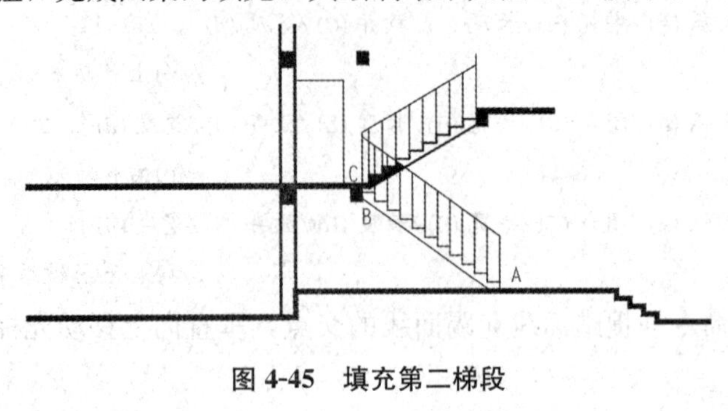

图 4-45　填充第二梯段

(6)利用“直线”命令，使用与步骤(1)～(4)相同的方法绘制第三梯段以及梯段板，其绘制结果如图 4-46 所示。

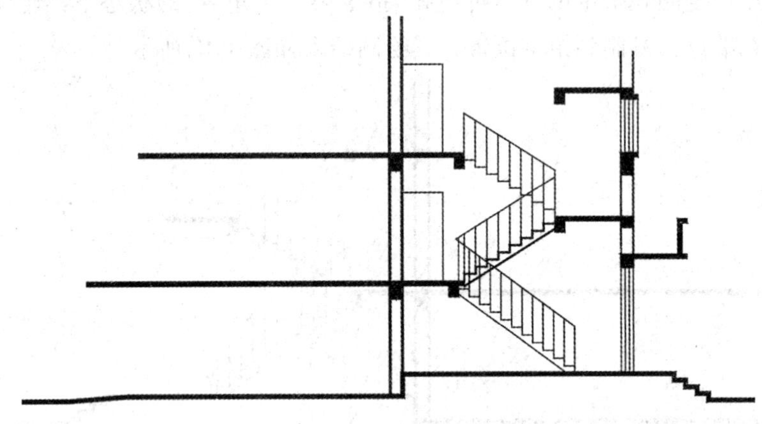

图 4-46　绘制第三梯段及梯段板

3. 绘制其他梯段及其栏杆扶手

(1)单击“阵列”按钮，在绘图区选取绘制完的第二梯段和第三梯段及其扶手栏杆，按照命令行提示信息设置行数和列数，分别输入 5 和 1，设置行间距为 2 900，完成阵列操作。

(2)修剪各梯段扶手，其绘制结果如图 4-47 所示。

九、绘制屋顶

1. 绘制屋顶压顶

(1)单击“图层”工具条中的“图层控制”下拉框，将“其他”层设置为当前层。

(2)单击“直线”按钮，在屋面和梁的交接处单击鼠标左键，确定直线的第一点，垂直向上移动光标，输入 150，然后水平向右移动光标，输入 200，再向下移动光标，让直线与屋面相交后单击鼠标左键，按 Enter 键结束。

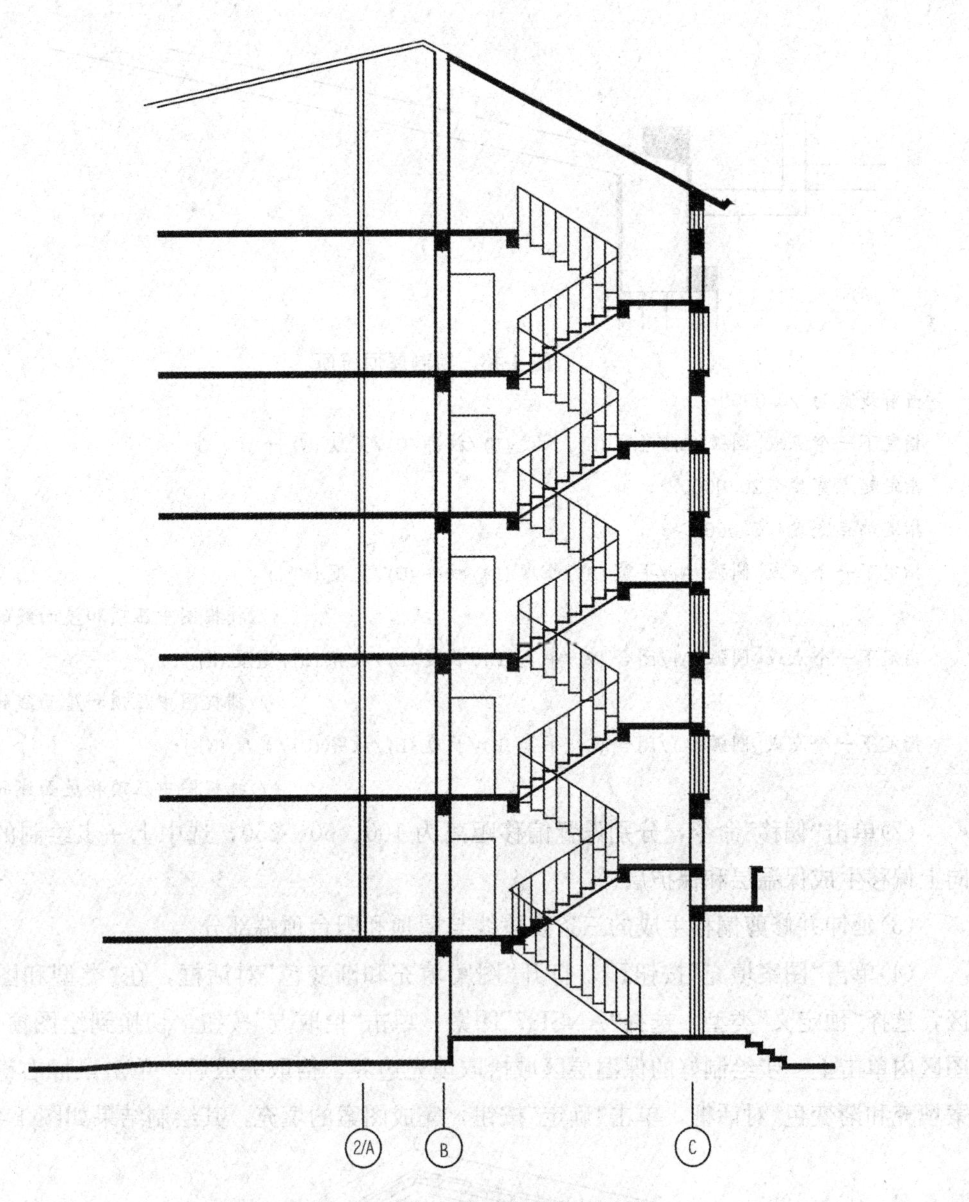

图 4-47　阵列生成各层梯段及其扶手栏杆

(3)单击“图案填充”按钮，打开“图案填充和渐变色”对话框，在“类型和图案”选项区，选择“预定义”类型，选择“SOLID”图案，单击“拾取点”按钮，切换到绘图窗口，在绘图区内单击上一步绘制好的压顶轮廓区域拾取填充边界，拾取完成后，单击鼠标右键返回“图案填充和渐变色”对话框，单击“确定”按钮，完成图案的填充，其绘制结果如图 4-48 所示。

2. 绘制保温层和保护层

(1)单击“多段线”按钮，绘制一条多段线，其操作步骤如下：

```
命令：_pline
指定起点：
```

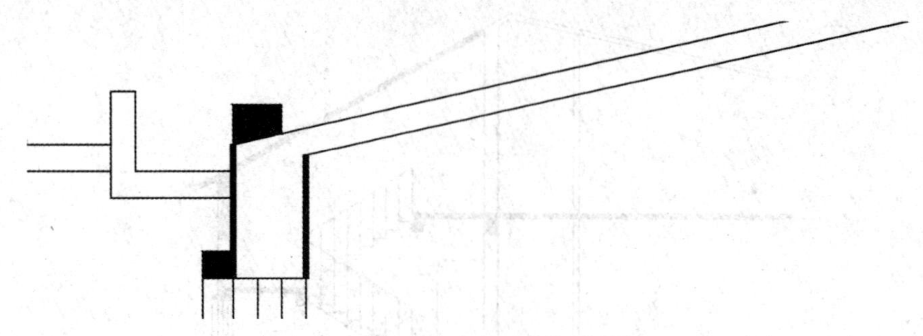

图 4-48　绘制屋顶压顶

当前线宽为 20.0000

指定下一个点或[圆弧(A)/半宽(H)/长度(L)/放弃(U)/宽度(W)]: w

指定起点宽度＜20.0000＞: 0

指定端点宽度＜0.0000＞:

指定下一个点或[圆弧(A)/半宽(H)/长度(L)/放弃(U)/宽度(W)]:

//捕捉图中压顶和屋面线的交点 A

指定下一个点或[圆弧(A)/闭合(C)/半宽(H)/长度(L)/放弃(U)/宽度(W)]:

//捕捉图中压顶和屋面线的交点 B

指定下一个点或[圆弧(A)/闭合(C)/半宽(H)/长度(L)/放弃(U)/宽度(W)]:

//捕捉图中压顶和屋面线的交点 C

(2)单击“偏移”命令，分别设置偏移距离为 100、50、250，选中上一步绘制的多段线，向上偏移生成保温层和保护层。

(3)延伸并修剪偏移生成的三条多段线与屋顶和阳台顶端部分。

(4)单击“图案填充”按钮，打开“图案填充和渐变色”对话框，在“类型和图案”选项区，选择“预定义”类型，选择“ANSI37”图案，单击“拾取点”按钮，切换到绘图窗口，在绘图区内单击上一步绘制好的保温层区域拾取填充边界，拾取完成后，单击鼠标右键返回“图案填充和渐变色”对话框，单击“确定”按钮，完成图案的填充，其绘制结果如图 4-49 所示。

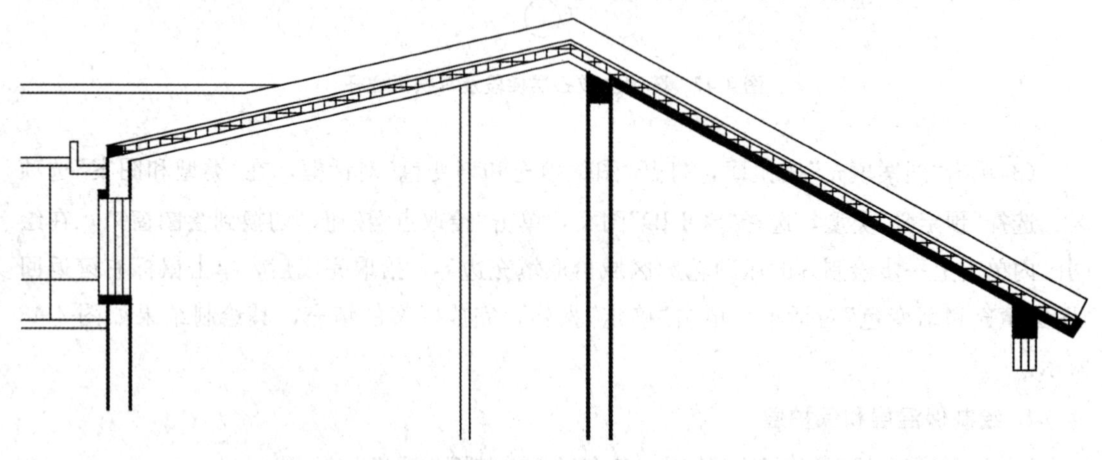

图 4-49　绘制保温层和保护层

(5)单击“保存”按钮，完成图形文件的保存。

能力训练

绘制图 4-50 所示的住宅楼南剖面图，要求按 1∶1 的比例绘制。

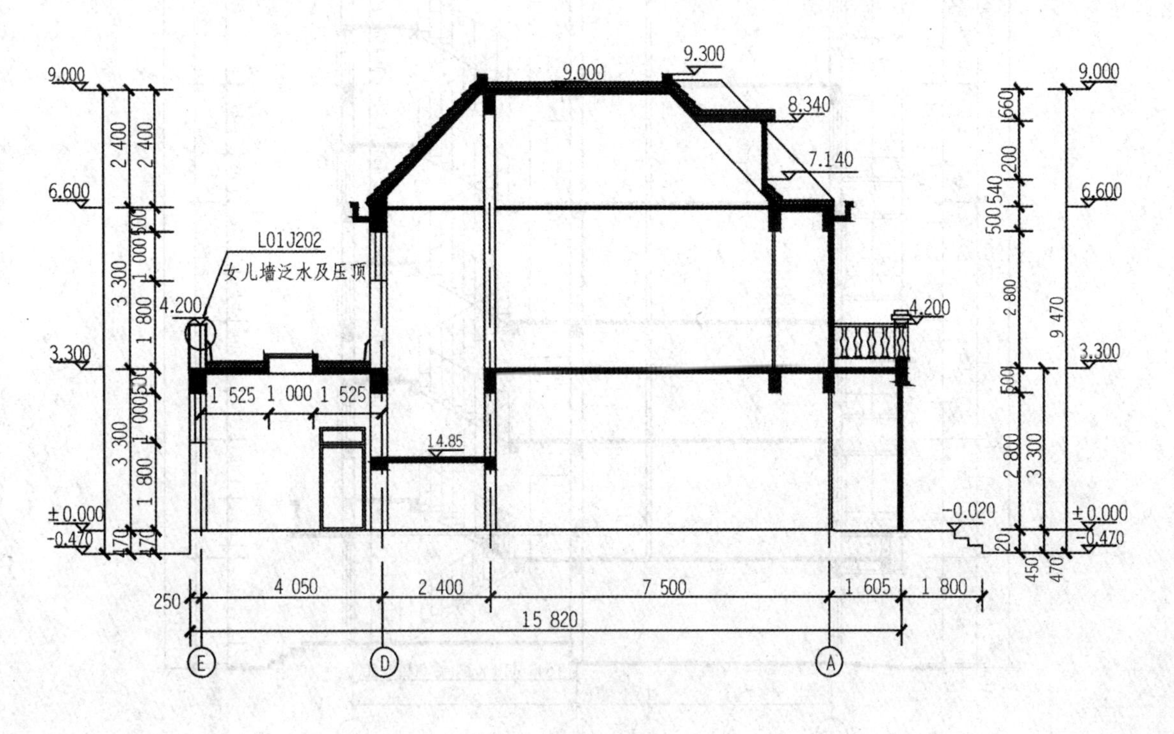

图 4-50　住宅楼南剖面图

任务二　住宅楼建筑剖面图标注

任务描述

对任务一中画好的某住宅楼剖面图进行尺寸、标高标注及文字说明标注，其绘图效果如图 4-51所示。

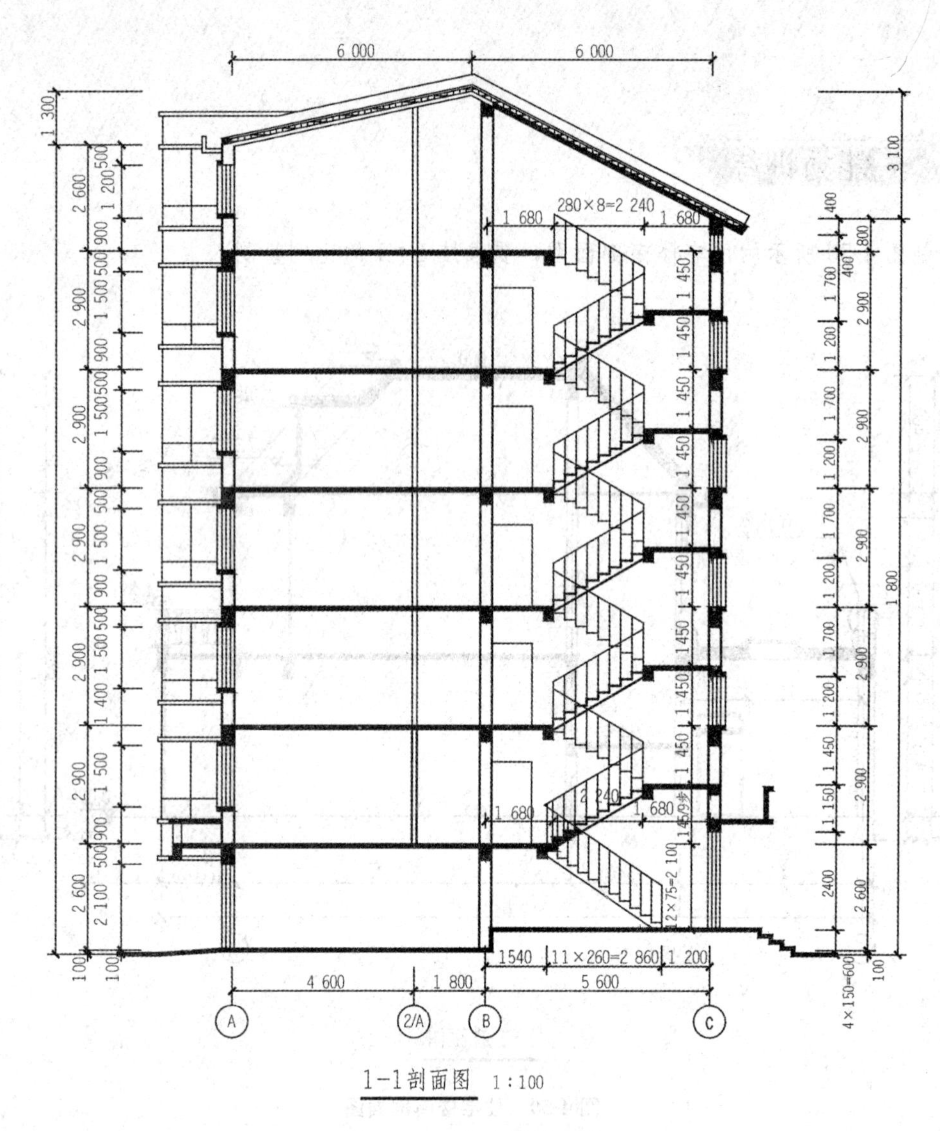

图 4-51　某住宅楼剖面图

任务分析

本任务学习建筑剖面图的标注。

相关知识

剖面图的相关知识在前面的任务中已经介绍，这里不再重复。

任务实施

一、尺寸标注

(1)单击“图层”工具条的“图层控制”下拉框，将“标注”层置为当前，并打开“轴线”和“辅助轴线”层。

(2)用鼠标右键单击工具栏，在弹出的快捷菜单中选中“标注”项，此时屏幕上会显示“标注”工具栏。

(3)单击“标注”工具条中的“线性标注”按钮，捕捉Ⓒ轴线与室外地坪线的交点，作为第一条尺寸界线的起点，然后捕捉Ⓒ轴与一层地面线的交点，作为第二条尺寸界线的起点，在命令行窗口选择“T(文字)”选项后，按 Enter 键，在提示输入文字时，输入“150×4=600”后，按 Enter 键，向右移动光标，在合适的位置单击鼠标左键。

(4)单击“标注”工具条中的“连续标注”按钮，依次选择Ⓒ轴上的雨篷梁、休息平台梁下端与窗上、下端标高处的水平轴线的交点，标注右边第一道垂直方向尺寸。

(5)单击“标注”工具条的“快速标注”按钮，依次捕捉室内外地坪线以及各层楼板标高处的水平轴线的端点，完成右侧第二道垂直尺寸标注。

(6)再次执行“快速标注”命令，依次捕捉室外地坪线、屋顶梁顶面和坡屋顶楼板最高处水平轴线的端点，标注垂直方向的总尺寸，其标注结果如图 4-52 所示。

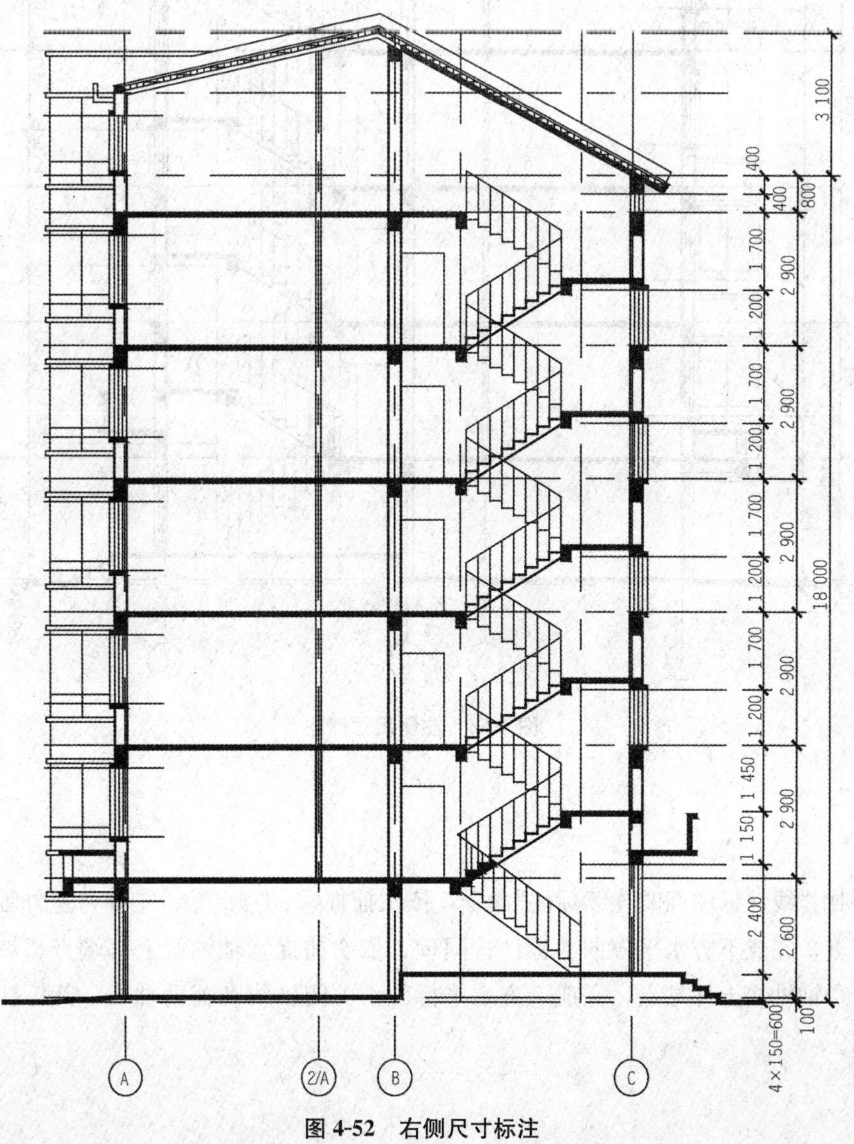

图 4-52　右侧尺寸标注

(7)利用同样的方法标注左边的三道垂直方向尺寸，其标注结果如图 4-53 所示。

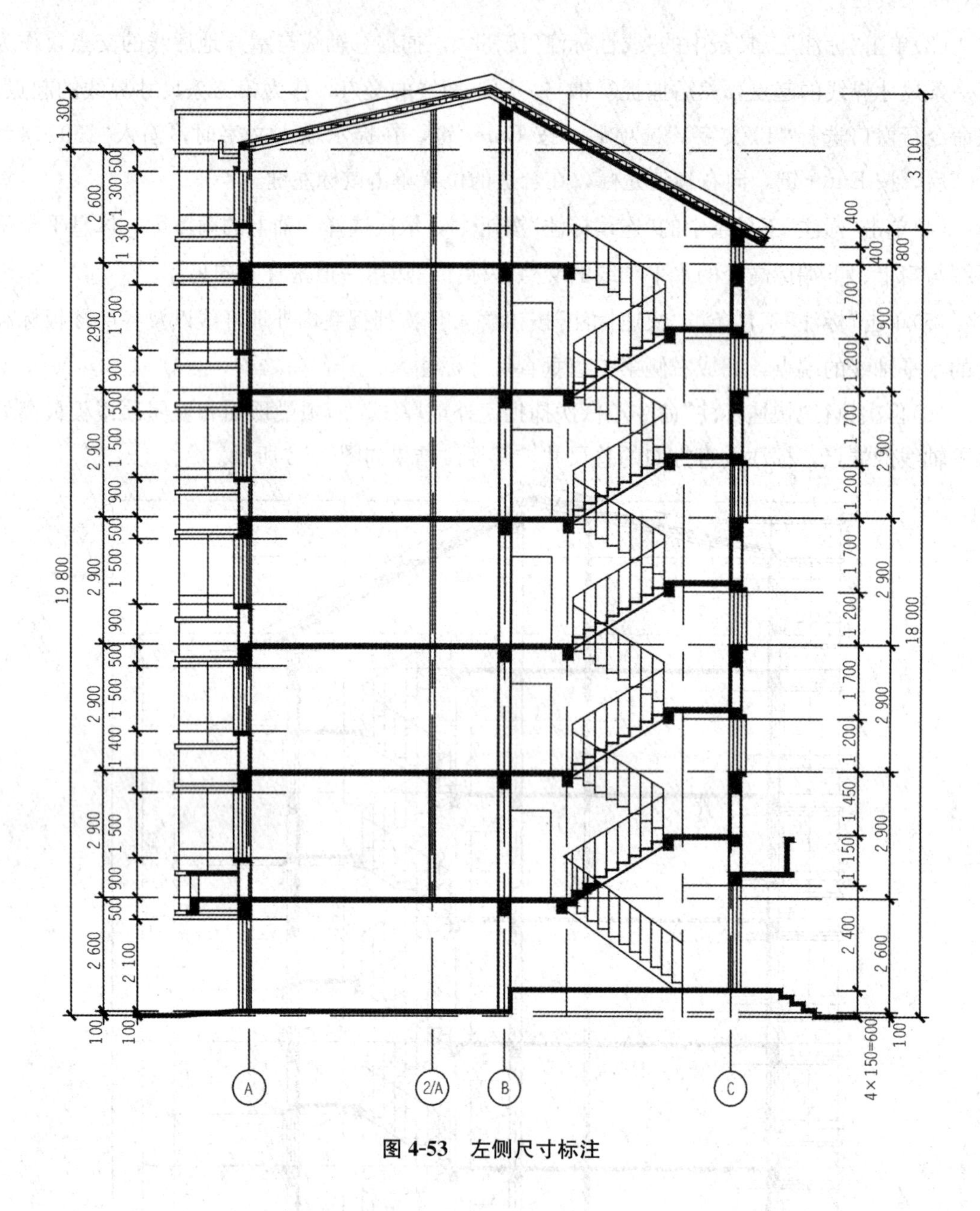

图 4-53　左侧尺寸标注

(8)利用“线性标注”和“连续标注”命令，依次捕捉Ⓐ、②/Ⓐ、Ⓑ、Ⓒ轴与室外地坪线水平轴线的交点，完成下方水平方向的标注；同理，依次捕捉Ⓐ轴轴线上部端点、坡屋顶楼板最高点、Ⓒ轴轴线上部端点，完成上方水平标注，关闭轴线和辅助轴线，其标注结果如图 4-54 所示。

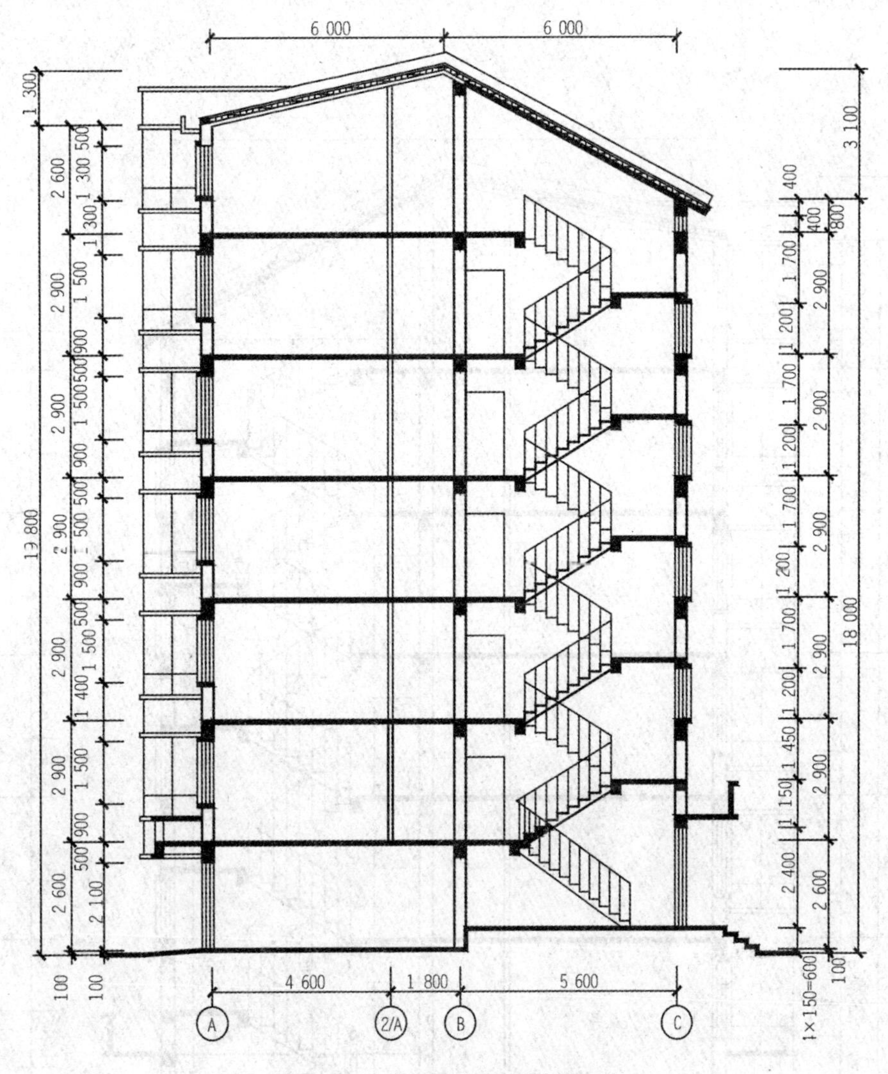

图 4-54　上部及下部水平轴线标注

(9)利用同样的方法标注图形中的细部尺寸，其标注结果如图 4-55 所示。

二、标高标注

(1)单击“插入”按钮，打开“插入图块”对话框，选择已做好的标高图块，插入点在屏幕上指定，插入比例不变，插入角度为 0，完成选择后单击“确定”按钮，在室内地坪线的适当位置单击鼠标左键，命令行窗口提示“标高:”，输入±0.000。

(2)执行“复制”命令，将插入的标高复制到各楼层楼板上表面的适当位置和屋顶最高处。

(3)把光标放在需要修改的标高数字上面单击鼠标左键两次，弹出“增强属性编辑器”对话框，依次修改“值(V)”文本框里所示标高数值，单击“应用”按钮完成相应标高的修改，如图 4-56所示。

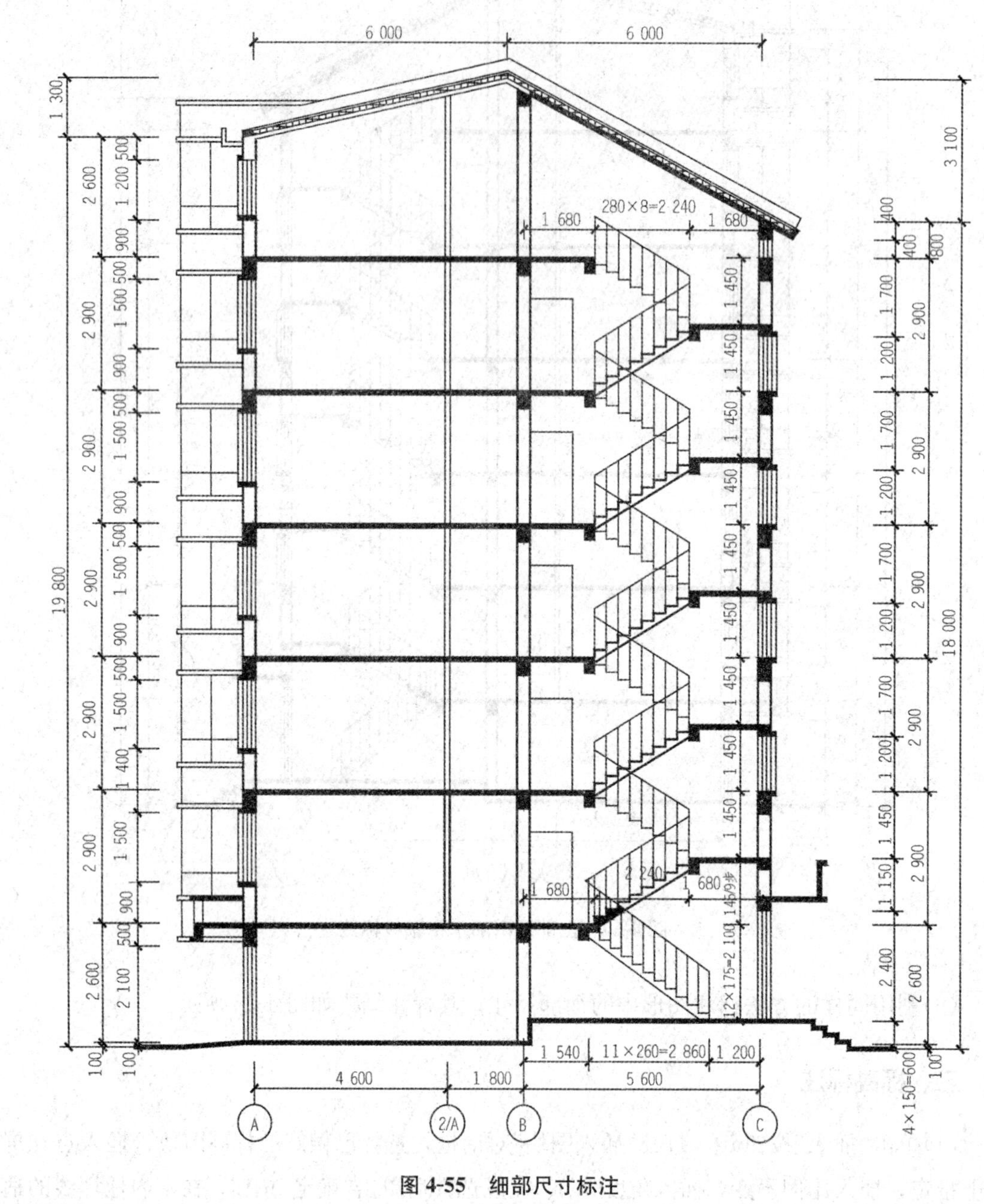

图 4-55　细部尺寸标注

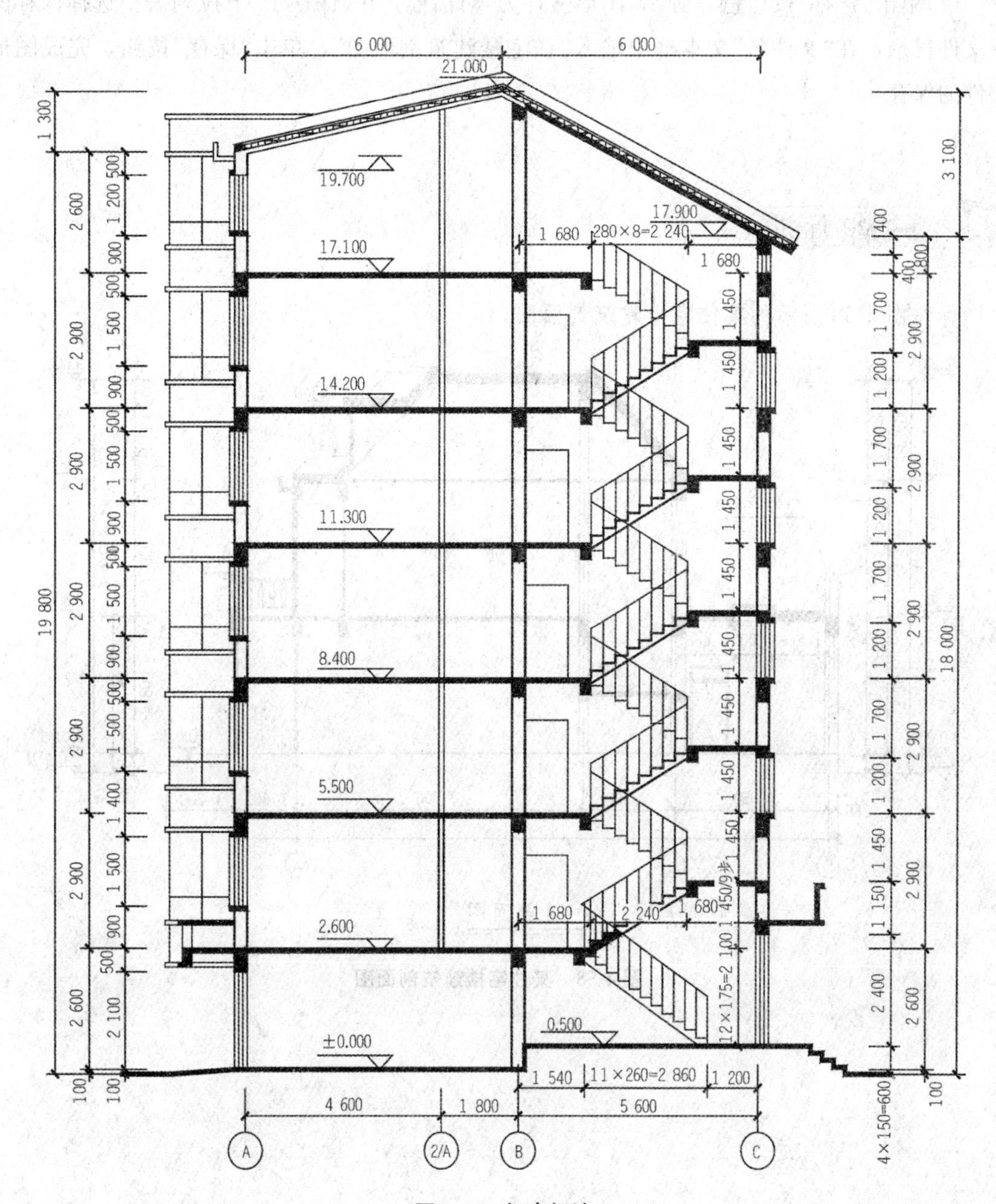

图 4-56　标高标注

三、标注图名并保存

(1)单击“多行文字”按钮 A，在图形下部写“正剖面图”；执行“多段线”命令，绘制下划线，将线宽设置为 50，长度比图名略长，其最后绘制结果如图 4-57 所示。

1—1剖面图　1∶100

图 4-57　标注图名

(2)单击“保存”按钮，弹出“图形另存为”对话框，在“保存于”下拉列表中选择保存图形文件目录，在“文件名”文本框中输入“住宅楼建筑剖面图”，单击“保存”按钮，完成图形文件的保存。

能力训练

标注图4-58所示的某住宅楼建筑剖面图。

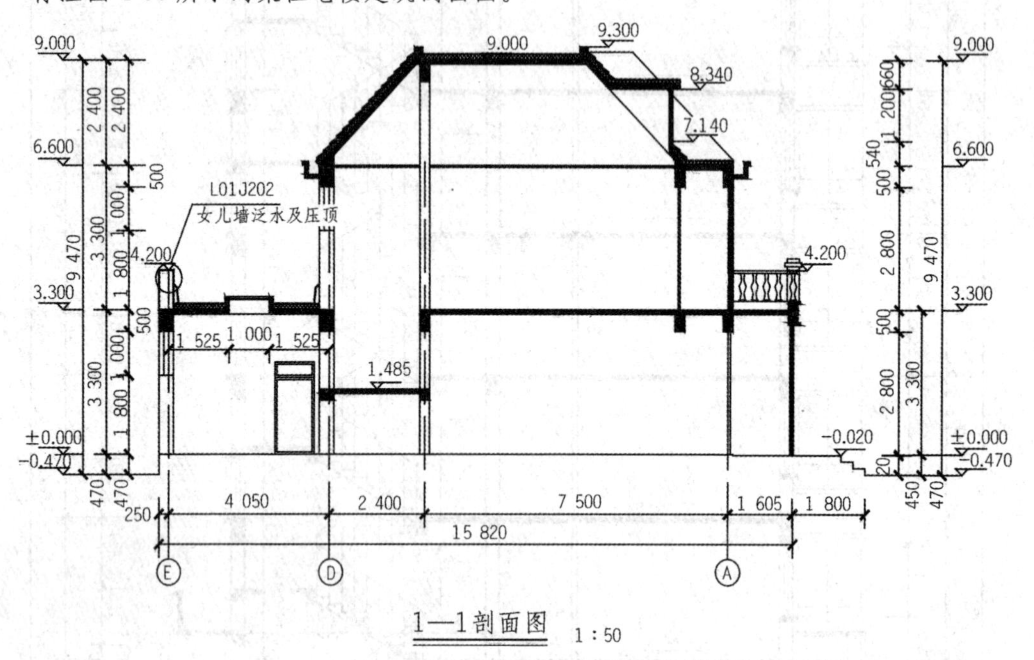

图4-58 某住宅楼建筑剖面图

项目五　绘制楼梯详图

教学目标

知识目标

1. 了解建筑制图标准。
2. 掌握图形的移动、复制与分解命令。
3. 掌握图形距离的查询方法。
4. 掌握楼梯详图的绘制步骤。

能力目标

能够熟练使用 AutoCAD 软件绘制建筑施工详图。

素质目标

1. 具有良好的职业道德和职业操守。
2. 具有高度的社会责任感、严谨的工作作风、爱岗敬业的工作态度和自主学习的良好习惯。
3. 具有团队意识、创新意识、动手能力、分析解决问题的能力和收集处理信息的能力。

教学重点

1. 楼梯详图的绘制步骤。
2. 各种绘图命令。
3. 建筑施工详图的标注。

教学建议

本项目的学习建议教师借助多媒体课件，采用项目教学法，使用一张现有的楼梯详图，讲解楼梯详图的组成、绘图步骤、绘图方法和绘图技巧，提高学生绘制施工详图的能力。

任务一　绘制楼梯平面详图

任务描述

绘制图 5-1 所示的住宅楼楼梯平面详图，要求绘图比例为 1∶1。

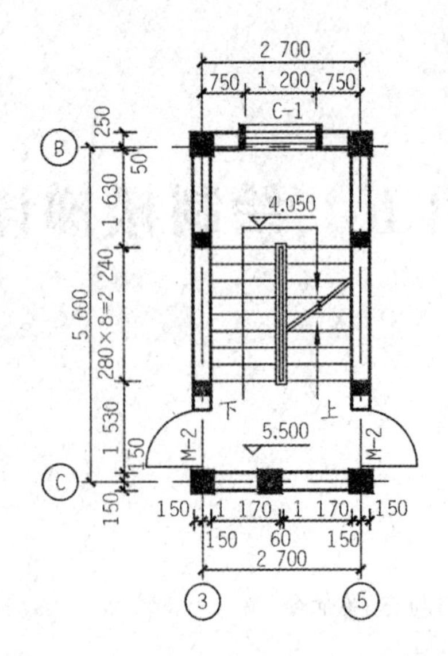

图 5-1 住宅楼楼梯平面详图

任务分析

本任务学习楼梯平面详图的绘制过程及相关绘图命令。

相关知识

一、楼梯详图概述

1. 楼梯详图的绘制内容

楼梯是楼层垂直交通的必要设施，是楼梯放样、施工的依据，由楼梯段、休息平台、栏杆和扶手组成。

(1)楼梯详图一般包括平面图、剖面图及节点详图。

(2)楼梯平面图主要表达楼梯的位置，用定位轴线表示。

(3)楼梯的开间、进深、墙体厚度；梯段的长度、宽度以及楼梯段上踏步的宽度和数量。

(4)休息平台的形式和位置、楼梯井的宽度、各层楼梯段的起始尺寸、各楼层和休息平台的标高。

2. 楼梯详图的绘制要求

(1)比例。绘制楼梯详图时，通常采用 1∶50 的比例，也可以选择 1∶20 的比例。

(2)图线。在剖视图中被剖切到的墙、梁、板等构件的轮廓线用粗实线绘制，没有被剖切到，但可以看见的构件用细实线绘制。

(3)图例。剖面图的比例大于 1∶50 时，应画材料的图例符号。

(4)楼梯详图一般尽可能画在同一张图纸上，平、剖比例要一致，以便对照阅读。

二、图形的移动、复制和分解

1. 图形的移动

利用“移动”命令，可以将图形从当前位置移动到新位置。

启动“移动”命令的方法有以下三种：

(1)菜单“修改”→“移动”。

(2)“修改”工具栏。

(3)命令行“move”或快捷键 M。

【例 5-1】 将图 5-2(a)中的圆向右平移 160，从矩形里面移出去。

```
命令：_move                                        //启动“移动”命令
选择对象：指定对角点：找到 1 个                      //选中圆
选择对象：                                          //按 Enter 键结束选择
指定基点或[位移(D)]<位移>：                          // 在圆的圆心位置单击鼠标左键
指定第二个点或 <使用第一个点作为位移>：160            // 水平向右移动光标，输入 160
```

绘制结果如图 5-2 所示。

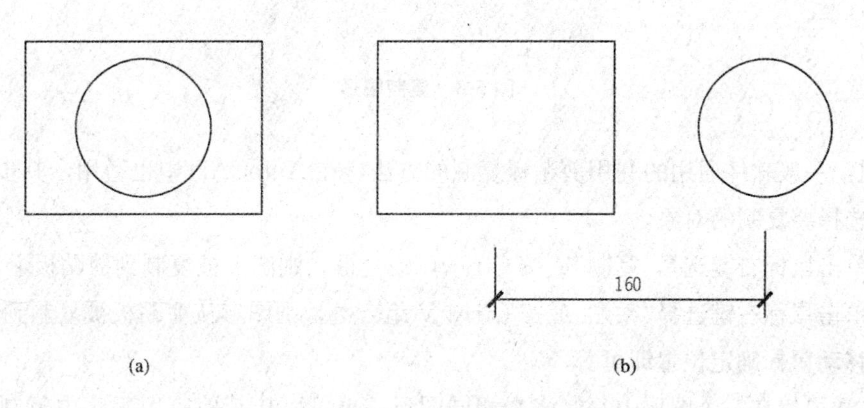

图 5-2 移动图形

2. 图形的复制

在绘图过程中经常会遇到绘制相同的多个对象的情况，对于这种情况，可以通过复制的方法快速生成相同的图形，从而提高绘图效率。

“复制”命令的启动方法有以下三种：

(1)菜单“修改”→“复制”。

(2)“修改”工具栏。

(3)命令行“copy”或快捷键 CO 或 CP。

该命令是将一个或多个图形对象作一次或多次复制，主要适用于在同一个图形内复制对象，其具体操作过程见“例 5-2”。

【例 5-2】 将图 5-3(a)中的单个楼梯踏步和扶手复制成多个踏步和扶手。

```
命令：copy                                              //启动“复制”命令
选择对象：指定对角点：找到 2 个                          //选取楼梯踏步和扶手
选择对象：                                              //按 Enter 键结束选择
当前设置：复制模式＝多个
指定基点或[位移(D)/模式(O)]＜位移＞：                   //用鼠标单击 A 点
指定第二个点或[退出(E)/放弃(U)]＜退出＞：               //指定 B 点
指定第二个点或[退出(E)/放弃(U)]＜退出＞：               //指定 C 点
指定第二个点或[退出(E)/放弃(U)]＜退出＞：               //指定 D 点
指定第二个点或[退出(E)/放弃(U)]＜退出＞：               //按 Enter 键，结束操作
```

绘制结果如图 5-3 所示。

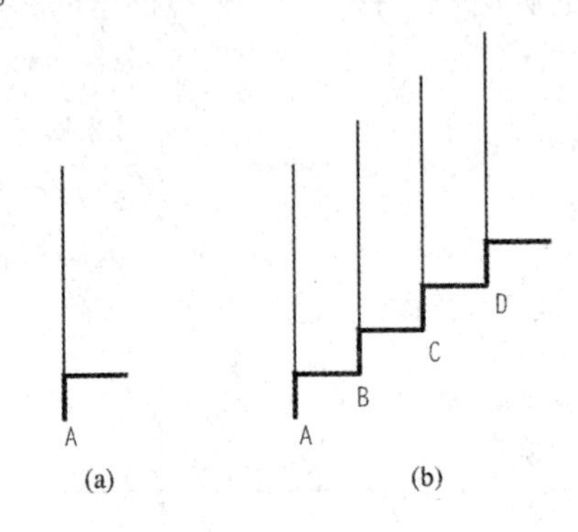

图 5-3 复制图形

说明：一般软件通用的利用剪贴板复制的方法，在 AutoCAD 中也适用，其步骤如下：

(1)选择要复制的对象。

(2)单击鼠标右键选择“复制”或按 Ctrl＋C 组合键，则图形被复制到剪贴板上。

(3)单击鼠标右键选择“粘贴”或按 Ctrl＋V 组合键，则图形从剪贴板被复制到绘图区。

(4)移动鼠标确定位置即可。

该方法可以在一个图形中复制多个相同图形，也可以从其他应用程序中复制图形到新图形中来。

3. 图形的分解

使用“分解”命令可以将由多个对象组成的图形(如多段线、矩形、多边形、尺寸标注、图块等)进行分解。

“分解”命令的启动方法有以下三种：

(1)菜单“修改”→“分解”。

(2)“修改”工具栏。

(3)命令行“explode”。

说明：“分解”命令可以将多段线、矩形、正多边形、图块、剖面线、尺寸标注、多行文字等包含多项内容的一个对象分解成若干个独立的对象。当只需编辑这些对象中的一部分时，可选择该命令将对象分解。

任务实施

绘制楼梯平面详图

一、设置绘图环境

1. 绘图区的设置

(1)启动 AutoCAD 软件，单击工具栏上的“新建”按钮，新建一个图形文件。

(2)选择“格式”→“图形界限”菜单命令，设定图形界限为 59 400×42 000，并将设置的绘图界限设为显示器的工作界面。

2. 创建图层

(1)单击“图层”工具栏的“图层”按钮，打开“图层特性管理器”对话框，依次建立图 5-4 所示的图层。

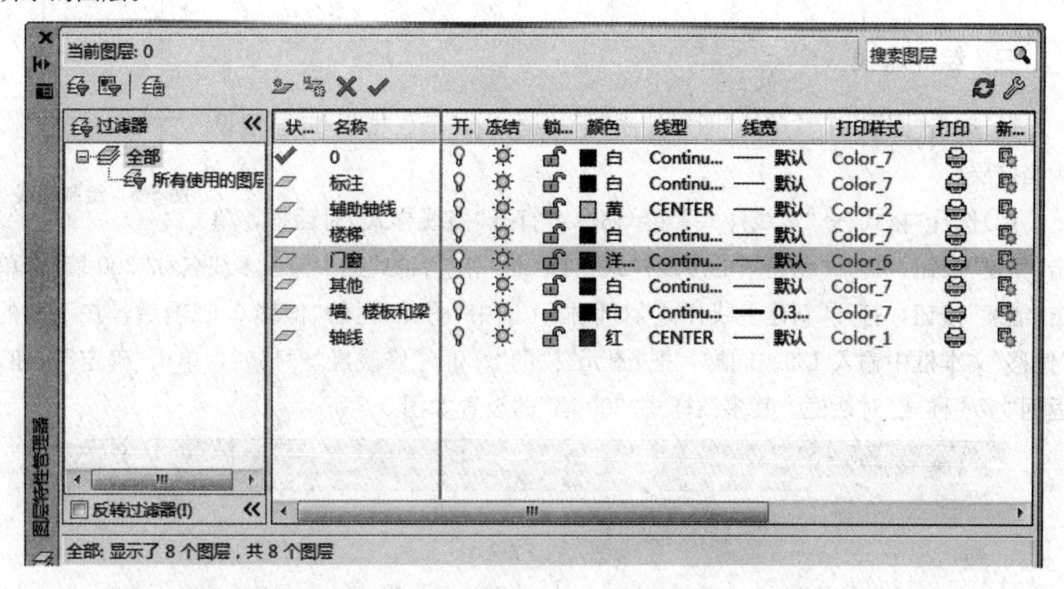

图 5-4 “图层特性管理器”对话框

(2)选择“格式”→“线型”菜单命令，打开“线型管理器”对话框，单击“显示细节”，打开“细节”选项组，输入“全局比例因子”为 50。

3. 文字样式的设定

执行“格式”→“文字样式”菜单命令，打开“文字样式”对话框，单击“新建”按钮，打开“新建文字样式”对话框，修改文字样式各参数值。

4. 尺寸标注样式的设定

选择菜单“格式”→“标注样式”命令，打开“标注样式管理器”对话框，单击“新建”按钮，打开“创建新标注样式”对话框，给新建的标注样式取名“楼梯详图标注”，单击“继续”按钮，则进入“新建标注样式”对话框，设置具体的标注样式参数。

5. 保存文件

选择“文件”→“另存为”菜单命令，打开“图形另存为”对话框，在“文件名”文本框中输入“楼梯详图”，然后单击“保存”按钮，保存好文件。

二、绘制轴线

(1)单击“图层”工具条中的“图层控制”下拉框，将“轴线”层置为当前。

(2)打开“正交”模式，使用“直线”命令在图形窗口的适当位置，按适当长度绘制第一条水平轴线和第一条垂直轴线。

(3)单击“修改”工具条中的“偏移”按钮，依照命令提示“输入偏移距离、选择要偏移的对象、单击给出偏移方向、按空格键结束偏移”，将前一步绘制的水平轴线输入偏移距离 5 600 进行偏移，完成水平定位轴线的绘制；同理，输入偏移距离 2 700，完成垂直轴线的绘制，如图 5-5 所示。

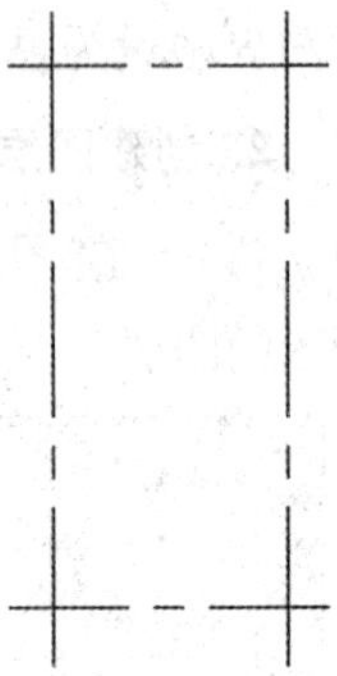

图 5-5　绘制轴线

三、绘制墙线

(1)单击“图层”工具条的“图层控制”下拉框，将“墙、楼板和梁”层设为当前层。

(2)选择“格式”→“多线样式”菜单命令，打开“多线样式”对话框，单击“新建”按钮，打开“创建新的多线样式”对话框，在“名称”栏中输入多线名称“300 墙”，单击“继续”按钮，打开“新建多线样式”对话框，选中“图元”栏的“偏移 0.5”项后，在下面的“偏移”文本框中输入 150。同样，把“图元”栏的“－0.5”修改成“－150”，单击“确定”按钮，返回“多线样式”对话框。其多线样式“300 墙”的设置如图 5-6 所示。

图 5-6　多线样式“300 墙”的设置

(3)在命令行中输入“ML”后，按 Enter 键，命令窗口会显示多线命令信息，然后输入“ST”将多线样式“300 墙”置为当前，输入“J”将对正方式定义为“无”，输入“S”设定多线比例为 1。设置“对象捕捉”状态，移动鼠标捕捉轴线交点，捕捉顺序依次是 A、B、C、D，绘制 300 墙体。同理，再次使用“多线”命令从 A 点捕捉到 D 点，使用“移动”命令，把刚绘制好的多线向上移动 100，其绘制结果如图 5-7 所示。

四、绘制柱

(1)单击“矩形”按钮，在绘图区的任意位置绘制 400×400 和 300×240 柱外框。再单击“图案填充”按钮，打开“图案填充和渐变色”对话框，在“类型和图案”选项区选择“预定义”类型，选择“SOLID”图案，单击“拾取点”按钮，切换到绘图窗口，在绘图区内单击矩形柱子区域拾取填充边界，拾取完成后，单击鼠标右键返回“图案填充和渐变色”对话框，单击“确定”按钮，完成图案的填充。

(2)单击“复制”按钮，将已经绘制好的柱子复制到图 5-8 所示的位置。

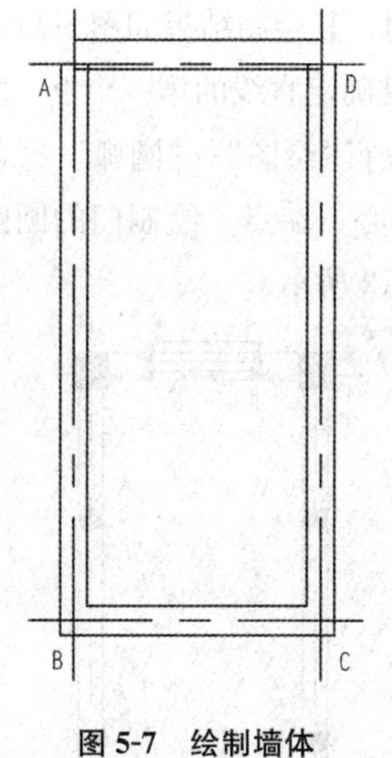

图 5-7 绘制墙体

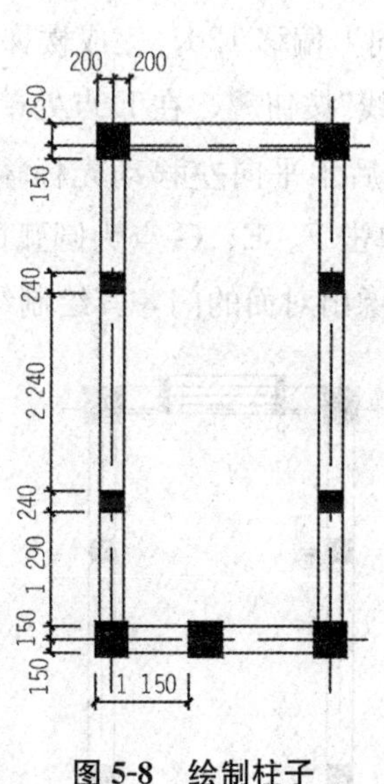

图 5-8 绘制柱子

五、绘制门窗

(1)单击“直线”按钮，在“指定第一个点”的状态下，使用临时追踪命令，从柱和轴线交点处向右追踪 750，确定直线的第一个点 A，然后向下移动光标和墙线下部相交于 B 点；单击“修改”工具条中的“偏移”按钮，将线段 AB 向右偏移 1 200 绘制出线段 CD。

(2)单击“修剪”按钮，选择直线 AB、CD 为剪切边，修剪得到窗洞。

(3)用同样的方法修剪出楼梯间两边的门洞，门洞宽度为 1 000，其修剪结果如图 5-9 所示。

(4)单击“矩形”命令，在窗洞两侧分别绘制 100×420 的抱框柱并填充，其绘制结果如图 5-10 所示。

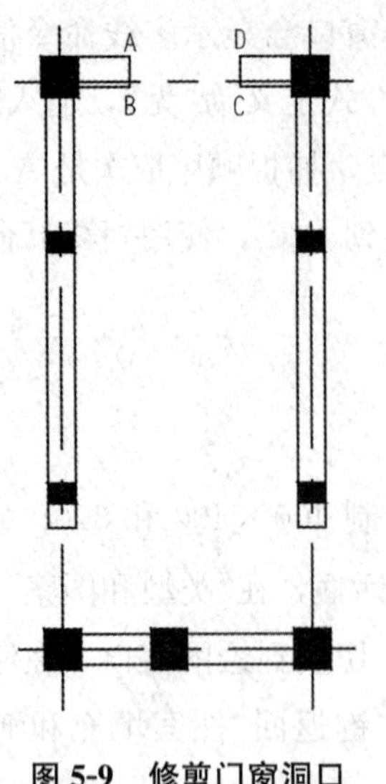

图 5-9　修剪门窗洞口

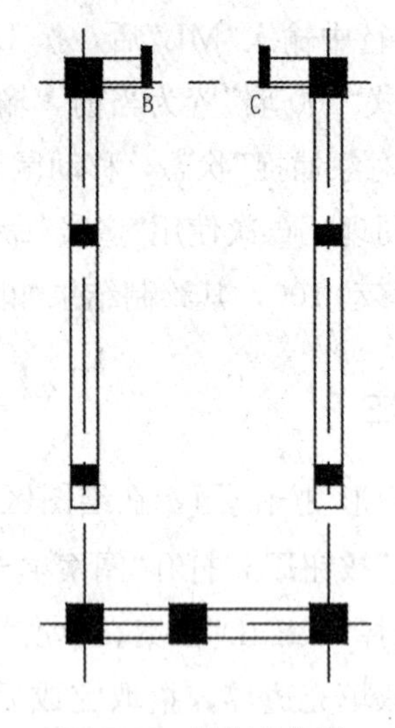

图 5-10　绘制抱框柱

(5)单击“直线”按钮，连接 B、C 两点；单击“偏移”按钮，把直线 BC 向上连续三次偏移 100；再向上偏移 120，完成楼梯间窗的绘制，其绘制结果如图 5-11 所示。

(6)单击“直线”按钮，在 E 点处单击鼠标左键确定直线的第一个点，垂直向上移动光标，输入 50，然后水平向左移动光标输入 950。执行“绘图”→“圆弧”→“起点、圆心、端点”命令，分别单击 F、E、G 点为圆弧的起点、圆心、端点，绘制门的圆弧部分，最后使用“镜像”命令镜像出对面的门，其绘制结果如图 5-12 所示。

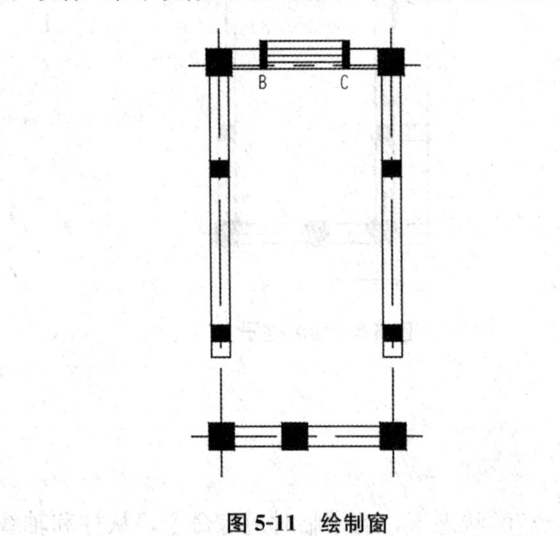

图 5-11　绘制窗

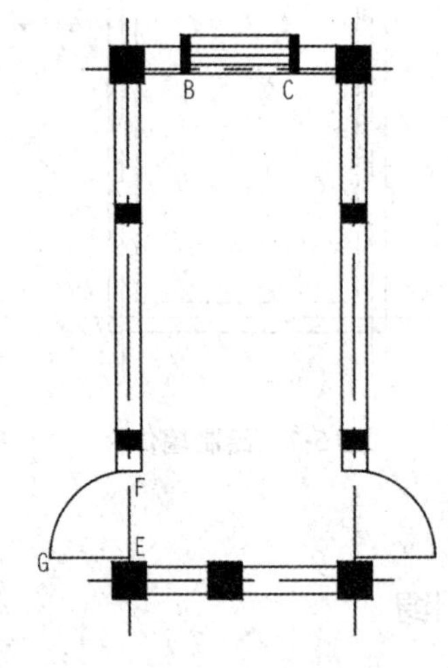

图 5-12　绘制门

六、绘制楼梯

(1)单击“图层”工具条中的“图层控制”下拉框，将“楼梯”层设置为当前层，单击“直线”按钮，连接楼梯间柱下端的两个端点 A 和 B，完成楼梯踏步第一条直线的绘制，如图 5-13 所示。

(2)单击“阵列”按钮，选择线段 AB，按照命令行提示信息设置行数和列数，分别输入 9

和 1，设置行间距为－280，完成阵列操作，其阵列结果如图 5-14 所示。

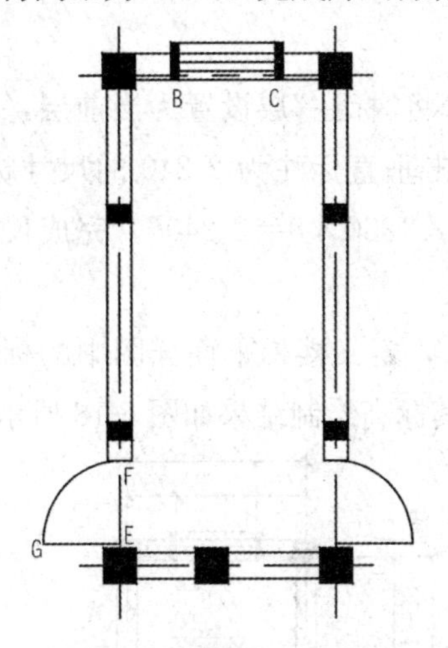

图 5-13　绘制第一条踏步线

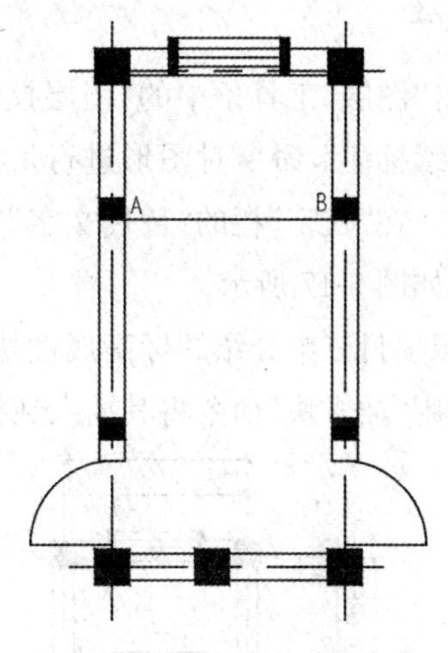

图 5-14　阵列生成楼梯踏步

(3)单击"矩形"按钮，在"指定第一个角点"的状态下，同时按住 Shift 键和鼠标右键，弹出对象捕捉快捷菜单，执行"自(F)"命令，捕捉图 5-15 中的 A 点为基点，输入偏移距离(@1 110，60)确定矩形的第一个角点，然后输入(@180，－2 360)确定矩形的第二个角点。

(4)单击"偏移"按钮，设置偏移距离为 60，把上一步绘制的矩形向内偏移，然后使用"修剪"命令把矩形内的多余线段剪掉，其绘制结果如图 5-15 所示。

(5)单击"多段线"按钮，在楼梯踏步的合适位置折线，再使用"偏移"命令向下偏移 40；单击"修剪"按钮，以刚绘制完的两条折线为修剪边界，剪掉多余线段。

(6)再次使用"多段线"，依照提示在踏步中点位置处指定起点，在"指定下一个点"的状态下移动光标到合适位置，单击鼠标左键绘制转折线；再次在"指定下一个点"的状态下，选择宽度，将起点宽度设为 60，将终点宽度设为 0，向下移动光标到合适位置单击鼠标左键，然后单击鼠标右键完成楼梯方向箭头的绘制；同理，绘制出向上的箭头。其绘制结果如图 5-16 所示。

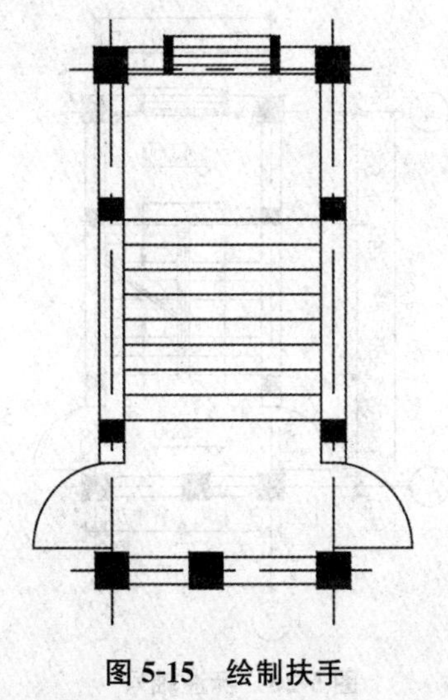

图 5-15　绘制扶手

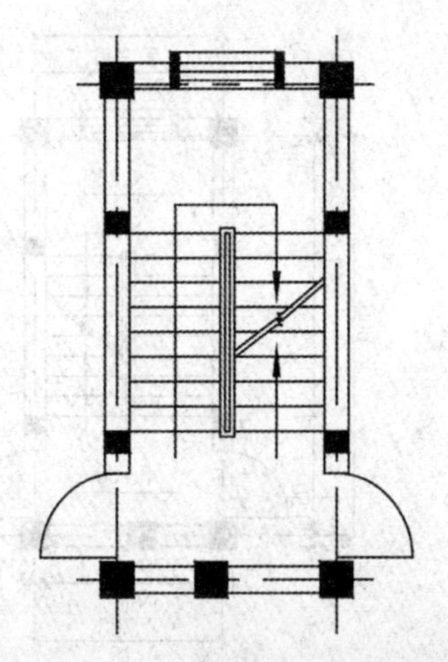

图 5-16　绘制折断线及方向箭头

七、标注

(1)单击“图层”工具条中的“图层控制”下拉框，将“标注”层设置为当前层，利用“线性标注”和“连续标注” 命令对图形进行尺寸标注，双击垂直标注为 2 240 的尺寸标注，打开“特性”面板，在“文字”栏的“替代文字”文本框中输入“280×8＝2 240”，完成尺寸的编辑，其绘制结果如图 5-17 所示。

(2)参照项目三中介绍的标高属性块的定义方法，定义楼梯平面详图中的标高属性块，然后重复利用“插入块”命令将其插入到指定位置，其标高绘制结果如图 5-18 所示。

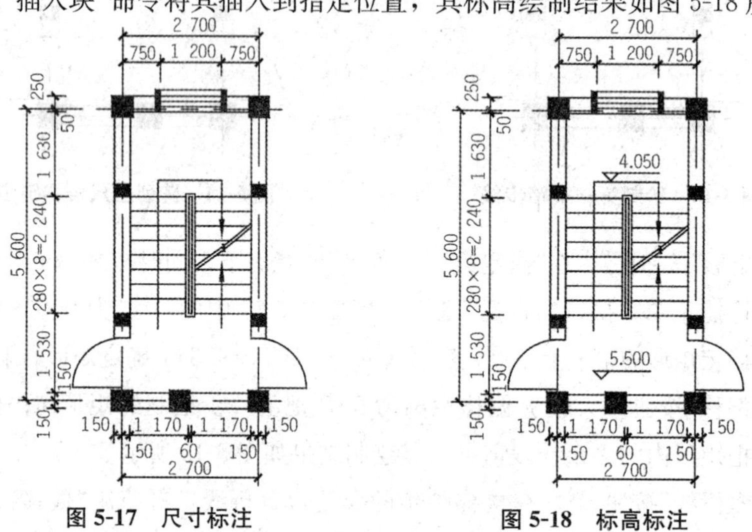

图 5-17　尺寸标注　　图 5-18　标高标注

(3)单击“多行文字”按钮 A，在门窗位置标注门窗编号 C-1 和 M-2；标注楼梯上、下标志，如图 5-19 所示。

(4)利用“圆”命令，在绘图区的任意位置绘制半径为 400 的圆；使用“多行文字”命令，在圆内书写“3”，然后利用“复制”命令并结合捕捉象限点和直线端点的方式将圆及文字复制到轴线的端点位置；双击圆内文字，将“3”分别改成“5”“B”“C”，其绘制结果如图 5-20 所示。

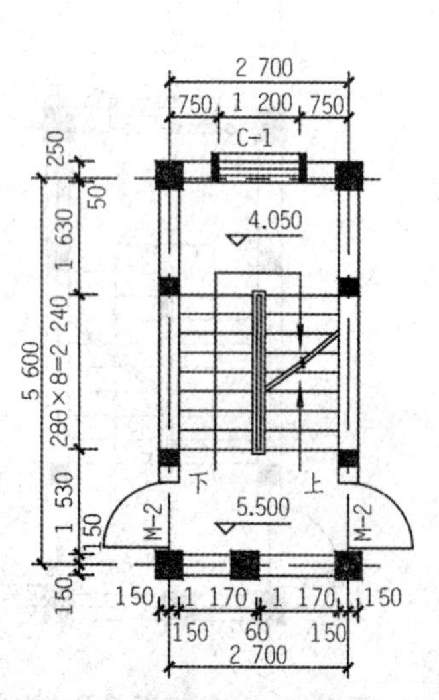

图 5-19　标注门窗编号及楼梯上、下标志

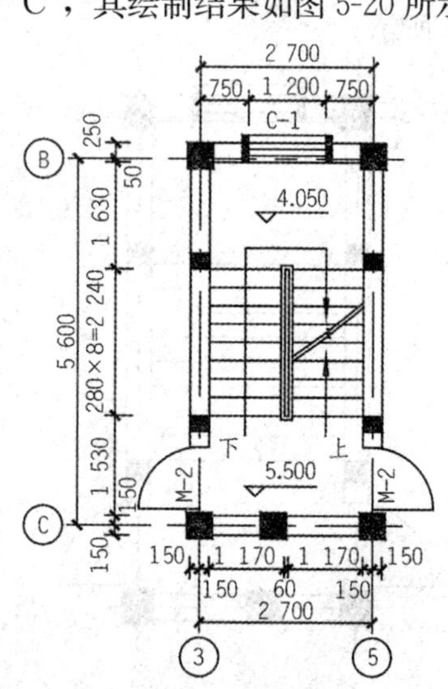

图 5-20　标注轴号

(5)标注楼梯平面详图图名及比例，如图 5-21 所示。

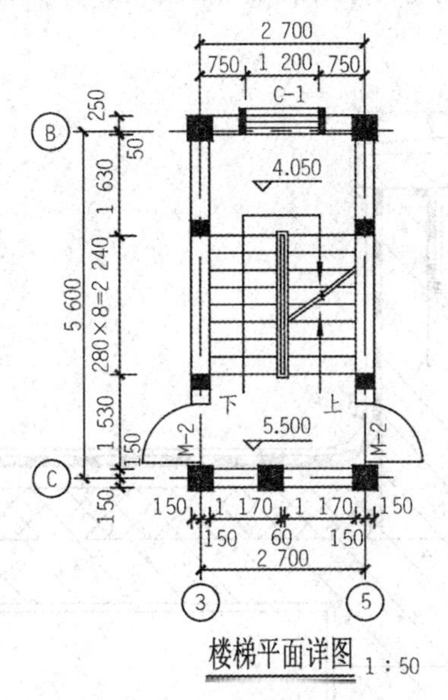

图 5-21　标注图名及比例

能力训练

1. 绘制图 5-22 所示的楼梯平面详图。

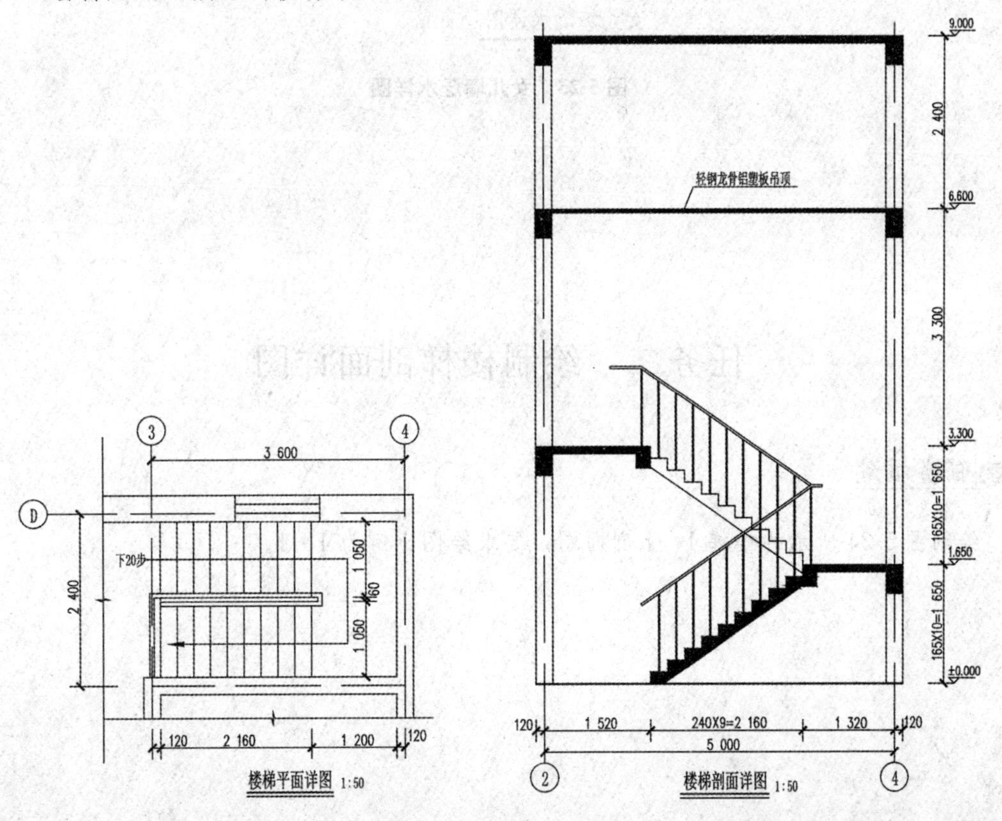

图 5-22　楼梯平面详图

2. 绘制图 5-23 所示的女儿墙泛水详图。

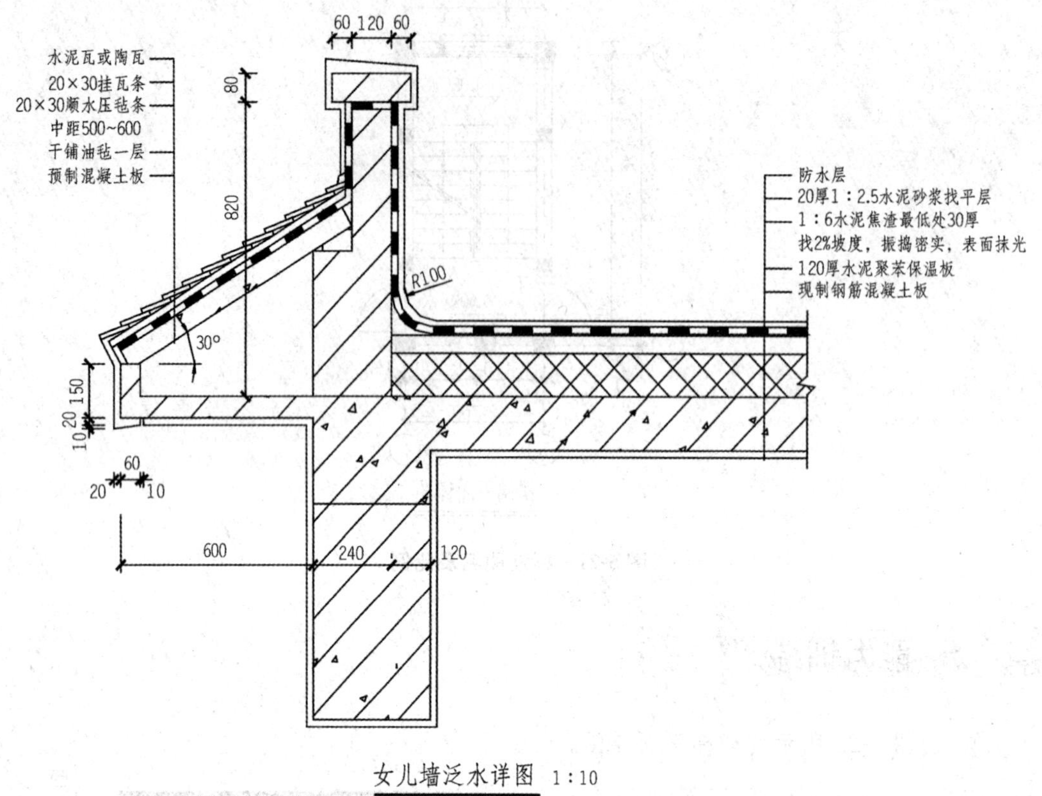

图 5-23　女儿墙泛水详图

任务二　绘制楼梯剖面详图

任务描述

绘制图 5-24 所示的楼梯 1—1 剖面图，要求绘图比例为 1∶1。

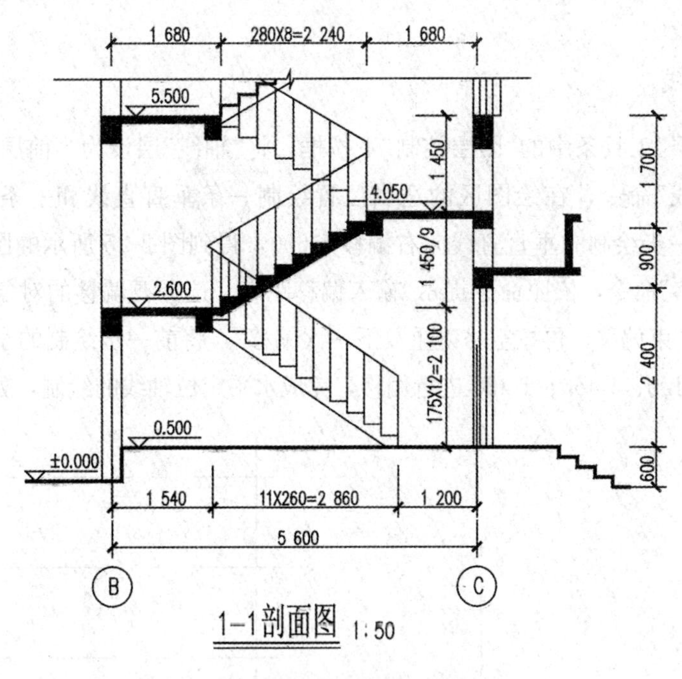

图 5-24 楼梯 1—1 剖面图

任务分析

本任务学习楼梯剖面详图的绘制过程及相关绘图命令。

相关知识

在使用 AutoCAD 进行图形绘制时，常常需要对所绘图形尺寸特征进行必要的查询。

“查询”命令的启动方法有以下两种：

(1)菜单“工具”→“查询”→“距离”。

(2)命令行“distance”快捷键 DI。

绘制步骤如下：

```
命令：distance                                    //启动“测量”命令
指定第一个点：                                    //选取要测量的某段距离的第一个点
指定第二个点或[多个点(M)]：                       //选取要测量的某段距离的第二个点
距离＝140.0000，XY 平面中的倾角＝0，与 XY 平面的夹角＝0
X 增量＝140.0000，Y 增量＝0.0000，Z 增量＝0.0000   //要测量的长度为 140，第二个点相对
                                                    于第一个点的 X 轴坐标增加 140
```

任务实施

绘制楼梯 1—1 剖面

因为楼梯 1—1 剖面详图和平面详图是在同一张图纸上且比例相同，所以，其图层、文字样式、标注样式都和楼梯平面详图一致，不用重新设置绘图环境。

一、绘制轴线

(1)单击“图层”工具条中的“图层控制”下拉框，将“轴线”层设为当前层。

(2)执行“直线”命令，在绘图区的适当位置绘制一条垂直直线和一条水平直线；利用“偏移”命令将上一步绘制的垂直直线向右偏移 5 600，得到图 5-25 所示的图形。

(3)执行“偏移”命令，依照命令提示“输入偏移距离、选择要偏移的对象、单击给出偏移方向、按空格键结束偏移、再按空格键重复下一次偏移”，将前一步绘制的水平轴线分别输入偏移距离 500、2 100、1 450、1 450 进行偏移，完成水平定位轴线的绘制，如图 5-26 所示。

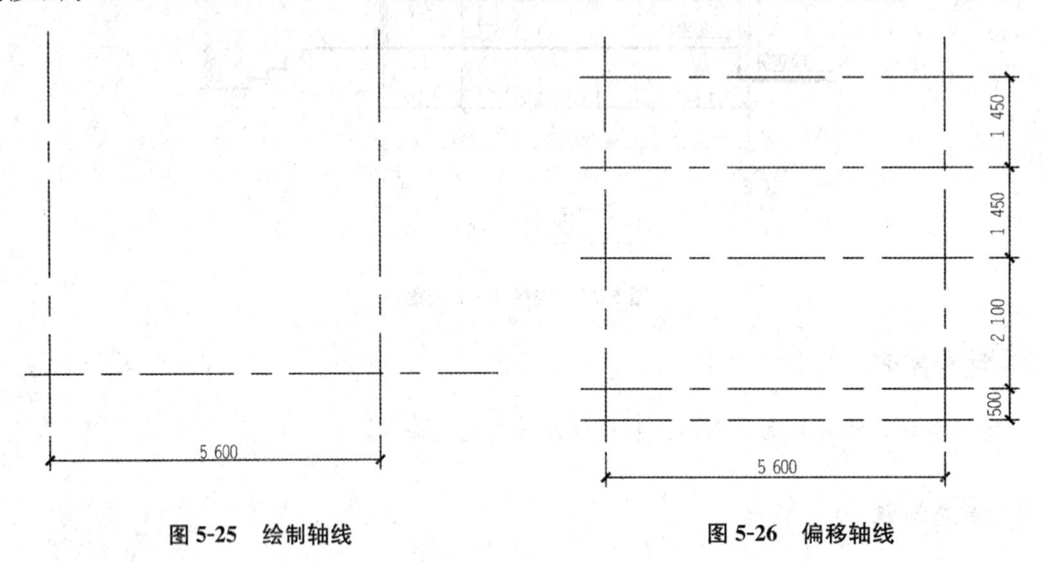

图 5-25　绘制轴线　　　　图 5-26　偏移轴线

二、绘制墙线

(1)单击“图层”工具条中的“图层控制”下拉框，将“墙、楼板和梁”层设为当前层。

(2)楼梯平面详图中“300 墙”已经设置完，因此可以直接使用。使用“多线”命令在垂直的两条轴线上绘制墙线，把绘制好的右侧墙线再向右移动 100，其绘制结果如图 5-27 所示。

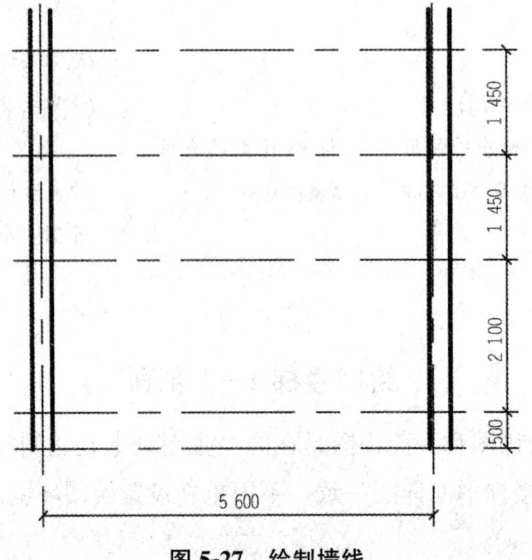

图 5-27　绘制墙线

三、绘制地坪线

(1)单击“多段线”按钮，依照提示绘制地坪线，其绘制结果如图 5-28 所示。

命令操作如下：

命令：_pline

指定起点：

当前线宽为 0.0000

指定下一个点或[圆弧(A)/半宽(H)/长度(L)/放弃(U)/宽度(W)]：w

指定起点宽度 ＜0.0000＞：30

指定端点宽度 ＜30.0000＞：　　　　//设置多段线的宽度为 30

指定下一个点或[圆弧(A)/半宽(H)/长度(L)/放弃(U)/宽度(W)]：

//捕捉 A 点向右移动光标到 B 点

指定下一个点或[圆弧(A)/闭合(C)/半宽(H)/长度(L)/放弃(U)/宽度(W)]：500

//从 B 点向上移动光标，输入 500 后按 Enter 键

指定下一个点或[圆弧(A)/闭合(C)/半宽(H)/长度(L)/放弃(U)/宽度(W)]：6700

//向右移动光标，输入 6 700 后按 Enter 键

指定下一个点或[圆弧(A)/闭合(C)/半宽(H)/长度(L)/放弃(U)/宽度(W)]：150

//向下移动光标，输入 150 后按 Enter 键

指定下一个点或[圆弧(A)/闭合(C)/半宽(H)/长度(L)/放弃(U)/宽度(W)]：280

//向右移动光标，输入 280 后按 Enter 键

指定下一个点或[圆弧(A)/闭合(C)/半宽(H)/长度(L)/放弃(U)/宽度(W)]：150

//向下移动光标，输入 150 后按 Enter 键

指定下一个点或[圆弧(A)/闭合(C)/半宽(H)/长度(L)/放弃(U)/宽度(W)]：280

//向右移动光标，输入 280 后按 Enter 键

指定下一个点或[圆弧(A)/闭合(C)/半宽(H)/长度(L)/放弃(U)/宽度(W)]：150

//向下移动光标，输入 150 后按 Enter 键

指定下一个点或[圆弧(A)/闭合(C)/半宽(H)/长度(L)/放弃(U)/宽度(W)]：280

//向右移动光标，输入 280 后按 Enter 键

指定下一个点或[圆弧(A)/闭合(C)/半宽(H)/长度(L)/放弃(U)/宽度(W)]：150

//向下移动光标，输入 150 后按 Enter 键

指定下一个点或[圆弧(A)/闭合(C)/半宽(H)/长度(L)/放弃(U)/宽度(W)]：

//向右移动光标到 C 点，按 Enter 键结束多段线的绘制

(2)执行“修剪”命令，修剪地坪线下的墙线，其修剪结果如图 5-28 所示。

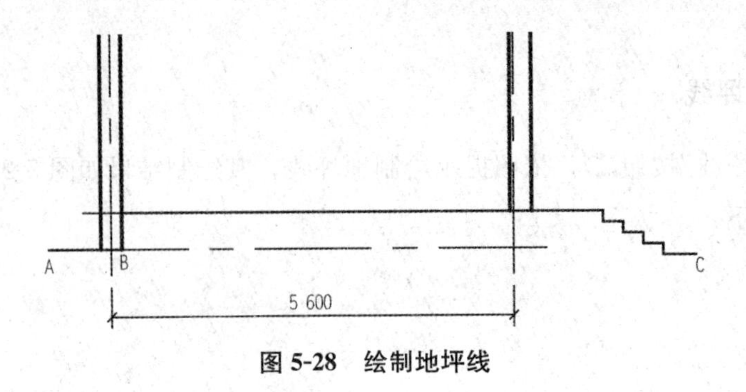

图 5-28　绘制地坪线

四、绘制休息平台板

(1)单击“偏移”按钮，将两条垂直轴线分别向内偏移 1 680，把偏移得到的轴线放到辅助轴线层。

(2)选择“格式”→“多线样式”菜单命令，打开“多线样式”对话框，单击“新建”按钮，打开“创建新的多线样式”对话框，在“名称栏”中输入多线名称“楼板”，单击“继续”按钮，打开“新建多线样式”对话框，选中“图元”栏的“偏移 0.5”项后，在下面的“偏移”文本框中输入0，同样把“图元”栏的“－0.5”修改成“－100”，勾选“多线起点”“端点封口”，单击“确定”按钮，完成“楼板”多线样式定义。

(3)在命令行中输入“ML”后，按 Enter 键，命令窗口会显示多线命令信息，然后输入“ST”将多线样式“楼板”置为当前，输入“J”将对正方式改为“上”。设置“对象捕捉”状态，捕捉图 5-29 所示的 A 点，向右移动光标和右侧轴线相交，单击鼠标左键后，按 Enter 键结束休息平台板的绘制。

(4)同理，绘制出 B 点和 C 点处的楼板，执行“图案填充”命令，填充绘制好的休息平台板如图 5-29 所示。

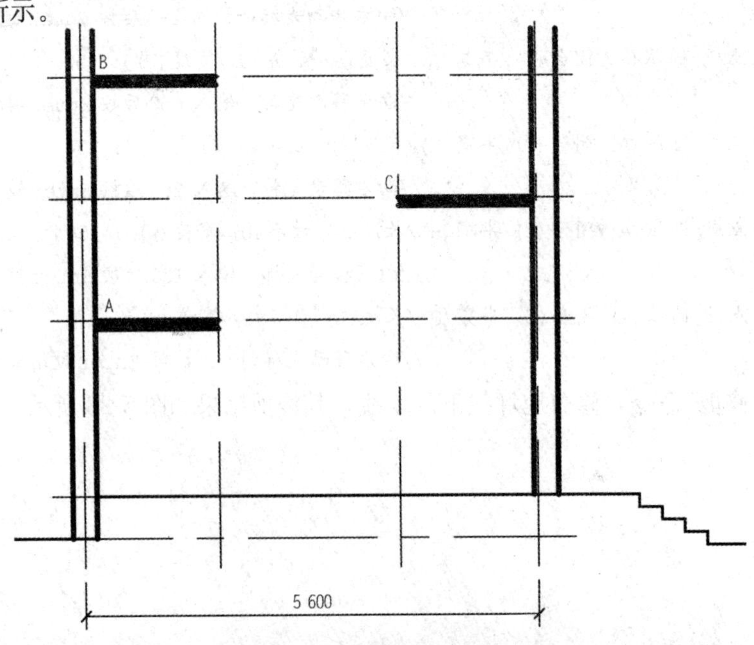

图 5-29　绘制休息平台板

五、绘制梁

执行“矩形”命令，在图 5-30 中的 A、B、C、D、E、F、G、H 处分别绘制尺寸为 300×400、240×350、240×350、300×500、300×250、300×300、300×400、240×350 的梁，其绘制结果如图 5-30 所示。

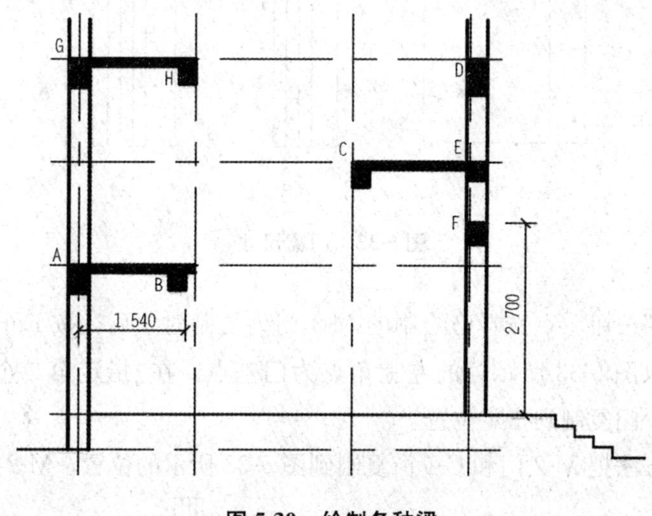

图 5-30　绘制各种梁

六、绘制门窗

(1)执行“修剪”命令，把图 5-31 中 A 点下端、B 点上端的墙线修剪掉。

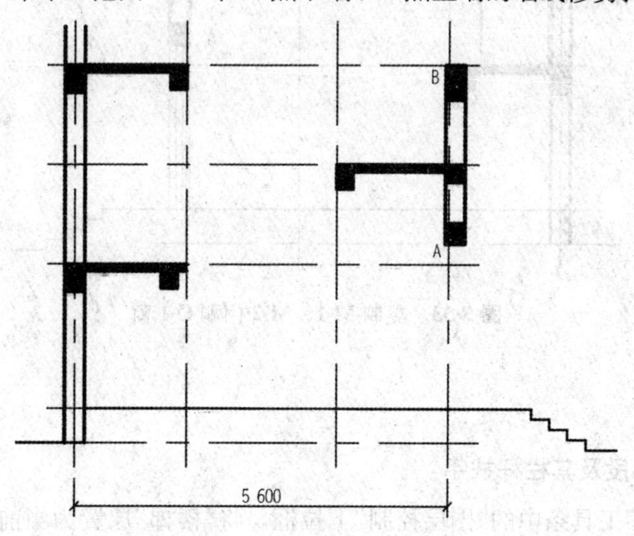

图 5-31　修剪得到门窗洞口

(2)执行“矩形”“直线”和“偏移”命令，在绘图区空白处绘制 M-1、M-2、C-1，其尺寸如图 5-32 所示。

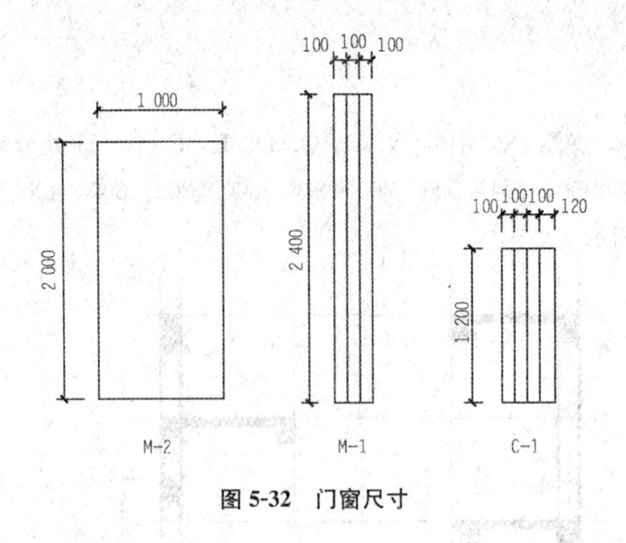

图 5-32　门窗尺寸

(3)单击“复制”按钮，选择已绘制的 M-1 门为复制对象后，按 Enter 键，在“指定基点”的状态下，选取图 5-33 所示门的左上角点为门基点，在“指定第二个角点”的状态下，捕捉 A 点，把 M-1 门复制到指定位置。

(4)用同样的方法把 M-2 门和 C-1 窗复制到图 5-33 所示的位置，M-2 门距墙 50 mm。

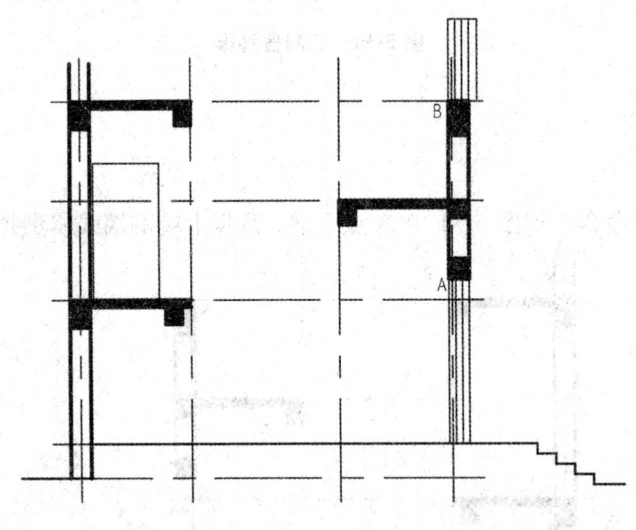

图 5-33　复制 M-1、M-2 门和 C-1 窗

七、绘制楼梯

1. 绘制第一梯段及其栏杆扶手

(1)单击“图层”工具条中的“图层控制”下拉框，将“楼梯”层置为当前层，删除图中间的两条垂直轴线，使用“偏移”命令，分别将轴线Ⓑ和轴线Ⓒ向内偏移 1 540、1 200。

(2)单击“直线”按钮，捕捉图 5-32 所示的 A 点，垂直向上移动光标，输入 175 后，按 Enter 键，再水平向左移动光标，输入 260 后，按 Enter 键结束直线的绘制。再次利用“直线”命令并捕捉踏面线和踢面线的交点，垂直向上移动光标，输入 900 后结束栏杆的绘制。

(3)单击“复制”按钮，选择上一步绘制的三条直线为复制对象后，按 Enter 键，在“指定基点”的状态下，选取 A 点为复制基点，在“指定第二个角点”的状态下，捕捉楼梯踏面线段的左端点，复制到指定位置，再次在“指定第二个角点”的状态下，连续 10 次捕捉楼梯踏面线段的左端点，复制到指定位置，其绘制结果如图 5-34 所示。

(4)利用“直线”命令，连接所有栏杆的上部端点，如图 5-35 所示。

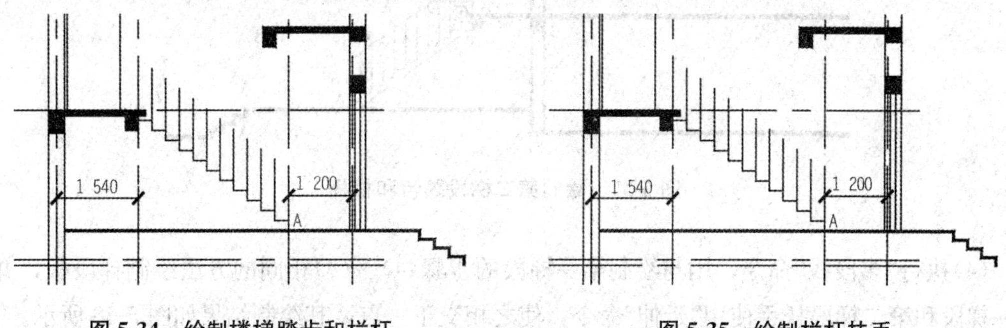

图 5-34　绘制楼梯踏步和栏杆　　　　图 5-35　绘制栏杆扶手

(5)再次执行“直线”命令，依次捕捉楼梯踏步的 A 点和 B 点，绘制线段 AB。

(6)利用“偏移”命令，将线段 AB 向下偏移 100，利用“删除”命令删除线段 AB，再利用“修剪”命令，修剪梯段板与地坪线的多余直线，其绘制结果如图 5-36 所示。

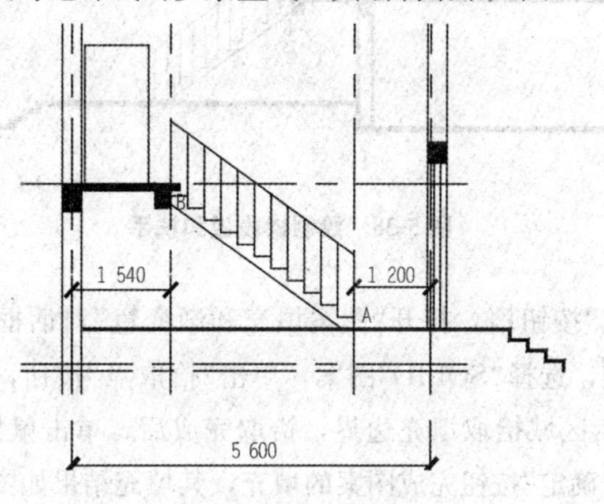

图 5-36　绘制梯段板

2. 绘制第二梯段及其栏杆扶手

(1)单击“直线”按钮，捕捉图 5-35 所示的 C 点，垂直向上移动光标，输入 161.11 后，按 Enter 键，再水平向右移动光标，输入 280 后，按 Enter 键结束直线的绘制。

(2)再次单击“直线”按钮，捕捉踏面线和踢面线的交点，垂直向上移动光标，输入 900 后结束栏杆的绘制。

(3)单击“复制”按钮，选择上两步绘制的三条直线为复制对象，在“指定基点”的状态下，选取 C 点为复制基点，在“指定第二个角点”的状态下，捕捉楼梯踏面线段的右端点，复制到指定位置，再次在“指定第二个角点”的状态下，连续 7 次捕捉楼梯踏面线段的右端点，复制到指定位置，其绘制结果如图 5-37 所示。

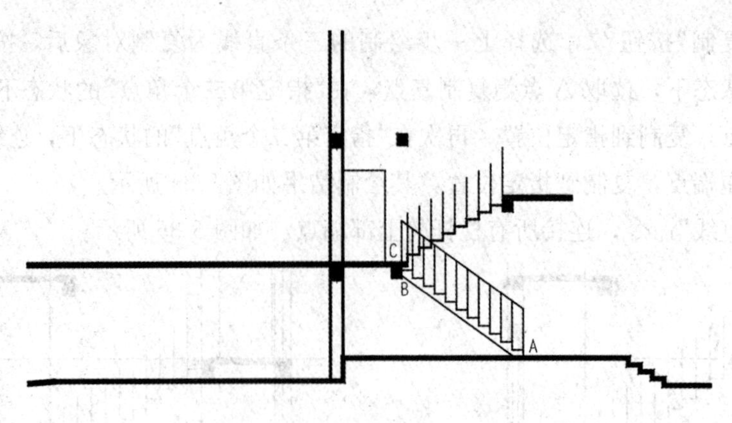

图 5-37　绘制第二梯段踏步和栏杆

(4)执行“多段线”命令，用与绘制第一梯段的步骤(4)～(6)相同的方法绘制梯段板，并对第一梯段和第二梯段扶手使用“延伸”命令，使之相交于一点，其绘制结果如图 5-38 所示。

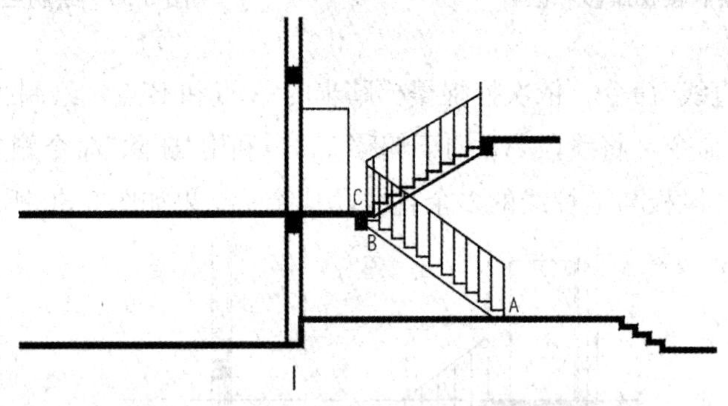

图 5-38　绘制梯段板和扶手

(5)单击“图案填充”按钮，打开“图案填充和渐变色”对话框，在“类型和图案”选项区，选择“预定义”类型，选择“SOLID”图案，单击“拾取点”按钮，切换到绘图窗口，在绘图区内单击图 5-39 所示区域拾取填充边界，拾取完成后，单击鼠标右键返回“图案填充和渐变色”对话框，单击“确定”按钮完成图案的填充，其填充结果如图 5-39 所示。

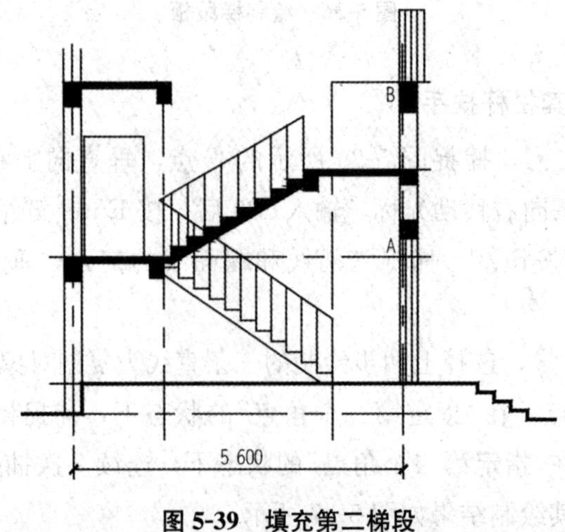

图 5-39　填充第二梯段

(6)利用“直线”命令，使用与步骤(1)～(4)相同的方法绘制第三、四梯段以及梯段板；使用“多段线”命令绘制出折断线并对相应部分进行修剪，其绘制结果如图 5-40 所示。

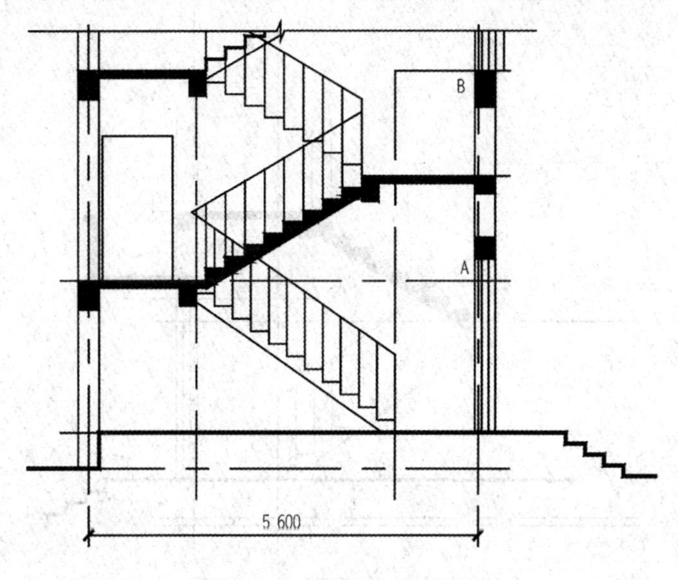

图 5-40　绘制第三、四梯段

八、绘制入户门上雨篷

(1)单击“矩形”按钮，捕捉图 5-40 中的 A 点作为矩形的第一个角点，然后输入(@1 320，－100)确定矩形的第二个角点。

(2)利用“直线”命令，其操作步骤如下：

```
命令：_line 指定第一个点：120                  //从上一步画好的图形的右上角向左作临时追踪，追踪
                                                  120，确定直线起点
指定下一个点或[放弃(U)]：700                   //垂直向上移动光标，输入 700，按 Enter 键
指定下一个点或[放弃(U)]：120                   //水平向右移动光标，输入 120，按 Enter 键
指定下一个点或[闭合(C)/放弃(U)]：100           //垂直向上移动光标，输入 100，按 Enter 键
指定下一个点或[闭合(C)/放弃(U)]：220           //水平向左移动光标，输入 220，按 Enter 键
指定下一个点或[闭合(C)/放弃(U)]：800           //垂直向下移动光标，输入 800，按 Enter 键
指定下一个点或[闭合(C)/放弃(U)]：              //按 Enter 键，结束直线绘制
```

(3)单击“图案填充”按钮，打开“图案填充和渐变色”对话框，在“类型和图案”选项区，选择“预定义”类型，选择“SOLID”图案，单击“拾取点”按钮，切换到绘图窗口，在绘图区内单击图 5-41 所示区域拾取填充边界，拾取完成后，单击鼠标右键返回“图案填充和渐变色”对话框，单击“确定”按钮，雨篷填充效果如图 5-41 所示。

九、尺寸、标高与文字标注

1. 尺寸标注

(1)单击“图层”工具条中的“图层控制”下拉框，将“标注”层设为当前层。

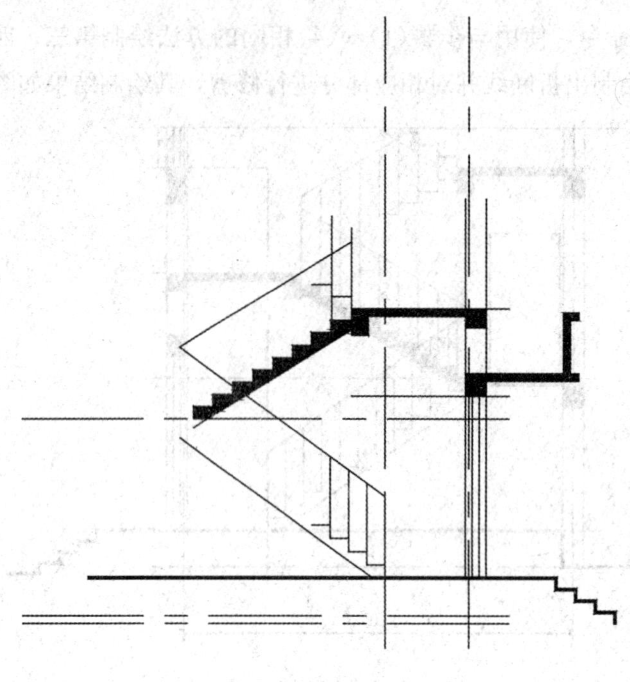

图 5-41　绘制雨篷

(2)单击“标注”工具条中的“线性标注”按钮，捕捉室外地坪线所在的水平轴线端点作为第一条尺寸界线的起点，然后捕捉一层地面线所在水平轴线的端点作为第二条尺寸界线的起点，向右移动光标，在合适的位置单击鼠标左键。

(3)单击“标注”工具条中的“连续标注”按钮，依次选择©轴上的雨篷梁、休息平台梁下端与窗下端标高处的水平轴线的端点，标注右边第一道垂直方向尺寸，其绘制结果如图 5-42 所示。

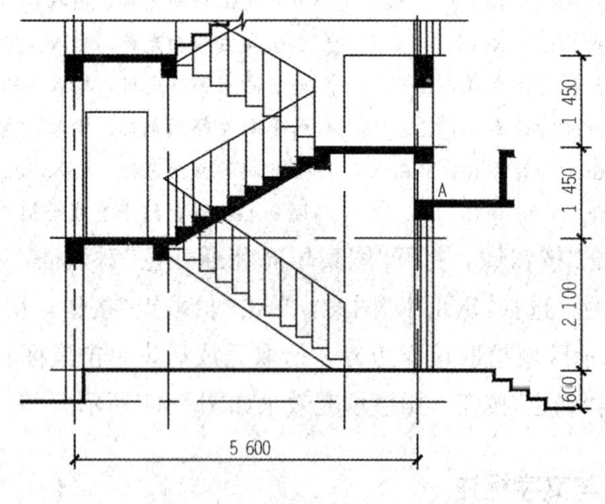

图 5-42　标注右侧尺寸标注

(4)同理，完成细部尺寸的标注，其标注结果如图 5-43 所示。

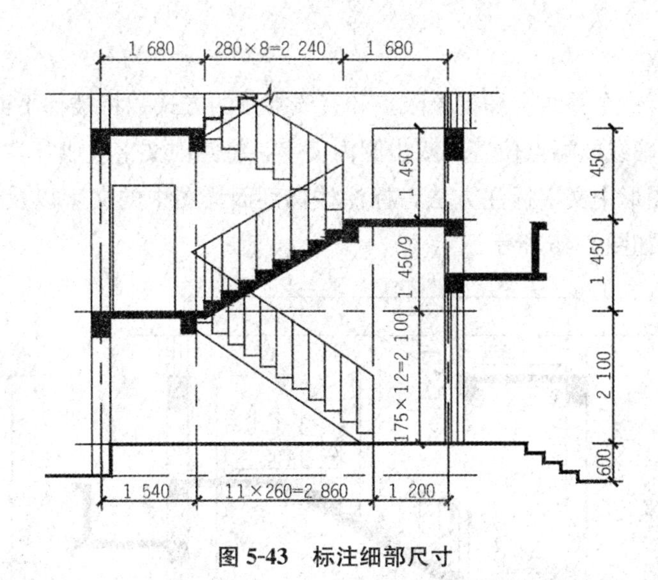

图 5-43　标注细部尺寸

2. 标高标注

(1)单击“插入”按钮，打开“插入图块”对话框，选择已做好的标高图块，插入点在屏幕上指定，插入比例不变，插入角度为 0，完成选择后，单击“确定”按钮，在轴线Ⓑ左侧室内地面适当位置单击鼠标左键，命令行窗口提示“标高:”，输入±0.000。

(2)执行“复制”命令，将插入的标高复制到楼地面层休息平台板上表面的适当位置。

(3)把光标放在需要修改的标高数字上面单击鼠标左键两次，弹出“增强属性编辑器”对话框，依次修改“值(V)”文本框里所示标高数值，单击“应用”按钮完成相应标高的修改，如图 5-44 所示。

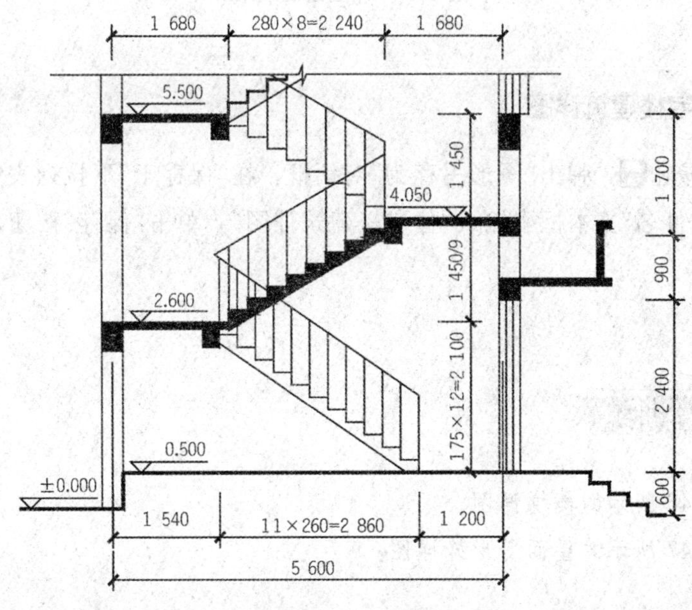

图 5-44　标高标注

3. 其他标注

(1)使用“复制”命令并结合捕捉象限点和直线端点的方式，将楼梯平面详图中的轴号复制到楼梯立面详图轴线的端点位置；双击圆内文字，将圆内文字改成“B”“C”。

(2)参照其他图形中文字标注方法，标注楼梯剖面详图中的文字以及书写图形及比例，最后详图绘制效果如图 5-45 所示。

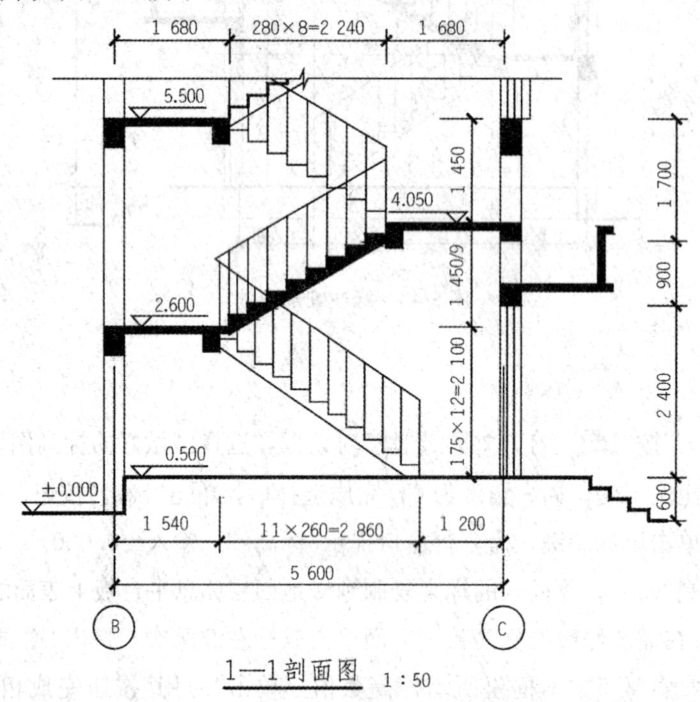

图 5-45 详图绘制效果

十、保存住宅楼建筑详图

单击“保存”按钮，弹出“图形另存为”对话框，在“保存于”下拉列表中选择保存图形文件目录，在“文件名”文本框中输入“住宅楼建筑详图”，单击“保存”按钮，完成图形文件的保存。

能力训练

1. 绘制图 5-46 所示的楼梯详图。
2. 绘制图 5-47 所示的屋面变形缝详图。

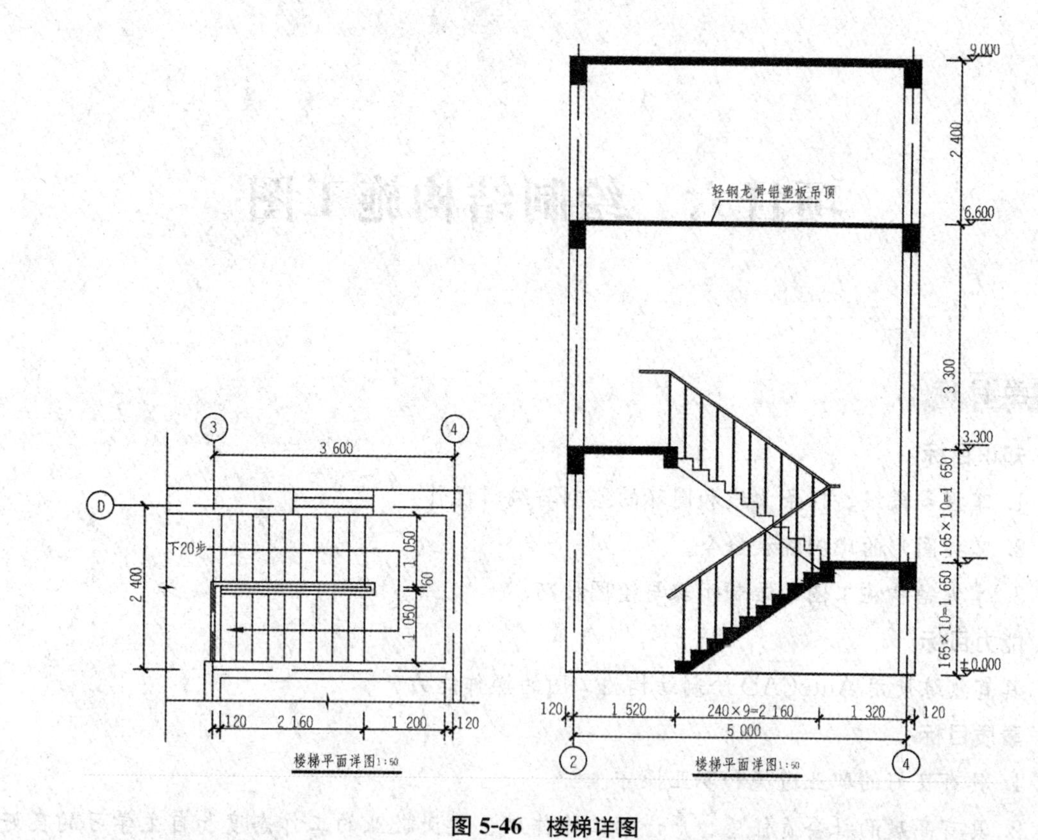

图 5-46　楼梯详图

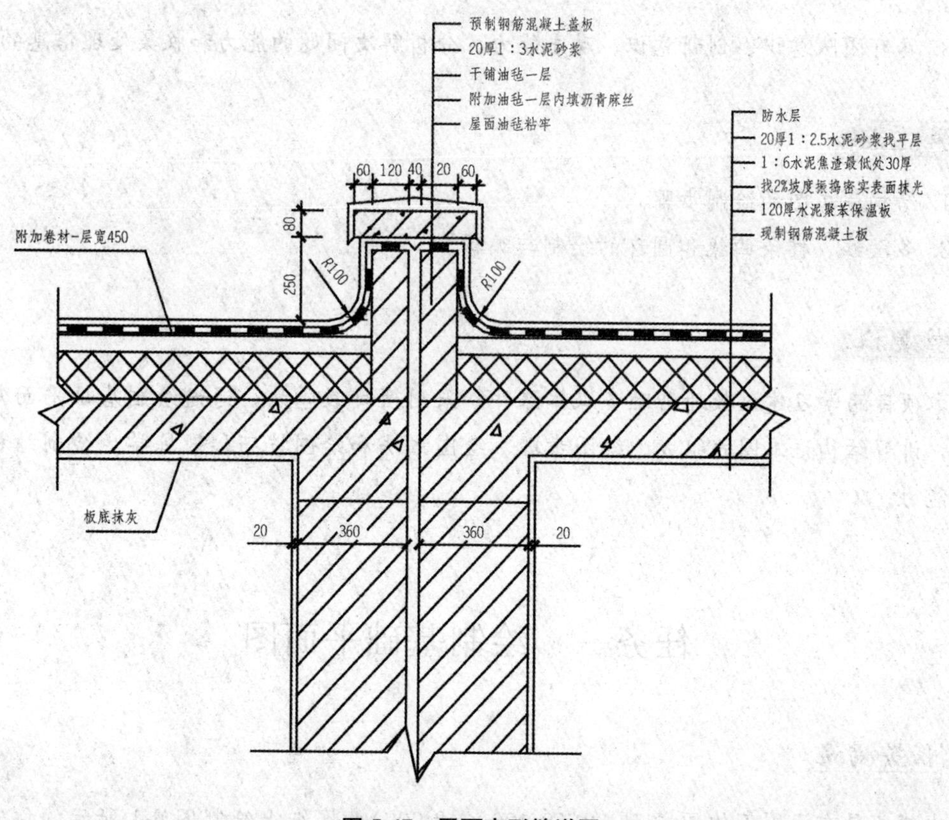

图 5-47　屋面变形缝详图

项目六　绘制结构施工图

教学目标

知识目标

1. 掌握多段线、样条曲线和圆环的绘制与编辑操作。

2. 掌握图形的比例缩放命令。

3. 掌握结构施工图的绘制步骤与绘图技巧。

能力目标

具有熟练使用AutoCAD绘制结构施工图的操作能力。

素质目标

1. 具有良好的职业道德和职业操守。

2. 具有高度的社会责任感、严谨的工作作风、爱岗敬业的工作态度和自主学习的良好习惯。

3. 具有团队意识、创新意识、动手能力、分析解决问题的能力和收集处理信息的能力。

教学重点

1. 结构施工图的绘制步骤。

2. 多段线、样条曲线和圆环的绘制与编辑。

教学建议

本项目的学习建议教师借助多媒体课件，采用项目教学法，通过绘制基础平面与剖面详图，讲解结构施工图的组成、绘图步骤、绘图方法和绘图技巧，锻炼学生绘制结构施工图的能力。

任务一　绘制基础平面图

任务描述

本任务是在设置好的图幅为A2(59 400×42 000)的图纸上绘制图6-1所示的住宅楼基

础平面结构图并标注尺寸，要求绘图比例为 1∶1。

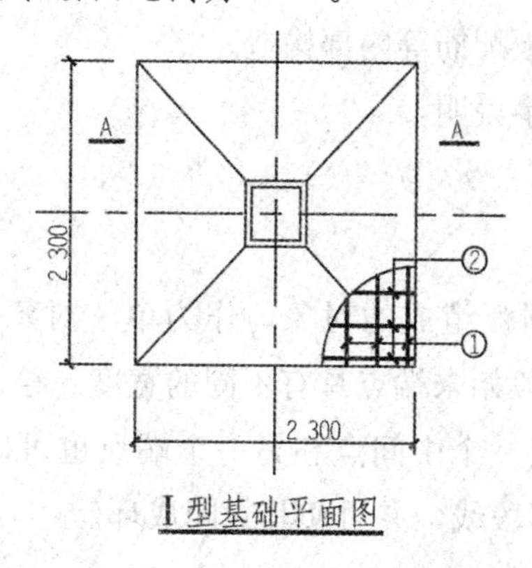

图 6-1　住宅楼基础平面结构图

任务分析

本任务介绍基础平面图的绘制过程及相关绘图与编辑命令的使用。

相关知识

一、基础施工图概述

1. 基础施工图的绘制内容

基础施工图是表示建筑物地下部分承重结构的施工图，包括基础平面图、基础详图和必要的设计说明。

基础平面图是假想用一个水平剖切平面沿建筑底层地面下一点剖切建筑，将剖切平面上面的部分去掉，并移去回填土所得到的水平投影图。

基础平面图主要表达基础的平面位置、形式及其种类，是基础施工时定位、防线、开挖基坑的依据。

2. 基础施工图的绘制要求

(1)比例。基础平面图的比例一般与建筑平面图的比例相同，基础详图的比例一般较大，常用比例为 1∶20、1∶30。

(2)图线。被剖切到的基础墙、柱轮廓、断面边线用粗实线绘制，基础底面轮廓用细实线绘制。

(3)图例。断面内绘制材料图例，如果是钢筋混凝土基础，构件轮廓用细实线绘制，不绘制材料图例，只绘制配筋情况。

3. 基础施工图的绘制步骤

(1)绘制定位轴线。

(2)绘制室内外地面的位置线。

(3)绘制断面轮廓线。

(4)绘制基础梁、基础底板配筋等内部构造。

(5)尺寸标注、标高及文字说明。

二、绘制多段线

多段线是由多条直线或圆弧组成的对象，作为单一对象整体使用，易于选择和编辑。AutoCAD可以分别设置各线段始末端点具有不同的宽度。绘制弧线段时，弧线段的起点是前一个线段的端点，通过制定一个中间点和另一个端点也可以完成弧线段的绘制。可通过连续定点来绘制首尾相连的多段线，并可使其封闭成环。

“多段线”命令的启动方法如下：

(1)菜单“绘图”→“多段线”。

(2)“绘图”工具栏。

(3)命令行“pline”或快捷键 PL。

执行命令后，命令行提示信息如下：

当前线宽为 0.0000

指定下一个点或[圆弧(A)/半宽(H)/长度(L)/放弃(U)/宽度(W)]：

(1)圆弧(A)：将绘制直线的方式转换为绘制圆弧的方式。当进入圆弧模式后，新创建的多段线将成为圆弧多段线线段，直到结束命令或将其转化回直线模式。

圆弧所包含的参数含义如下：

1)角度(A)：输入所画圆弧的包含角。

2)圆心(CE)：指定所画圆弧的圆心，所生成的圆弧与上一段圆弧或直线相切。

3)方向(D)：指定所画圆弧起点的切线方向，在默认情况下，多段线所绘制的圆弧方向为前一段直线或圆弧的切线方向，该选项可以改变圆弧的起始方向。

4)半径(R)：指定所画圆弧的半径。

5)第二个点(S)：指定按三点方式画圆弧的第二点。

6)直线(L)：多段线绘制切换到直线模式。

(2)半宽(H)：用于指定多段线的半宽值，AutoCAD将提示输入多段线的起点半宽值和中点半宽值。

(3)长度(L)：指定下一条多段线的长度。

(4)放弃(U)：表示删除最近指定的点。

(5)宽度(W)：设置多段线的宽度值。

设置好相应选项，选取适当的点绘制出多段线。

【例 6-1】 用“多段线”命令绘制楼梯走向箭头，如图 6-2 所示。

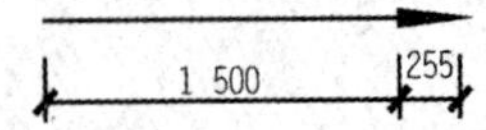

图 6-2　绘制楼梯走向箭头

绘图步骤如下：

命令：_pline　　//执行“多段线”命令

指定起点：　　//在绘图区的适当位置指定起点

当前线宽为 0.0000

指定下一个点或[圆弧(A)/半宽(H)/长度(L)/放弃(U)/宽度(W)]：1500

//水平向右移动光标，输入 1 500

指定下一个点或[圆弧(A)/闭合(C)/半宽(H)/长度(L)/放弃(U)/宽度(W)]：w

//选择“宽度”选项

指定起点宽度 <0.0000>：60　　//指定起点宽度

指定端点宽度 <60.0000>：0　　//指定端点宽度

指定下一个点或[圆弧(A)/闭合(C)/半宽(H)/长度(L)/放弃(U)/宽度(W)]：255

//水平向右移动光标，输入 255

指定下一个点或[圆弧(A)/闭合(C)/半宽(H)/长度(L)/放弃(U)/宽度(W)]：

//按 Enter 键结束命令

三、绘制样条曲线

样条曲线是一种经过一系列给定点的光滑曲线，适用于形状不规则的曲线条。“样条曲线”命令的启动方法如下：

(1)菜单“绘图”→“样条曲线”。

(2)“绘图”工具栏～。

(3)命令行“spline”或快捷键 SP。

执行命令后，命令行提示信息如下：

(1)指定第一个点，指定起点。

(2)指定点 2、3、4，指定中间系列点。

(3)指定点 5，指定端点。单击鼠标右键选择“确定”，表示通过的所有点制定完成，而后光标跳回到 1 点附近。

(4)指定切点切向，指定点 6，点 6 与点 1 的连线决定了起点 1 的切向，而后光标又跳回到点 5 附近。

(5)指定端点切向，指定点 7，点 7 与点 5 的连线决定了端点 5 的切向。

样条曲线如图 6-3 所示。

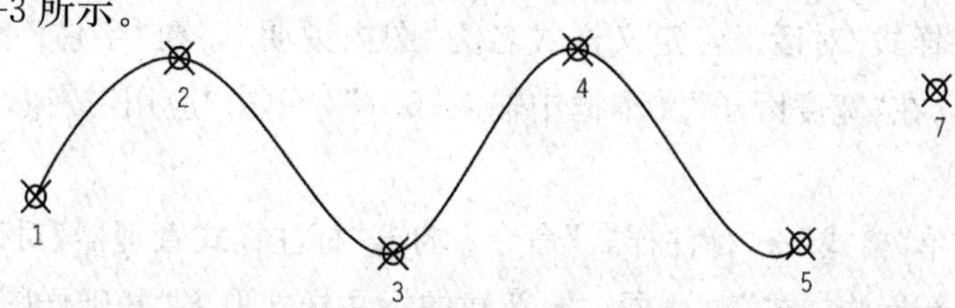

图 6-3　样条曲线

任务实施

一、设置绘图环境

(1)启动 AutoCAD 软件，单击工具栏上的“新建”按钮，打开“样板文件”对话框，然后选择系统默认的样板文件“acadiso. dwt”，单击“打开”按钮，打开一个新的文件。

(2)选择“格式”→“图形界限”菜单命令，设定图形界限为 59 400×42 000，并将设置的绘图界限设为显示器的工作界面。

(3)创建图层。根据基础结构图的组成和制图标准对结构图中的图形线宽、线型要求，建立基础结构图所需的图层系统，并进行图层颜色、线型、线宽等特性的设置，其绘制结果如图 6-4 所示。

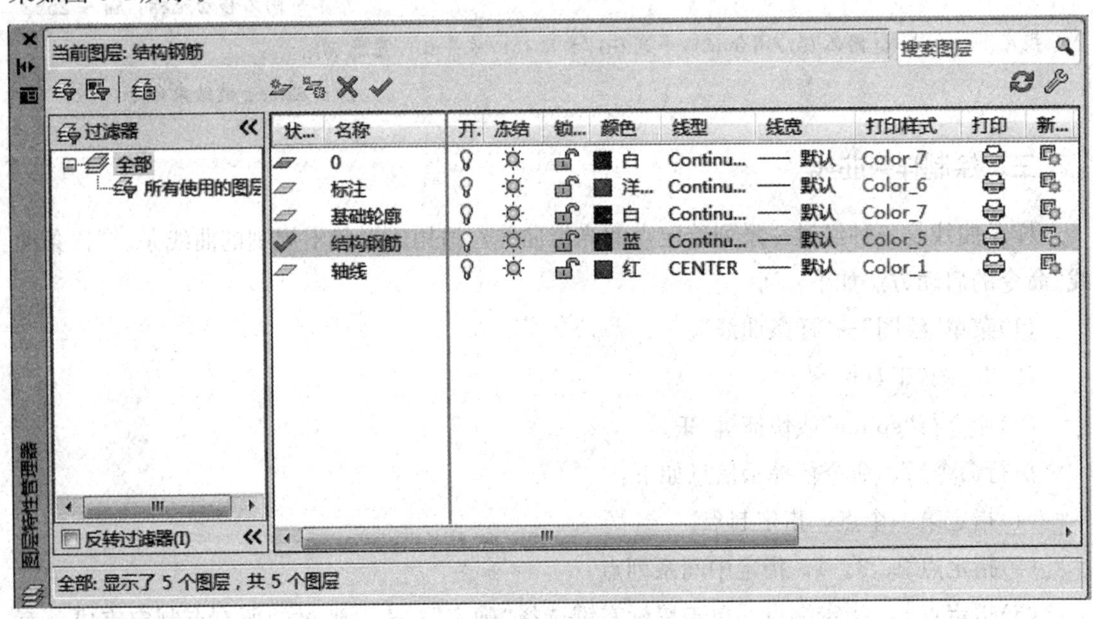

图 6-4 “图层特性管理器”对话框

(4)选择“格式”→“线型”菜单命令，打开“线型管理器”对话框，单击“显示细节”按钮，打开“细节”选项组，输入“全局比例因子”为 50。

(5)单击“格式”→“文字样式”菜单命令，打开“文字样式”对话框，单击“新建”按钮，打开“新建文字样式”对话框，定义样式名为“图内说明”，在“字体”下拉框中，选择字体“tssdeng. shx”，在“宽度因子”文本框中输入“0. 7”，单击“应用”按钮，完成该文字样式的设置。

(6)选择菜单“格式”→“标注样式”命令，打开“标注样式管理器”对话框，单击“新建”按钮，打开“创建新标注样式”对话框，给新建的标注样式取名“基础详图标注”，单击“继续”按钮，则进入“新建标注样式”对话框，将“主单位”选项里的测量单位比例因子改为 0. 5，其余标注样式参数的设置同平面图。

注：因为后面绘制的基础详图将被放大 2 倍，即图形的尺寸被放大 2 倍，而 AutoCAD 标注时自动测量标注的两地间距离，为保证标注时的尺寸正确，将主单位选项的测量单位比例因子设为扩大倍数的倒数。

(7)执行“文件”→“另存为”菜单命令，打开“图形另存为”对话框，在文本框中输入“基础结构图”，然后单击“保存”按钮，完成文件的保存。

二、绘制基础平面详图

(1)单击“图层”工具条中的“图层控制”下拉框，将“轴线”层设为当前层。

(2)打开“正交”模式，使用“直线”命令在图形窗口的适当位置，按适当长度绘制第一条水平轴线；再次使用“直线”命令在水平轴线居中的位置画一条垂直轴线，如图 6-5 所示。

(3)将“基础轮廓”层设为当前层，单击“矩形”按钮，在“指定第一个角点”的状态下，同时按住 Shift 键和鼠标右键，弹出对象捕捉快捷菜单，单击“自(F)”命令，捕捉两条轴线的交点作为基点，输入偏移距离(@－1 150，－1 150)确定矩形的第一角点，然后输入(@2 300，2 300)确定矩形的第二角点，画出基础底面。

(4)单击“偏移”按钮，依照命令提示“输入偏移距离、选择要偏移的对象、点击给出偏移方向、按空格键结束偏移、再按空格键重复下一次偏移”，将上一步绘制的矩形分别向内偏移 900 和 50，再连接最外面矩形和内部矩形对应的交点，画出基础轮廓线，其绘制结果如图 6-6 所示。

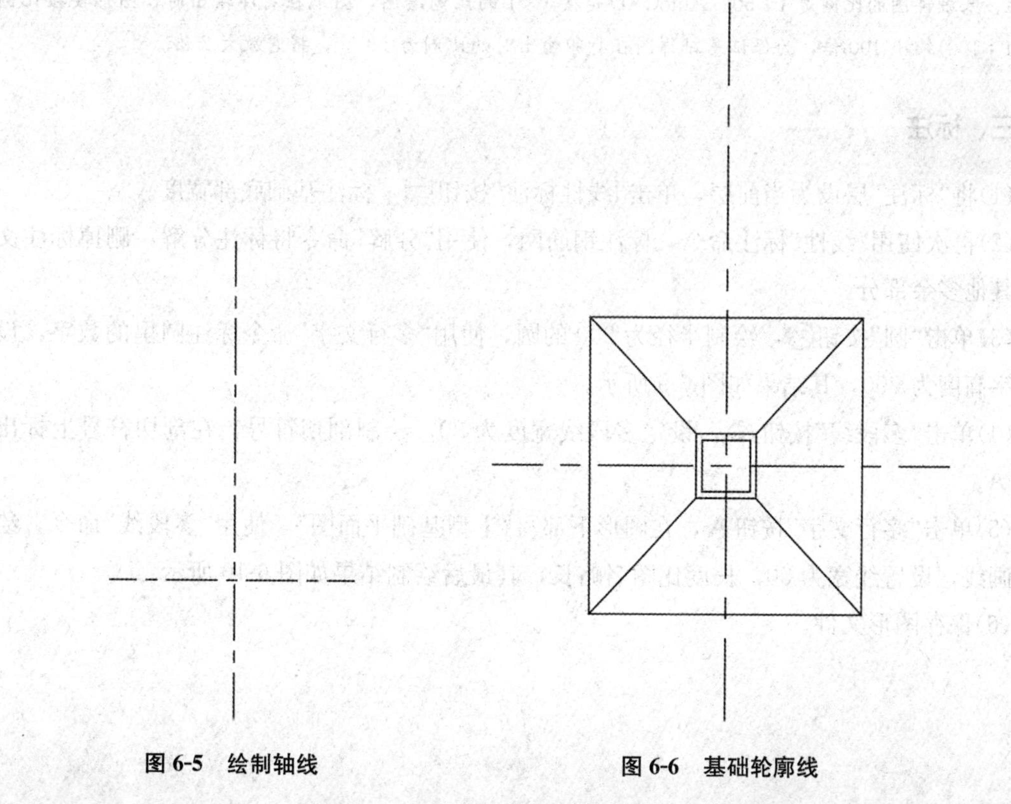

图 6-5　绘制轴线　　　图 6-6　基础轮廓线

(5)单击“样条曲线”按钮绘制样条曲线，使用“修剪”命令修剪多余的部分，其修剪结果如图 6-7 所示。

(6)将“结构钢筋”层设为当前层，使用“多段线”命令，设置多段线的宽度为 30，绘制图 6-8 所示的钢筋网。

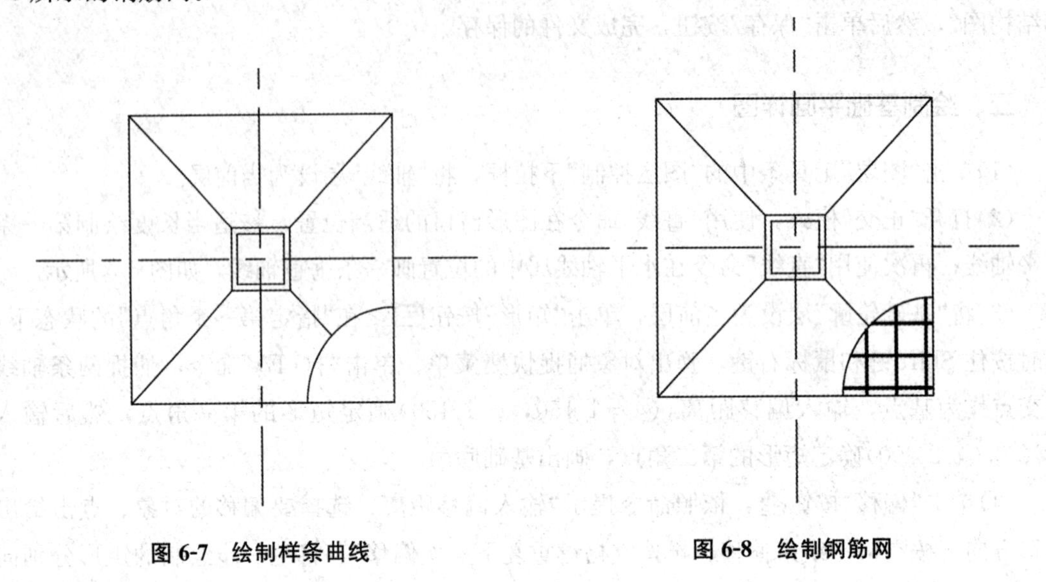

图 6-7　绘制样条曲线　　图 6-8　绘制钢筋网

(7)单击“缩放”按钮，选择刚画完的基础平面详图，指定图中的任意一点为基点，将图形放大 2 倍。

注：基础详图的比例是 1∶50。AutoCAD 是按 1∶1 的比例绘图，图纸在打印输出时，图形要按比例要求(1∶100)缩小 100 倍，为保证基础详图在打印输出时的比例为 1∶50，将它放大 2 倍。

三、标注

(1)将“标注”层设为当前层，单击“线性标注”按钮，标注基础底部宽度。

(2)再次使用“线性”标注命令，标注钢筋网，使用“分解”命令将标注分解，删掉标注文字及其他多余部分。

(3)单击“圆”按钮，绘制半径为 200 的圆，使用“多行文字”命令标注圆里的数字，设定数字高度为 200，其结果如图 6-9 所示。

(4)单击“多段线”按钮，设定多段线宽度为 30，绘制剖切符号，在剖切符号上标出字母 A。

(5)单击“多行文字”按钮，在图形下部写“Ⅰ型基础平面图”，使用“多段线”命令，绘制下画线，设置线宽为 50，长度比图名略长，其最后绘制结果如图 6-10 所示。

(6)保存图形文件。

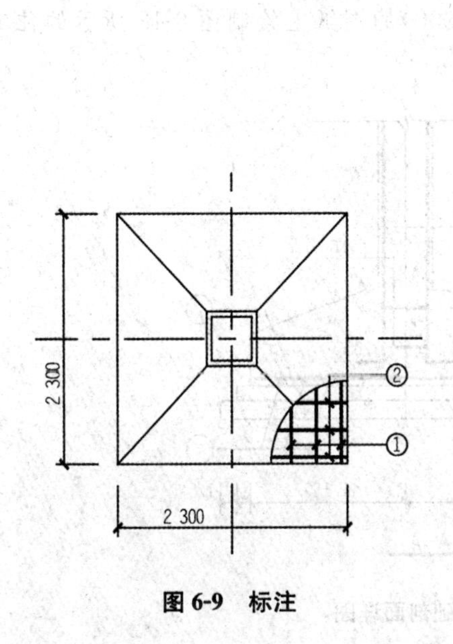

图 6-9　标注

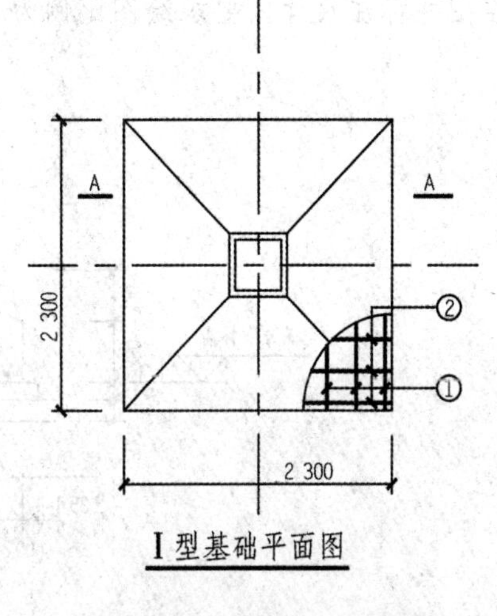

图 6-10　剖切符号和图名

能力训练

绘制图 6-11 所示的基础平面图并标注。

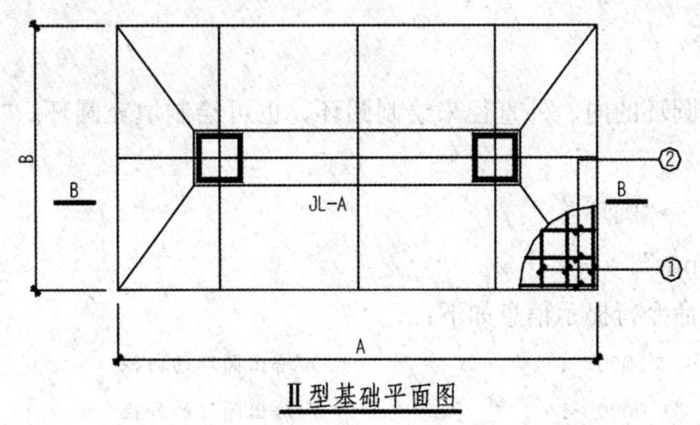

图 6-11　基础平面图

任务二　绘制基础剖面详图

任务描述

本任务是在设置好的图幅为A2(59 400×42 000)的图纸上绘制图6-12所示的住宅楼基础剖面详图并标注尺寸。要求绘图比例为1∶1。

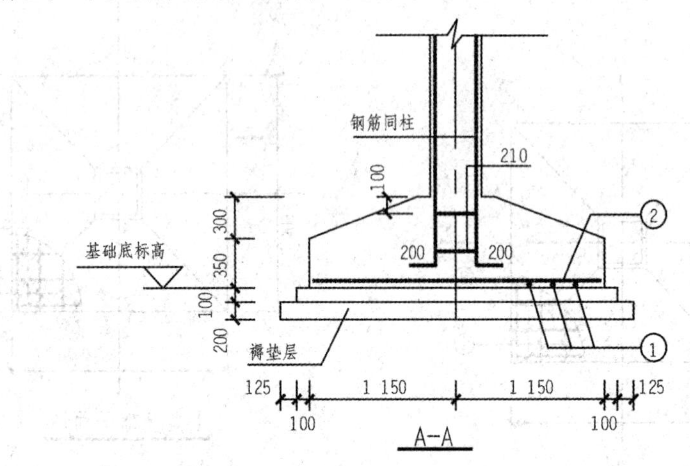

图6-12　住宅楼基础剖面详图

任务分析

本任务学习基础剖面图的绘制过程及相关绘图与编辑命令的使用。

相关知识

一、绘制圆环

可以通过指定圆环的内、外直径来绘制圆环，也可绘制填充圆环。“绘制圆环”命令的启动方法如下：

(1)菜单“绘图”→“圆环”。

(2)命令行“donut”。

执行命令后，命令行提示信息如下：

指定圆环的内径＜0.5000＞：　　　　//给出圆环的内径

指定圆环的外径＜1.0000＞：　　　　//给出圆环的外径

指定圆环的中心点或＜退出＞：　　　//给出圆环的中心位置

此时系统会在指定位置，用指定的内、外径绘制圆环。根据命令行提示信息，用户可以继续给定中心点，绘制一系列大小相同的圆环。

【例6-2】　绘制图6-13所示的圆环和实心圆环，已知圆环的内径为10 mm，外径为

50 mm，实心圆环的外径为 60 mm。

```
(1)命令：_donut                              //启动“绘制圆环”命令
指定圆环的内径＜0.5000＞：30                  //从键盘输入圆环内径值 30
指定圆环的外径＜1.0000＞：50                  //从键盘输入圆环外径值 50
指定圆环的中心点或＜退出＞：                  //确定圆环的中心点，得到空心圆环图形
指定圆环的中心点或＜退出＞：                  //按 Enter 键结束操作
(2)命令：_donut                              //启动绘制圆环命令
指定圆环的内径＜0.5000＞：0                   //从键盘输入圆环内径值 0
指定圆环的外径＜1.0000＞：60                  //从键盘输入圆环内径值 60
指定圆环的中心点或＜退出＞：                  //确定圆环的中心点，得到空心圆环
指定圆环的中心点或＜退出＞：                  //按 Enter 键结束操作
```

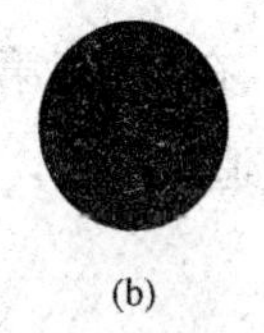

(a)　　　　(b)

图 6-13　绘制空心圆环和实心圆环

(a)空心圆环；(b)实心圆环

二、比例缩放

比例缩放就是把一个图形实体以基点为参考点放大或缩小，即将图形实体在尺寸上进行真实的放大或缩小。

“比例缩放”命令的启动方式如下：

(1)菜单“修改”→“缩放”。

(2)“修改”工具栏。

(3)命令行“scale”或快捷键 SC。

执行命令后，命令行提示信息如下：

```
选择对象：                                    //选择要缩放的对象
选择对象：                                    //单击鼠标右键确认选择
指定基点：                                    //指定缩放基点
指定比例因子或“复制(C)/参照(R)”：              //直接给出比例因子，即缩放倍数
```

【例 6-3】 将图 6-14 所示的 ϕ50 圆，以圆心为基点放大 2 倍，变成 ϕ100 圆。

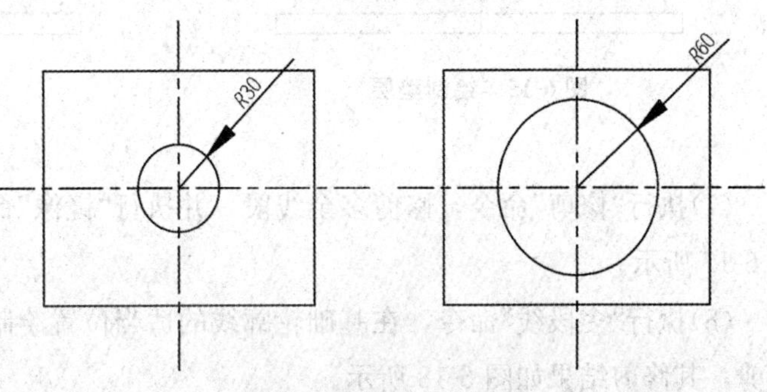

图 6-14　图形比例缩放

任务实施

一、基础剖面图的绘制

(1)单击“图层”工具条中的“图层控制”下拉框，将“轴线”层设为当前层。

(2)打开“正交”模式，使用“直线”命令在图形窗口的适当位置，按适当长度绘制一条轴线。

(3)将“基础轮廓”层设为当前层，单击“矩形”按钮，在“指定第一个角点”的状态下，使用“临时追踪”命令，从轴线端点墙向左追踪 1 375，确定矩形的左下角点，然后输入(@2 750，125)。

(4)再次使用“矩形”命令，在“指定第一个角点”的状态下，使用“临时追踪”命令，从上一步绘制的矩形左上角点向右追踪 125，确定矩形的左下角点，然后输入(@2 500，100)，其绘制结果如图 6-15 所示。

(5)单击“直线”按钮，在“指定第一个角点”的状态下，使用“临时追踪”命令，从上一步绘制的矩形左上角点向右追踪 100，确定直线的起点，然后垂直向上移动光标，输入 350 后单击鼠标右键。

(6)执行“偏移”命令，将轴线向左偏移 200，将偏移得到的线放到基础轮廓层上，使用“直线”命令，在“指定第一个角点”的状态下，执行“临时追踪”命令，从偏移得到的直线与矩形的交点 A 向上追踪 1 300，确定直线的起点，然后水平向左移动光标，输入 100 后，再连接上一步所绘直线上端端点，其绘制结果如图 6-16 所示。

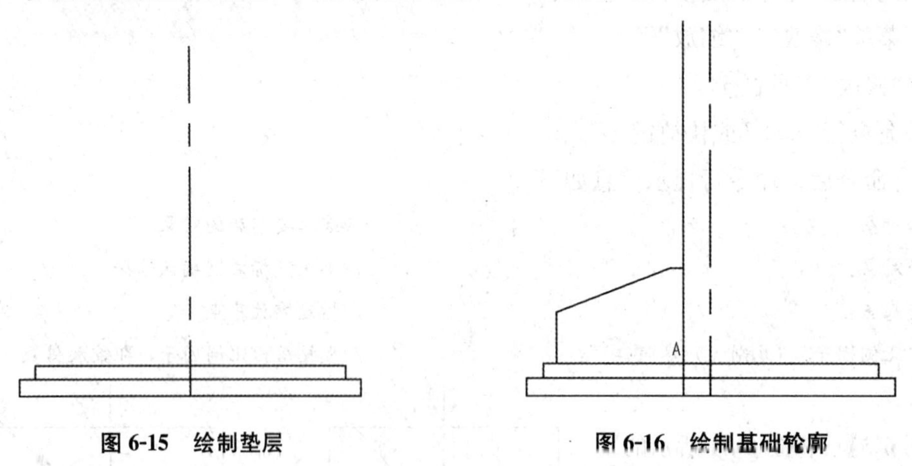

图 6-15　绘制垫层　　　　图 6-16　绘制基础轮廓

(7)执行“修剪”命令，修剪多余线段，并执行“镜像”命令对所绘基础轮廓进行镜像，如图 6-17 所示。

(8)执行“多段线”命令，在基础轮廓线的适当位置绘制折断线，并执行“修剪”命令进行修剪，其修剪结果如图 6-18 所示。

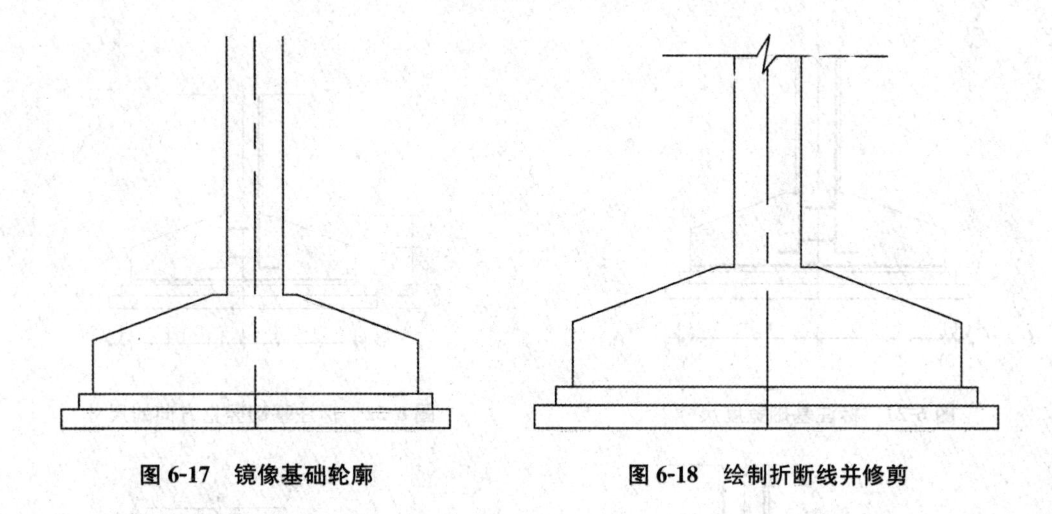

图 6-17　镜像基础轮廓　　　　图 6-18　绘制折断线并修剪

(9)将“结构钢筋”层设为当前层，使用“多段线”命令，设置多段线的宽度为 30，绘制图 6-19所示的受力钢筋和箍筋。

(10)执行“圆环”命令，设定圆环内径为 0，外径为 60，绘制受力筋断面，其绘制结果如图 6-20 所示。

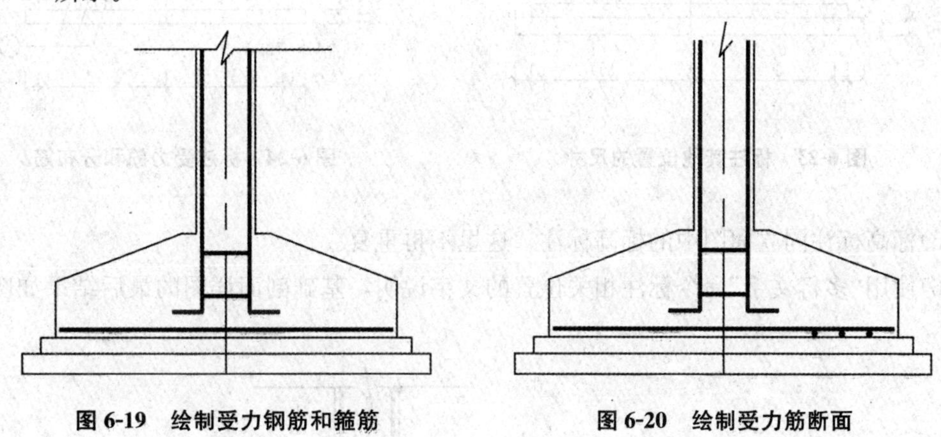

图 6-19　绘制受力钢筋和箍筋　　　　图 6-20　绘制受力筋断面

二、基础剖面图标注

(1)将“标注”层设为当前层，使用“线性标注”命令和“连续标注”命令，标注基础底部宽度，并修改标注文字的位置，其标注结果如图 6-21 所示。

(2)用同样的方法，使用“线性标注”命令和“连续标注”命令，标注基础竖直方向的尺寸，其标注结果如图 6-22 所示。

(3)用同样的方法标注其他位置的尺寸，其标注结果如图 6-23 所示。

(4)标注底板处的分布筋和受力筋，其标注结果如图 6-24 所示。

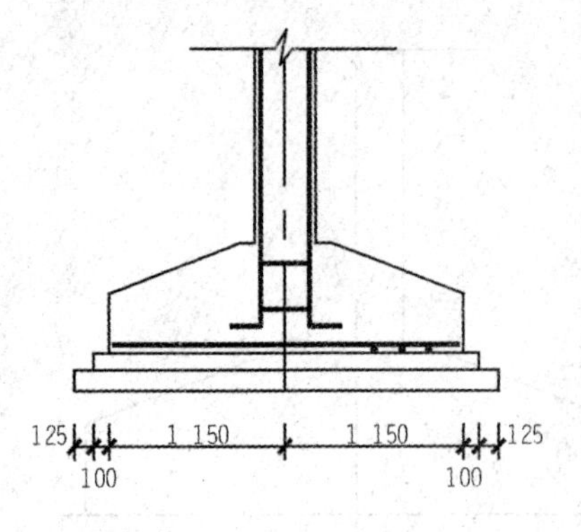

图 6-21 标注基础宽度尺寸

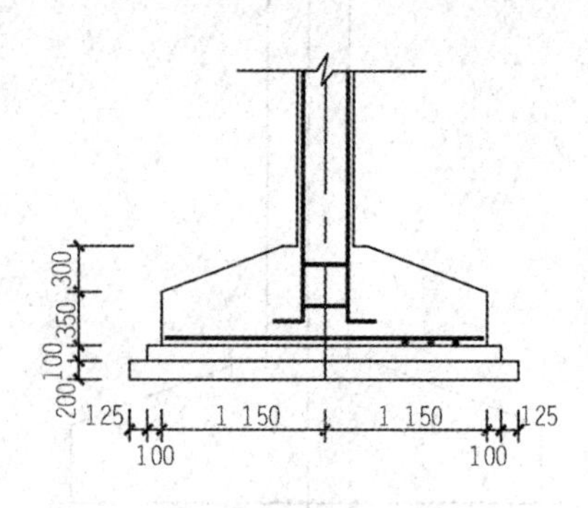

图 6-22 标注基础竖直方向的尺寸

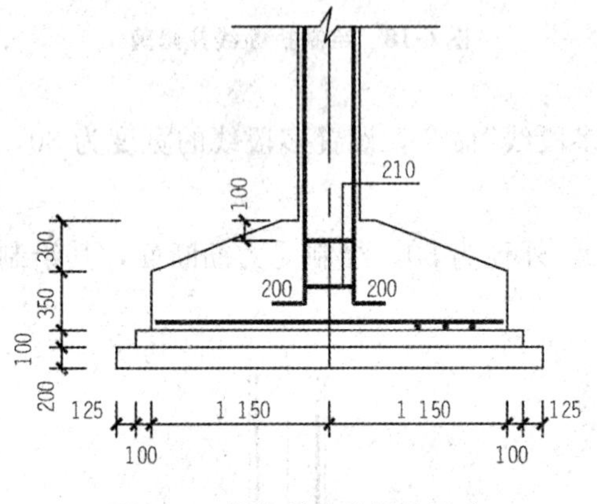

图 6-23 标注其他位置的尺寸

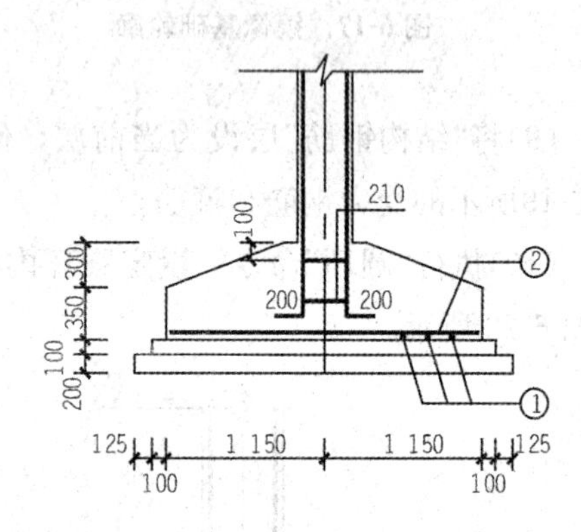

图 6-24 标注受力筋和分布筋

(5)标高标注同立面图中的标高标注，这里不再重复。

(6)使用“多行文字”命令标注相关位置的文字说明，基础剖面详图的最后结果如图 6-25 所示。

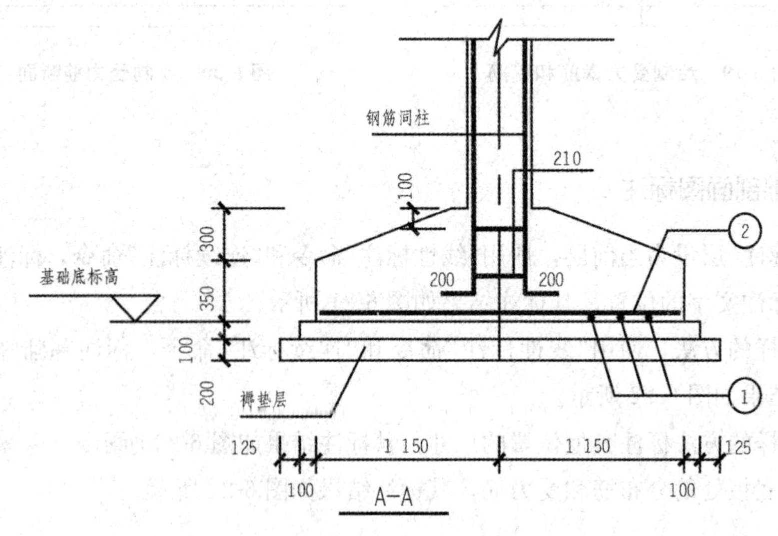

图 6-25 文字说明

(7)保存图形文件。

能力训练

绘制图 6-26 所示的基础施工图。

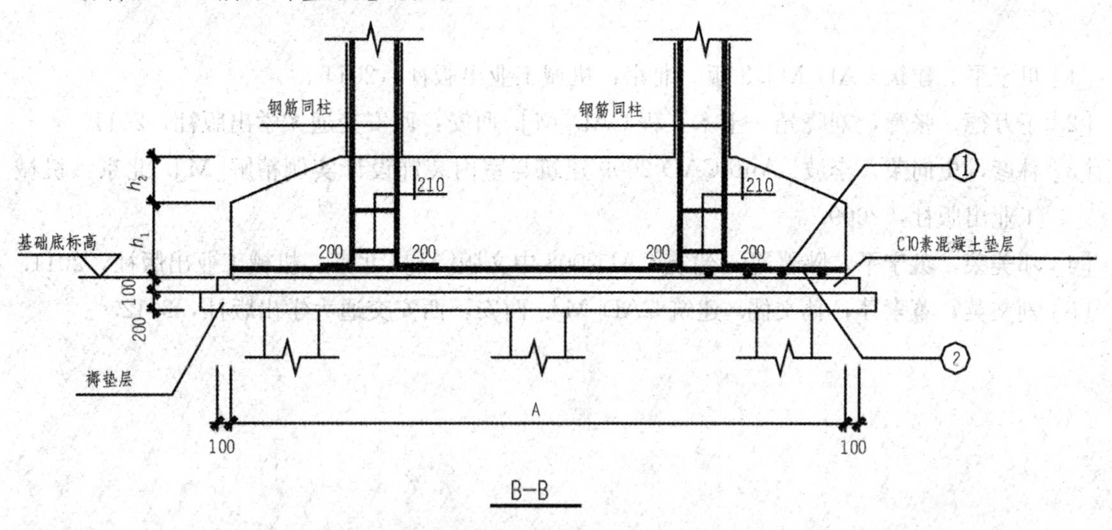

图 6-26　基础施工图

参 考 文 献

[1] 巩宁平．建筑 CAD[M].3 版．北京：机械工业出版社，2011.

[2] 王万德，张莺，刘晓光．土木工程 CAD[M]. 西安：西安交通大学出版社，2011.

[3] 林彦，史向荣，李波．AutoCAD 2009 建筑与室内装饰设计实例精解[M]. 北京：机械工业出版社，2009.

[4] 邓美荣，巩宁平，陕晋军．建筑 CAD2008 中文版[M]. 北京：机械工业出版社，2011.

[5] 刘文英，董素芹，孙文儒. 建筑 CAD[M]. 西安：西安交通大学出版社，2012.